생각키움

창의적 공학설계입문

노재규 · 문창호 · 박대욱 · 박창규 · 유경현 · 이신영

설계한다(Design)는 것은 기존에 없는 무엇 또는 기존의 것을 개량하기 위하여 상상하고 구체화하는 것이다. 이 책은 창의적인 구상에 입각하여 공학설계를 시작하려는 공학계열 학생들을 위한 기초설계에 초점을 맞추어 정리하였으며 고학년이 되어 종합설계를 이수하는 학생들에게도 창의적 설계의 개념을 재확립하는 데에도 많은 도움이 될 것이다. 전체적으로 8개의 장으로 나누었다.

도서출판 GS인터비전

머리말

설계한다(Design)는 것은 기존에 없는 무엇 또는 기존의 것을 개량하기 위하여 상상하고 구체화하는 것이다. 한국공학교육인증원에 따르면 공학설계(engineering design)는 요구 조건에 맞추어 시스템, 요소 또는 공정을 설계할 수 있는 능력이라고 한다.

공학교육에서의 설계교육은 기초설계(또는 설계입문), 요소설계 및 종합설계로 구성되어 있고 학생들은 이러한 설계과정을 체계적으로 제공받게 된다. 이 중 기초설계 교과목은 1학년 또는 2학년 1학기 중에 개설되어 공학을 배우는 학생들이 설계의 기초 개념을 갖추도록 도와주어야 한다.

이 책은 창의적인 구상에 입각하여 공학설계를 시작하려는 공학계열 학생들을 위한 기초설계에 초점을 맞추어 정리한 것이지만, 고학년이 되어 종합설계를 이수하는 학생들에게도 창의적 설계의 개념을 재확립하는 데에도 많은 도움을 줄 수 있으리라 생각한다.

전체적으로 8개의 장으로 나누었고, 각 장의 개요는 다음과 같다.

1장은 공학설계에 대한 내용으로 공학과 공학자, 공학자의 요건, 공학과 경제성, 공학설계의 정의 등에 대하여 기술하였다.

2장은 창의사고의 개발에 대한 내용으로 사고도구인 지능모델을 살펴보고, 브레인스토밍, 브레인라이팅, 육색 사고모기법, 스캠퍼, 만다라트 등의 발산적 창의사고 개발과 마인드 매핑, 강제연결법, 평가행렬법 등의 수렴적 창의사고 개발에 대하여 기술하였다.

3장은 팀워크에 대한 내용으로 팀과 팀워크, 팀의 구성과 운영, 팀워크 기술에 대하여 기술하였다.

4장은 문제의 정의 및 공학설계절차에 대한 내용으로 문제의 정의, 설계 교과의 필요성, 개념설계 등에 대하여 기술하였다.

5장은 문제해결 방법론에 대한 내용으로 TRIZ의 소개, 모순행렬, 40가지 발명원리, ASIT, 실용TRIZ 등에 대하여 기술하였다.

6장은 공학윤리와 지식재산권에 대한 내용을 기술하였다.

7장은 창의공학설계 활동에 대한 내용으로 여러 가지 설계활동에 대한 사례를 기술하였고, 8장은 설계과제 평가 방법 및 기준에 대한 내용을 기술하였다.

학생들이 이 책을 통하여 엔지니어의 업무 및 창의적 설계활동에 대한 이해를 얻게 되기를 바라며 전공과정 이수에 많은 도움을 받게 되기를 바란다.

2012년 2월

저자 일동

차 례

1
CHAPTER

공학설계

1.1 공학설계

1.1.1 설계란 무엇인가?

인간은 항상 제품을 설계해 왔으며, 인간의 가장 기본적인 특징 중의 하나가 자신의 목적에 맞게 광범위한 인공물을 제작한다는 것이다. 그러한 결과로 세상은 도구, 기구, 기계, 건물, 가구, 의류와 그 밖의 수많은 물건들로 가득 차 있다. 이러한 물건들은 확실히 인간이 자신들의 더욱 나은 삶을 영위하기 위하여 필요로 하거나 원하는 것들이다. 바꾸어 말하면 우리 주위의 모든 것들은 단순한 자연 그대로가 아니라 누군가에 의해 설계되어진 것이다.

설계(design)에 대하여 웹스터 사전에서는 다음과 같이 정의하고 있다.

- 계획, 안, 과제, 목적, 목표
- 계획된 것이나 목표로 하는 성과물
- 계획에 근거한 개발에 의해 만들어지는 것
- 비밀스러우며, 부정직하고 이기적인 계획
- 작업을 하기 위한 계획, 밑그림 또는 모형
- 설계도나 모형을 만들기 위한 기술
- 부품, 사소한 것, 형태, 색 등을 배열하여 완벽한 예술품 또는 발명품을 만드는 것
- 완성된 예술품 또는 장식품

설계라는 단어와 관련된 창의적인 활동은 미술품, 인쇄, 의류, 환경공학, 공학, 벽걸이 융단, 바구니 세공법, 언어, 모자이크 예술, 가구, 음악, 도예, 꽃꽂이, 보석, 카펫, 조각, 건축과 같은 많은 분야에서 명확하게 나타나고 있다.

그러나 훌륭한 유화를 그리는 데 필요한 능력은 우주왕복선을 설계하는 데 필요한 능력과는 차이가 있다. 화가들은 복잡한 형상, 심미적인 감각, 감정 표현 등을 지배하는 오른쪽 뇌의 활동과 관련된 작업을 하는 반면에 우주왕복선을 설계하는 사람들에게는 오른쪽 뇌뿐만 아니라 수학, 논리, 언어를 지배하는 왼쪽 뇌의 활동도 필요하다.

공학설계에서는 콩코드 비행기, 금문교, 시드니의 오페라 하우스와 같이 과학과 기술과 예술 등의 다양한 학문이 결합되며, 이러한 능력을 공학자에게 요구한다.

1.1.2 공학설계란?

한국공학교육인증원(ABEEK, Accreditation Board for Engineering Education of Korea)의 인증기준(KEC2005)에서 공학설계(engineering design)는 요구조건에 맞추어 시스템, 요소, 공정을 설계할 수 있는 능력이라고 한다. ABEEK에서는 공학도들의 현장 적응력을 높이기 위하여 설계관련 교과목을 체계적으로 편성하게 하고 있다. 특히 저학년에서의 창의력을 기르기 위한 기초설계 교과목과 고학년에서의 설계경험을 쌓기 위한 종합설계 교과목을 이수하도록 하고 있다.

미국공학교육인증원(ABET, The Accreditation Board for Engineering and Technology)에서 공학설계는 원하는 요구조건을 충족시키기 위한 체계, 구성요소, 또는 공정을 고안하는 과정이라고 정의한다[Engineering design is the process of devising a system, component, or process to meet desired needs. It is a decision making process(after iterative), in which the basic sciences, mathematics, and engineering sciences are applied to convert resources optimally to meet a stated objective]. 즉 이것은 자원을 최선의 방법으로 언급된 목적에 맞게 바꾸기 위하여 기초과학, 수학, 응용과학의 적용을 위한 공정을 결정하는 것이라고 한다.

Dym(1994)은 설계를 그 형태와 기능이 목표에 부합하고 구체적인 조건들을 충족시키는 제품에 대한 체계적이고 지적인 창조 행위이자, 평가행위라고 정의한다.

고전적인 생산설계(product design)에서는 판매(marketing)에서 RND(research and development)를 거쳐 공학(engineering)으로 진행하고, 최종적으로 제조(manufacturing)의 단계를 거친다. 제조단계의 전문가들은 제조가능성에 기초하여 설계(designs)를 평가하고 이들 결과를 공학(engineering)에 전달하여 개선하게 한다. 공학은 개선된 내용을 다시 제조단계로 보내어 평가를 하게하며 이들 단계들은 그림 1-1에 나타낸 것처럼 단절된 단계를 거쳐 순환한다[Chen & Chen, 2004]. 아직도 많은 산업분야에서 이와 같은 고전적인 공학 설계공정(design process)을 사용하지만 이들 단계적인 생산설계(product design)의 과정(path)은 문제를 해결하는데 시간이 오래 걸리고 비효율적이다.

고전적인 생산설계와는 달리 최근의 동시적인(concurrent) 공학설계(engineering design)에서는 팀을 활용하여 관련 부서를 모두 모으고, 생산에 필요한 입력 요소, 공정, 출력 요소를 포함시켜 접근한다[Bertoline & Wiebe, 2003]. 이와 같은 팀-지향 설계(team oriented design)에서는 각 분야의 전문가들이 모여, 미래의 생산에서 발생할 문제점들(problems)을 토론하고 해결하며 또한 문제의 발생을 방지한다[그림 1-2 참고]. 팀워크와 팀워크 기술은 3장에서 상세히 다루고 있다.

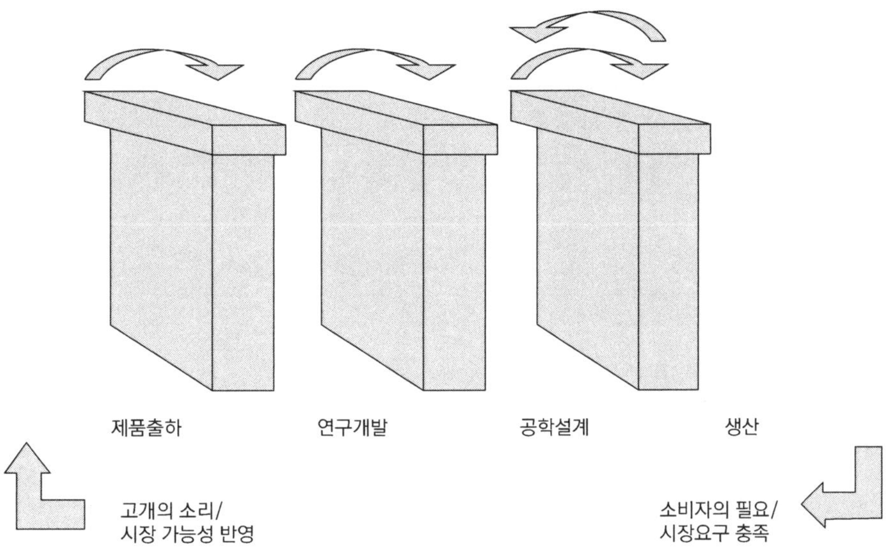

<그림 1-1> 고전적인 벽 너머로 던지는 형식의 연속적 생산설계 [Chen & Chen, 2004]

<그림 1-2> 모든 관련자를 포함하는 동시적 공학설계[Chen & Chen, 2004]

1.1.3 공학설계 프로세스

설계 프로세스(design process)는 설계를 정의하는데 도움을 주고, 체계적인 방법으로 설계를 설명하는 과정이다.

공학자들은 자신만의 설계방식을 가질 수 있지만, Eide 등(1986)에 따르면 설계 프로세스는 크게 다음의 9단계로 나누고 있다. 설계는 공학의 중요 부분이므로 공학도는 대표적인 설계 프로세스의 각 단계를 수행할 수 있는 능력을 습득하여야 한다.

- 필요성의 확인(identification)
- 문제의 정의(definition)
- 정보의 수집과 분석(research)
- 기준과 제한요건 설정(establishment of criteria and constraints)
- 대안검토(consideration of alternatives)
- 분석(analysis)
- 결정(decision)
- 상세히 기술(specification)
- 보고서 작성(communication)

1.2 공학과 공학자

과학기술발달과 함께 성장한 정보통신분야의 다양한 활용으로 컴퓨터, 인터넷, 휴대전화, 전자도서관 등의 매체를 통하여 많은 수와 양의 정보를 손쉽게 얻을 수 있는 시대를 살고 있다. 이들 첨단 장비들과 정보들의 다양한 활용이 새로운 신기술을 더욱 빠른 속도로 끊임없이 탄생시키고 있으며, 우리의 생활양식과 가치관을 바꾸어 가고 있다. 이러한 변화의 중심에 공학자가 서 있으며, 과학과 공학기술은 인류의 풍요로운 삶의 실현과 식량 문제, 에너지 문제, 환경 문제 등의 다양한 과제들의 해결을 위한 핵심적인 역량으로 주목 받고 있다.

미국에서는 1932년 ECPD(The Engineers Council for Professional Development)로 설립되어 1980년 ABET로 바뀐 미국공학기술인증원을 통하여 공학교육의 방향을 제

시하고 강화된 공학교육으로 우수한 공학자를 양성하고 있다. 한국에서도 1999년 미국의 ABET를 모델로 한국공학교육인증원(ABEEK)을 설립하여 공학교육의 기준과 지침을 제시하고 공학교육의 세계화(globalization)와 함께 우수한 공학기술 인력을 양성하고 공학계열 졸업생의 질을 보증하기 위한 제도적 장치를 도입하였다.

본 장에서는 과학(science), 공학(engineering), 공학설계(engineering design)의 정의와 함께 공학자에게 요구되는 요건을 살펴보고 공학설계의 필요성과 효과적인 공학설계를 위한 방향을 제시하고자 한다. 공학이라는 용어는 과학이나 기술과 혼돈되어 사용되기도 하고 구별하여 정의하고 이해하기에 어려움도 있지만 간략히 정의하고 비교하면 다음과 같다.

1.2.1 과학(science)

과학은 보편적인 진리나 법칙의 발견을 목적으로 한 체계적인 지식으로 정의하고 있다[민중국어 사전]. 과학(science)은 라틴어의 scientia(knowledge의 의미)에서 유래하였고, 물리적 현상의 발견과 인간의 이해 증대를 위한 노력[the effort to discover, and increase human understanding of how the physical world works]으로 정의하고 있다[Wikipidia].

과학은 합리적인 방법(controlled methods)으로 자료를 수집하기 위하여 자연현상의 관찰 가능한 물리적 증거를 사용하고, 어떤 일들이 어떻게 일어나는지 설명하기 위하여 이들 정보를 분석한다. 즉, 과학에서의 지식(knowledge)은 연구(research)를 통하여 얻어진다. 과학자(scientist)는 자연과학을 연구의 대상으로 해서 그 체계화를 위해 연구에 종사하는 사람을 일컫는다.

1.2.2 기술(technology)

기술은 과학이론을 적용하여 자연을 인간 생활에 유용하도록 변화시키는 방법, 또는 만들거나 짓거나 하는 재주 또는 솜씨로 정의한다[민중국어 사전].

기술(technology)은 도구(tools)나 기능(crafts)의 사용이나 지식을 다루는 넓은 개념을 말한다[Wikipidia].

1.2.3 공학(engineering)

공학은 공업에 이바지할 것을 목적으로 자연 과학적 방법을 써서 신제품, 신제법, 신기술을 연구하는 학문으로 정의한다[민중국어 사전].

공학(engineering)의 어원인 engine은 라틴어의 ingeniatorem(무엇을 만드는데 재주가 있음, 고안)에서 유래하였다. ABET에서는 공학을 연구나 경험으로 얻은 수학 및 자연과학의 지식을 분별력 있게 적용하여 인류의 이익을 위하여 자연적인 힘이나 물질을 경제적으로 이용할 방법을 찾아내기 위한 전문적인 분야로 정의한다[Engineering is the profession in which a knowledge of the mathematical and natural sciences gained by study, experience, and practice is applied with judgement to develop ways to utilize economically, the materials and forces of nature for the benefit of mankind].

1.2.4 공학자 engineer

공학을 다루는 모든 사람들을 공학자라 일컫는다. 어원상으로 보면 무엇을 만드는 데 재주가 있는 사람을 지칭한다.

미국 노동통계국(The Bureau of Labor Statistic)에서는 공학자는 기술적인 문제의 경제적인 해결책을 찾기 위해 과학과 수학적 원리를 적용하는 사람으로 규정하고 있다[Engineers apply the principles of science and mathematics to develop economical solutions to technical problems]. 또한 공학자의 활동은 사회의 요구와 소비자의 요구(societal and consumer needs)를 충족하도록 과학적인 발견들(scientific discoveries)을 연결하는 작업이라고 하였다.

이들 내용을 정리하면 공학자는 인류의 복지(welfare)를 증대시키기 위하여 지식과 기술을 이용하는 사람이고, 과학자는 인류의 복지를 증대시키려는 공학자의 열망에 유용한 지식을 제공하는 사람으로 구분하여 칭할 수 있으며 공학자는 항상 경제적인 측면을 고려하여야 한다. 때문에 공학에서는 경제적인 개념이 중요하다.

1.2.5 공학자의 요건

ABEEK(KEC2005)에서는 공학 전공 졸업자들에게 다음과 같은 능력과 자질을 갖추도록 요구하고 있으며, 교육목표 달성을 위하여 필요하다면 자체적인 학습성과 내용을 추가할 수 있도록 하고 있다.

- 수학, 기초과학, 공학의 지식과 정보기술을 응용할 수 있는 능력
- 자료를 이해하고 분석할 수 있는 능력 및 실험을 계획하고 수행할 수 있는 능력
- 현실적 제한조건을 반영하여 시스템, 요소, 공정을 설계할 수 있는 능력
- 공학 문제들을 인식하며, 이를 공식화하고 해결할 수 있는 능력
- 공학 실무에 필요한 기술, 방법, 도구들을 사용할 수 있는 능력
- 복합 학제적 팀의 한 구성원의 역할을 해낼 수 있는 능력
- 효과적으로 의사를 전달할 수 있는 능력
- 평생교육의 필요성에 대한 인식과 이에 능동적으로 참여할 수 있는 능력
- 공학적 해결방안이 세계적, 경제적, 환경적, 사회적 상황에 끼치는 영향을 이해할 수 있는 폭넓은 지식
- 시사적 논점들에 대한 기본 지식
- 직업적 책임과 윤리적 책임에 대한 인식
- 세계문화에 대한 이해와 국제적으로 협동할 수 있는 능력

ABET(EC2002)에서는 모든 프로그램의 교육은 다음의 11개 목적을 기본적으로 충족하도록 요구하고 있으며, 전공별로 추가적인 목적을 더하기도 한다.

- an ability to apply knowledge of mathematics, science, and engineering
- an ability to design and conduct experiments, as well as to analyze and interpret data
- an ability to design a system, component, or process to meet desired needs
- an ability to function on multi-disciplinary teams
- an ability to identify, formulate, and solve engineering problems
- an understanding of professional and ethical responsibility

- ※ an ability to communicate effectively
- ※ the broad education necessary to understand the impact of engineering solutions in a global and societal context
- ※ a recognition of the need for, and an ability to engage in life-long learning
- ※ a knowledge for contemporary issues
- ※ an ability to use the techniques, skills, and modern engineering tools necessary for engineering practice

APEC(Asia-Pacific Economic Cooperation)에서도 1997년 공학자를 위한 모든 교육 프로그램이 다음의 주요 분야(principal fields)와 추가적인 분야(supplementary fields)의 내용을 다루도록 제안하고 있다[The APEC Engineer Manual].

[Principal fields]

- ※ Mathematics and physical sciences
- ※ Engineering sciences

[Supplementary fields]

- ※ Engineering analysis and design
- ※ Communication
- ※ Management
- ※ Ethics

ABEEK의 요구 사항은 ABET와 일치하는 내용이 많으며 APEC에서 요구하는 내용도 ABEEK의 내용에 포함되어 있으므로 공학도들은 ABEEK에서 기본적으로 요구하는 능력과 자질을 갖추도록 하여야 하겠다.

공학자는 다양한 역할을 하며, 활동 영역은 대표적으로 다음과 같다. 연구(research), 개발(development), 설계(design), 생산(production), 건설(construction), 운용(operation), 시험(testing), 판매와 마케팅(sales and marketing), 관리(management), 컨설팅(consulting), 교육(academe) 등이다.

1.3 공학과 경제성

1.3.1 경제성 개념의 중요성

공학의 발전은 경제의 성장과 불가결의 관계를 가지고 있다. 특히 우리나라처럼 수출 주도형 산업구조를 유지하는 나라에서는 생산성과 부가가치 향상을 끊임없이 달성하고 공학기술 혁신을 이끌어 나가야 할 유능한 공학자의 양성은 경제 발전의 가장 중요한 선결과제일 것이다.

여기서는 공학과 경제의 관련성을 살펴본 다음에 공학자가 알아야 할 경제성분석에 대하여 간략히 살펴보기로 한다.

공학자가 당면하는 환경은 기술적(물리적) 환경과 경제적 환경 두 가지가 있다. 공학자는 공학적 제안에 기술적 환경에서 기술적 법칙을 적용하고, 동시에 욕구 충족을 위해서 경제적 환경에서 경제적 법칙을 적용함으로써 최종적으로 제품(또는 서비스)을 생산한다. 공학자의 임무는 제한된 자원을 사용하는 가운데서의 최적 방안을 도출해내야 하므로 모든 공학적 활동은 기술적 효율도 중요하지만 경제적 효율도 최대화시켜야 한다.

기술적 환경에서 적용되는 기술적 법칙은 확실하고 질서정연하며 공학자에게는 매우 친숙한 반면, 경제적 환경에서 적용되는 경제적 법칙은 인간의 행동을 다루며, 복잡하고 불확실한 특성이 있다. 이 때문에 공학자는 친숙한 기술적 법칙에 치중하고 경제적 법칙은 소홀히 다룰 우려가 다분히 있다. 공학자가 기술적 법칙만 고려하고 경제적 법칙을 소홀히 하게 되면 자칫 실용성이 부족한 제품이 될 우려가 있으므로 이를 경계해야 할 일이다. 그러므로 기술적 측면의 고려뿐만 아니라 경제적 측면의 고려 또한 공학자로서의 맡은 바 책임이라는 것을 잊지 말아야 한다.

산업사회가 고도로 발전하는 오늘날, 공학자의 경영 활동 참여 비중이 점점 높아지는 추세이다. 미국에서 이공계 대학 출신자로서 경영과 행정 능력이 필요한 부서의 업무에 종사하는 비율이 2000년에 46%이라는 통계자료가 있다. 즉, 과학기술자 두 사람 중 한 사람은 경영과 행정 업무를 수행하고 있다.

공학자에 대한 이미지가 사업가, 정치가 등의 다른 여러 분야의 전문가에 비해 낮게 평가되기도 하는 점을 개선할 뿐만 아니라 수행하는 역할에 버금가는 인정을 받기 위해서는 경영과 행정, 경제 등과 관련된 소양을 갖추는 노력이 반드시 필요하다. 공학적 결과를 도출하는 과정에서 경제적, 사회적 측면에 관심을 충분하게 쏟지 못하면 사회 리더가 될 수 없다는 점을 고려하여, 공과대학의 교과과정에서 기술적 능력뿐만 아니라 경제적 분석 능력 배양에 필히 대처해야 할 것이다.

1.3.2 공학자와 경제적 의사결정

공학 설계 과정은 다음 과정을 거친다.

아이디어 획득 → (설계) 프로젝트 목표 설정 → 설계 대안 결정 → 제품 제조비용 추정 → 환경 문제에 대한 고려 → 설계 최적안 결정

공학 설계 과정 중 경제적 분석은 제품 제조비용 추정 활동과 관련되는데, 이 단계에서 사용하는 경제적 타당성 검토는 시장조사, 편익/비용분석 등이 있다.

공학자가 내리는 의사결정은 다음과 같다.

기술적 의사결정	경제적 의사결정
✷ 대안의 최적 설계를 결정 ▪ 수학과 과학 지식을 응용해서 공학적으로 판단 ▪ 기술적인 발전을 동일한 것으로 간주할 때, 시간 경과에 따라 의사결정은 변동 없음	✷ 대안의 투자가치를 측정 ▪ 제품 판매량, 가격, 여러 비용에 대한 예측 활동이 필요 ▪ 주의할 점으로, 예측치는 항상 부정확하며, 미래 어느 시점에 다시 예측하면 현재의 예측치는 변동이 예상됨

여기서, 경제적 의사결정은 예측 자료에 대한 **불확실성**을 충분히 고려해서 실시한다. 공학도가 내리는 의사결정 가운데 경제적 의사결정에 대하여 알아보자. 이를 위해서 자본 지출과 대규모 공학적 프로젝트에 관한 의사결정에 대해 간단히 검토한다.

✷ 공학자는 자본 지출에 관한 의사결정을 한다. 제조 과정에서 공학자는 제품 생산에 관한 수많은 세부 사항 결정에 참여하게 되며, 각각의 과정에서 내리는 공학적 의사결정은 생산 비용의 대부분을 결정하게 된다. 이로써 공학자는 고정자산에 대한 투자계획을 수립하는 중요한 역할을 수행한다.

✷ 공학자는 제품 설계와 제조에 대한 경제적 투자계획을 수립해야 한다. 장비 등 고정자산을 구매하는 경우, 이 결과에 의해서 발생되는 현금 흐름(이윤)을 추정할 필요가 있다.

- 미래 예측을 기반으로 해서 자본 지출에 관한 의사결정을 해야 한다. 미래 예측의 추정이 부정확하면 기업에 큰 손실을 끼치게 된다. 즉, 투자가 과다하면 불필요한 비용이 과다 발생되며, 투자가 부족하면 시장 경쟁력이 약화될 우려가 있다.
- 공학자는 대규모 공학적 프로젝트에 관한 의사결정을 내린다. 그런데, 장기간 현금흐름을 가지는 까닭에 시장 수요를 정확히 예측하는 일은 어렵다. 그러므로 의사결정 과정은 규모의 차이만 있을 뿐, 일반적인 공학 설계 과정을 따른다.
- 공학자는 공학적 프로젝트가 재무제표에 미치는 영향을 고려해야 한다. 이를 위해서 공학자는 해당 기업의 사업 환경을 잘 이해하고 있어야 하며, 기업의 가치를 상승시키는 데 목표를 두어야 한다. 재무제표는 모든 기업이 회계연도 말에 이를 작성하며, 미래 투자분석의 기초 자료가 된다. 회사 주식 가격, 현재와 미래에 기대되는 수익, 수익 실현 시기와 기간, 수익 실현과 관련된 위험 등의 지표를 고려한다. 공학적 프로젝트의 의사결정의 경우, 이것이 결과적으로 기업의 시장가치에 영향을 미칠 수 있음을 잊지 말아야 한다.

1.3.3 제품생산 비용

설계 과정에서 비용의 대부분이 결정되므로, 생산과 조립 단계에서는 비용 절감의 여지가 극히 적다. 따라서 설계 초기단계에서 비용 예측을 시작하는 것이 좋다. 설계가 구체화됨에 따라 비용 예측도 정밀화될 필요가 있다.

제품생산 비용 예측은 대단히 중요하며, 이를 예측하는 기준은 순환-비순환 비용, 고정-유동 비용, 직접비-간접비 등의 개념을 사용한다.

(1) 순환-비순환 비용

가) 순환 비용은 제조 운영에 직접적인 관련을 갖는 비용이다.

나) 비순환 비용은 단발성 비용으로, 공장 건설, 제조 장비 등 고정 자본과 관련된다.

(2) 고정-유동 비용

가) 고정 비용은 고정된 비용으로, 투자비용, 간접비, 경영비용, 판매비용 등에 해당되며, 설계과정 중의 의사결정에는 영향을 미치지 못하는 비용이다.

나) 유동 비용은 판매량에 따라 좌우되며, 재료비, 직접 노무비, 유지보수비, 전기 및 수도 요금, 품질관리요원 인건비, 특허권료, 포장 및 보관료, 손상 및 변질에 따른 손실금 등이다.

(3) 직접비-간접비

가) 직접비는 생산원가, 생산비 혹은 부품에 직접적으로 관여된 비용으로, 재료비, 구매비, 노무비, 공구 비용 등이 있다.

- 직접 재료비는 제품 제조에 직접적으로 사용되는 모든 재료의 원가이다.
- 직접 노무비는 제품 제조에 직접적으로 사용되는 작업자의 인건비이다.

나) 간접비는 제품에 직접 부과할 수 없는 비용으로, 전체 공장 운영에 연관이 되는 비용이고, 간접 재료비, 간접 노무비, 기계 및 건물의 감가상각비, 기계 및 건물의 유지보전비, 세금 및 공장의 일반 관리비 등이 이에 해당된다.

1.4 보고서 작성

아무리 좋은 설계를 하였다하더라도 그 내용이 설계 요청자나 독자에게 잘 전달되지 못하면 무의미하게 된다. 서로 의사소통이 잘 이루어져 설계 목적을 제대로 알리고, 설계 프로세스나 결과를 올바로 전하는 것이 무엇보다도 중요하다. 이런 의미에서 설계보고서의 작성과 발표는 설계과제의 필수적인 부분이다. 공학자가 산업계에서 성공적으로 활동하기 위해서는 자신의 생각을 정확히 글로 표현하고 자신의 의사를 효과적으로 전달할 수 있는 능력배양이 필요하다.

이 장에서는 먼저 공학설계 제안서, 기술보고서, 발표자료 등 보고서 형식의 문서에 대하여, 기술적 의사소통을 위한 몇 가지 공통된 사항을 소개한다.

1.4.1 글쓰기의 개요 및 필요성

말할 것 없이 과학기술을 전파하고 발전시키는 데는 의사소통기술이 중요하다. 그래서 글쓰기와 발표력을 한국공학인증(ABEEK) 프로그램에 필수로 규정하고 있는 것이다. 글쓰기는 엉켜진 생각을 정리해주는 묘한 힘이 있다. 글쓰기를 통해 명쾌한 사고 능력이 생기게 되고, 이것이 연구 능력과도 직결되어 결국 자기 계발에 도움이 된다. 실제로 글을 잘 쓰는 사람이 성공할 확률이 높다는 통계가 나와 있다. 미국의 한 학자가 20개 연구기관에서 일하는 과학자와 엔지니어 265명을 대상으로 설문조사를 한 바에 따르면, "쓰기 능력이 자신의 개인적 경력과 출세에 아주 영향을 많이 주었다"고 응답한 사람이 절반이나 되었다 한다.

특히 관리자(manager)는 그렇다고 응답한 비율이 71%에 달한다. "자신의 생각을 명쾌하고 논리적으로 표현할 수 있는 젊은 엔지니어는 졸업 후 5년 안에 관리자가 될 수 있다." "형편없는 제안서와 보고서로는 연구비와 고객을 얻을 수 없다." "커뮤니케이션의 질은 아이디어의 습득에 매우 강한 영향을 미친다." 등이 설문에서 나온 내용이다. 이 과학자와 엔지니어들은 적어도 자신의 시간 중 1/3을 쓰기, 읽기, 편집, 프레젠테이션 준비 등 쓰기와 관련된 일에 소모했다고 한다. (신동호「글 잘 쓰는 과학자가 성공할 확률 높다」)[1].

그러고 보면, 갈릴레이나 다윈, 프로이트, 제임스 왓슨, 스티븐 호킹 같은 위대한 과학자들이 또한 훌륭한 작가였다는 사실이 이런 설문 내용들을 반증한다. 1995년 Wall Street Journal은 설문조사를 통해 사업상 가장 민감한 보고서 작성의 문제는 아래와 같다고 보고하고 있다[2].

- 서투른 구성
- 철자표기법
- 문법과 구두점
- 단어의 오용
- 군더더기 말, 중복표현
- 애매한 표현
- 긴 문단
- 긴 문장
- 수동태 형태의 문장 ("나는 ...... 을 추천한다." 대신 " ..... 이 추천되다")
- 부적절한 어조

보고서 작성에 있어서도 이와 같은 문제점들을 피해야 한다. 그렇다면 좋은 글을 쓰기 위해서는 구체적으로 어떻게 해야 하는지 다음 절에서는 특히 기술문서 작성(technical writing)에 대하여 살펴본다.

1.4.2 기술문서의 작성방법

잘 작성되고 구성된 보고서는 설계의 개념을 올바로 이해하고 수행할 수 있도록 유도한다. 그러나 서툴게 작성된 보고서는 설계개념 자체가 우수하다 하더라도 오히려 역효과를 가져 올 수 있다.

최근 Thomas Pearsall은 기술문서 작성(technical writing) 7원칙과 그 개념들을 소개한 바 있다[3]. 이들을 종합하여 효과적인 기술보고서를 작성하는데 고려하여야 할 일반적인 가이드라인을 정리하면 다음과 같다.

가) 목적을 확실히 한다.

무엇을 위한 설계인지, 또 이를 실행되기 위해서 해결되어야 할 문제가 무엇이며 수행되어야 할 과제가 무엇인지 보고서의 목적을 가능한 한 두 문장으로 간결하며, 논리적으로 표현하여야 한다. 작성자가 자신의 보고서가 어떤 목적으로 기술되어야 할지를 모른다면 작성자 스스로 곧 보고서에 대하여 아무것도 모른다는 것과 같다. 보통 보고서의 목적은 서론부에서 다루게 된다.

나) 독자의 눈높이를 고려한다.

작성된 보고서의 내용을 독자에게 올바르게 전달하기 위해서는 독자의 이해 수준, 기술 수준에 맞추어 작성해야 한다. 물건을 설계하고 제작하는 공학자와 이를 사용하는 일반 사용자 사이에는 전문지식과 사용하는 전문용어에 있어서 큰 차이가 있다. 우리가 흔히 제품 사용 설명서나 설치 매뉴얼을 읽으면서도 완전히 이해 못하고 곤란을 겪는 일은 바로 이 때문이다. 일반 사용자가 컴퓨터 하드웨어, 소프트웨어의 설치 매뉴얼이나 사용 설명서를 이해 못하는 것은 초등학생에게 만유인력을 설명하면서 운동량 보존법칙이나 벡터 방정식을 운운하는 것과 같다.

우리가 보고서 등 기술문서를 작성할 때는 독자가 이를 읽고 행동한다는 관점에서 독자의 눈높이에 서서 독자가 무엇을 이해해야하고 무엇을 알아야 할 것인가를 알기 쉽고 명확하게 기술해야 한다.

다) 전달내용을 체계화 한다.

보고서의 작성 목적과 독자가 정해지면, 전달할 내용을 선택하고 체계화하여 보고서에서 다뤄야 할 중점사항과 서론 및 결론에서 논의해야 할 사항들의 전체적인 줄거리(skeleton)를 작성한다.

※ 서론부

서론부는 독자가 보고서의 나머지 부분을 계속적으로 읽어 나갈 수 있도록 충분한 관심을 유발 시켜야함을 염두에 두고 작성한다. 보통 서론부에서 다루어져야 할 내용은 다음과 같다.

- 보고서의 목적, 상황적 배경
- 문제 해결에 있어서 어려운 점이나 문제점
- 문제 해결의 제안 등

※ 본론부

본론부에서는 독자로 하여금 이 설계가 무엇이며, 왜 이런 방법을 택해야 하고, 어떻게 진행 되는지를 이해할 수 있도록 토론내용, 적절한 자료, 도면, 표 또는 그래프를 이용하여 명확하고도 충분히 구체적으로 기술한다.

※ 결론부

한편 결론부에서는 서론부에서 다루어진 보고서의 목적, 목표를 위하여 본론에서 언급한 방법론에 대한 평가결과, 만족도, 달성도, 실현 가능성 여부, 실시에 따른 위험요소, 문제점, 향후 해결과제 등을 논리적인 방법으로 기술한다.

정보를 체계화하는 데에는 다양한 방법이 있겠지만 전체적인 개관이나 개념에서 세부사항으로 진행해 가는 연역법과, 이와는 반대 순서로 기술해 나가는 귀납법이 대표적이다. 그 외에 설계과정의 흐름을 잘 설명하기 위하여 설계 사건들을 시간 순으로 배열해 가는 방법과 장치나 시스템을 중심으로 묘사해가는 방법도 있을 수 있으나 특기할 만한 경우가 아니면 피하는 것이 좋다.

결국 문서구성의 핵심요소는 독자에게 가장 잘 전달되도록 목적과 독자에 맞는 내용으로 조직화하고 체계화하는 일이다. 정리하기가 용이한 방법으로 필요한 모든 정보를 포함하며 주도면밀하고 논리적인 구성이 되도록 한다.

라) 정확하고 분명하게 쓴다.

문서 구성에 대한 구체안이 정해지면 우선 초고를 작성하게 된다. 초고로도 충분한 수준이라면 별개이지만, 실제의 경우 보고서를 완성할 때까지 많은 양의 수정보완과 편집, 재작성이 요구된다. 효과적인 의사전달과 좋은 문서 작성을 위하여 검토해야 할 사항을 열거하면 다음과 같다.

☀ 애매모호하지 않고 명확하며, 전달하고자 하는 사항이 쉽게 인식되는가?
- 뚜렷함 : 애매모호하지 않고, 의심의 여지를 남겨서는 안 됨
- 간결성 : 주도면밀성이나 뚜렷함에 도움이 되지 못하는 상세한 내용은 피한다.

☀ 사용된 문법, 철자, 맞춤법은 올바로 사용되었는가?

☀ 불필요하게 복잡하지 않고 핵심적인 문장의 길이가 적당한가?

☀ 문장들이 의미 있게 그리고 논리적으로 연결되어 있는가?
- 주도면밀함과 논리적 구성 : 작성하기가 용이한 서식으로 필요한 모든 정보를 포함

☀ 연구, 분석, 종합, 시험 결과 등 보고서에 기술된 사항들이 정확하고 정밀하며 확실한가?
- 정확성과 정밀성 : 정확성은 정확한 정보의 제공, 정밀성은 정보의 불확실성 수준
- 신뢰성 : 신 개념 또는 기술이 시험을 거친 것임을 알게 하고 아이디어의 연구, 분석, 종합

☀ 보고서 전체에 걸쳐 일관된 통일성이 있는가?

독자에 초점을 두고 중요한 정보가 되는 내용을, 알기 쉽고 논리적이며, 간결하되 명확하게 기술한다는 이른바 기술문서 작성 3법칙으로 요약할 수 있다. 일찍이 윌리엄 스트렁크(William, Jr. Strunk)는 그의 강의록 「The Elements of Style」에서 "

글은 짧고 간결하게, 두개의 문장을 붙여서 길게 쓰지 말고, 수동형은 피하고, 불필요한 단어는 무조건 빼라."고 강조한다[4].

철자 맞춤법에 대해서는 문서작성 소프트웨어의 편집기를 이용하면 웬만한 오류는 쉽게 수정할 수 있다. 그러나 규칙성이 있는 것 외에는 모든 철자와 오류가 수정될 수 없다. 그래서 결국 작성자가 원고로부터 직접 철자와 단어를 하나하나 검토해 나가야 하는데, 이것이 생각보다 쉽지 않다. 우리가 문서를 작성하고 나서 다시 읽을 때마다 오류를 발견하게 되는 것은 읽어가는 속도보다 생각이 미리 앞서가 있어서 오류가 있어도 이를 간과하기 때문이다. 따라서 가능하다면 다른 동료로부터 자신의 원고를 검토해 받는 것도 효과적이다.

마) 페이지 설계를 잘한다.

그저 사무적이고 따분한 문서가 아니라, 독자로 하여금 전달내용들을 흥미를 가지고 끝까지 살펴볼 수 있도록 하기 위하여, 유능한 공학자들은 보고서를 작성할 때에도 페이지 설계 수단을 현명하게 사용한다. 예를 들면, 장, 절, 소절의 설정과 전환이 적절한지를 검토하고, 보고서의 체계적 구조는 유지하되 효과적인 의사전달을 위해 장, 절의 내용 파악이 쉬운 표제를 골라 쓴다. 또한 여러 소절로 구성된 긴 절은 독자들이 혼동 없이 따라 갈 수 있도록 궁리한다. 중요한 정보나 핵심 어구들을 강조하는 데는 구별된 폰트를 선택하여 독자들을 환기시킨다. 표, 그림, 그래프가 적절한 위치에 와 있는지? 이들의 캡션과 부연설명이 적절히 부여되었는지? 적절한 여백은 두었는지를 꼼꼼히 검토하여 개념이나 설계 선택의 요소들을 자연스럽게 강화하고 보강하여 독자에게 올바로 전달하도록 한다.

바) 시각적으로 생각한다.

설계보고서 하면 본질적으로 우선 설계도, 회로도, 조립도와 같은 시각화된 도표들을 연상하게 된다. 설계는 보통 스케치부터 시작하여 이를 실현하기 위한 목적나무(objective trees), 형태도표(morphological charts), 작업분해구조(work breakdown structure) 등과 같은 시각적 기법을 갖는다. 설계자에게 이러한 시각적 접근 방법들이 문제를 정의하고 정리하는데 도움을 주는 것과 같이, 정보의 시각적 표현을 현명하게 사용함으로써 독자들이 이해하는데 도움을 준다. 이들은 이미 이 책에서 토의된 설계 도구들로부터 상세도 혹은 조립도, 순서도(flowchart)나, 표, 사진, 그래프, 만화에 이른다. 특히 표는 중요한 사실과 데이터에 주의를 집중할 기회를 준다. 표,

그림, 그래프가 잘 표현되어 있으며, 목적에 맞고 효과적으로 융합되어 있는지? 독자가 쉽게 핵심을 파악할 수 있도록 주어진 정보들을 시각적 도구로 정리할 수 있는지? 또 될 수 있다면 어떻게 구성되어야 하는지를 꼼꼼히 검토할 필요가 있다. 다행히 현재 엄청난 시각적 기능과 능력을 갖춘 문서 작성, 프리젠테이션, 그래픽스 소프트웨어가 출현되어 있어 이들 도구를 적절히 이용하기만 해도 얼마든지 시각적인 보고서 작성이 가능하다.

사) 윤리적으로 쓴다.

설계자들은 그들에게 주어진 설계를 위하여 시간과 노력, 그리고 그 가치에 자신을 투자한다. 그러므로 설계결과 혹은 다른 기술적 결과들에 대해 유리한 것은 보여주고, 불리한 데이터나 문제들은 빼고 발표하고 싶은 유혹에 빠지기 쉽다. 설계자들은 이런 유혹에서 벗어나, 완전하고 정확한 사실들을 발표해야 한다. 이는 모든 결과, 심지어 불리한 시험 결과까지도 발표되고 토론되어야 함을 의미한다. 윤리적인 발표는 설계의 한계를 정직하고 직접적으로 묘사한다. 더 나아가, 이전 연구자들이나 다른 사람들의 공로를 인정하는 것 또한 중요하다. 예를 들면 이 소절의 일부는 Dym과 Little의 「Engineering Design」 6장[5]에서 인용되었음을 밝힌다. 윤리는 개인과 단체 모두에 대한 행동 원칙이며, 공학자의 의무중 하나가 윤리규정을 준수하는 것임을 간과해서는 안 된다. 보다 상세한 사항은 6.1절을 참조하기 바란다.

1.4.3 설계 보고서의 실제

설계보고서 또는 기술보고서의 목적은 설계나 과제의 내용을 이해 당사자에게 수용하도록 하는 것이며 관련 독자와 커뮤니케이션하는 것이다. 이 절에서는 우리가 앞서 살펴본 기술문서 작성법을 활용하여 설계결과와 과제결과에 대한 체계화된 보고서를 어떻게 만드는가를 배우도록 하는데 의의가 있다. 설계 및 기술보고서에 포함되는 전형적인 구성 예를 Gerard Voland[2]가 소개한 내용을 바탕으로 정리하면 다음과 같다.

- 제목
- 차례
- 그림 목록 및 표 목록

※ 기호설명

※ 초록(또는 요약문)

초록 또는 요약문은 독자로 하여금 보고서에서 가장 중요한 사항들을 전체적으로 훑어보게 한다. 예를 들어 해결해야 할 문제점, 개발된 최종 설계안, 결론, 최종 행동을 위한 충고 등 초록은 매우 간결하고 직접적이어야 하므로 두 서너 문장으로 제한된다. 종종 초록은 출판물 정보 기록에 나타나는데, 이를 이용해 보고서 전체 내용에 관심을 갖는 사람에게 정보를 제공한다.

※ 서론

서론은 설계목적, 설계 범위 및 고찰 배경을 기술하는 기회를 제공하며, 해결해야 할 문제점을 간결하게 서술하고, 설계방법론 등 최적 목표 측면에서 사용자의 필요사항을 요약한다.

※ 본론부

본론부는 보고서의 핵심이 되는 부분으로 이론 전개, 설계 진행절차 및 방법론, 관련배경 정보, 최종 결과, 최종 설계안, 고찰 및 토의 등에 대하여 충분한 자료와 확실한 근거를 토대로 논리적으로 작성한다.

◆ **설계 진행절차 및 방법**

최종 설계안을 개발하는데 따른 진행절차는 독자가 향후에 일을 수행함에 있어 매뉴얼이 될 정도로 충분히 구체적으로 기술해야 한다. 모든 가정과 결정사항이 포함되며, 적당한 차트와 그래프, 표를 사용한다. 또한 개발된 각각의 대안들에 대한 방법을 정리한다. 독자가 각 설계가 무엇이며, 어떻게 작동하는지를 이해할 수 있도록 충분히 구체적으로 설명한다. 이때 너무 상세하거나 기술적인 자료들은 보통 보고서의 끝에 부록으로 첨부할 수 있다.

◆ **관련 배경 정보**

보고서 작성자는 독자에게 아래 사항들에 대한 구체적인 설명을 제공해야 한다.

- 설계안이 사용될 환경

- 설계 내역과 구속조건
- 개발 분야의 선행기술(예, 특허/기성품)과 수행되어야 할 작업의 다른 측면.
- 위 정보는 표 또는 그래프를 이용하여 명확하고 간결하게 요약해야 한다.

◆ 최종 설계안

최종 설계안은 독자가 제안된 안의 장점과 단점을 모두 인식할 수 있도록 충분히 구체적으로 설명되어야 한다. 최종 설계의 상세 도면은 첨부에 포함할 수 있다. 또한 최종안을 선택하기까지 사용된 비교 및 진단평가도 요약하여 포함시키도록 한다. 최종안을 개발하고 선택하게 한 결정이 보고서 내에 명확하게 기술되도록 한다. 또한 최종안에 대한 다양한 그룹(예, 사용자, 재료 및 부품 공급자, 제조자, 마케팅 전문가, 금융 관리자)의 반응을 정리한 피드백 표는 이곳에 포함시킨다. 최종적으로 설계수행 시 경제적 평가에 대한 구체적 사항도 포함된다.

※ 결론

최종 설계안을 전제로 했던 최초의 목표를 만족시키는지에 대해 언급한다. 실제적으로 다음과 같은 질문에 대해 답하는 형식을 가지는 것이 좋다. 최종안이 사용자의 요구를 만족시키는가? 왜 그런가? 또는 왜 그렇지 않은가? 적절한 자료와 논리적인 이유와 보고서에 언급된 주장을 통해 작성자의 주장을 정당화한다. 또한 최종안을 실행하는데 따른 위험요소를 정의한다(실행에 따른 실패 가능성에 대해서도). 보고서에서 주장한 사항들을 방어적인 자세 대신 작성자의 평가진단과 결론에 정직한 자세를 가지도록 한다.

◆ 향후 해결 과제

제안된 최종안에 있어서 앞으로 더 수행되어야 할 일이나 될 수 있는 일을 제안한다. 예를 들면 "이 과제를 한 학기 더 수행한다면 무엇을 할 것인가?" 라는 질문에 대해 생각해 본다.

※ 감사의 글

설계 및 보고서작성과 관련하여 시험, 분석, 자료제공, 재정 지원 등 여러 가지 형태로 도움을 받은 개인 또는 단체에게 감사를 표한다.

※ 참고문헌

설계와 보고서를 작성하는데 사용된 참고문헌 및 참고자료의 출처를 모두 나열한다. 보통 참고문헌의 정리방법은 다음과 같다.

- 단행본 : 저자, 책명, 출판사, 출판장소, 출판년도
- 논문(저널) : 저자, "논문명", 발표지명, 권, 호, 페이지, 출판년도

※ 부록

보고서 본문에 삽입하기에는 전체적인 흐름을 방해하는 추가적인 기술자료, 논문 기사, 특허정보, 시장조사 자료, 통신내역 등을 부록에 포함시킨다.

이상은 설계보고서의 구조를 보인 하나의 예이다. 따라서 보고서의 목적을 훼손시키지 않는 범위에서 위에서 언급한 형식에 변화를 줄 수 있다. 예를 들면 진도 보고서는 과제 진행 중에 작성되므로 최종 보고서와는 달라질 수 있다. 위와 같은 형식으로 초고가 작성되면 팀의 관리자(학내 과제인 경우 지도교수)에게 초고 검토를 부탁하고, 이를 개정하고 수정하여 최종판 보고서가 완성되며 최종적으로 관계자에게 제공된다.

1.5 프리젠테이션

대부분 설계 프로젝트들은 의뢰자와 사용자, 기술적 검토자들에게 이해와 수용, 또는 평가를 위하여 발표가 요구된다. 발표는 기술 문서보다도 더 직접적이어서 발표자가 정해진 시간에 효율적으로 자신의 의사를 전달하기 위해서는 발표내용을 청중에 맞게 준비하고 적절한 보조 자료들을 개발하며, 발표 연습을 필요로 한다. Dym과 Little은 다음과 같은 사항들을 발표 시 검토사항으로 소개하고 있다[5].

1.5.1 청중 알기

설계 브리핑과 결과발표는 다양한 유형의 청중들을 대상으로 한다. 따라서 Pearsall이

기술 문서작성 7원칙의 검토에서 지적한 것과 같이 청중의 기술적 수준과 관심도, 이해 정도 등과 같은 다양한 요인을 고려해야 한다.

일단 청중이 결정되면 발표자는 발표를 청중에게 맞출 수 있다. 다른 전달 매체들과 같이 발표도 적절히 체계화되고 구조화되어야 한다. 첫 번째 단계는 대략개요를 명확히 하는 것이고, 두 번째는 상세개요를 만드는 것이다. 세 번째는 시각 자료나 물리적 모형들과 같은 적절한 보조 자료들을 준비하는 것이다.

1.5.2 발표 개요

1.4.2절에서 살펴본 기술문서 작성에서와 같이 발표는 분명한 구조를 가져야 한다. 발표 구조와 조직은 논리적이고 이해할 수 있어야 하며, 보충 문답과 토론을 준비하도록 유도한다. 그리고 설계발표는 영화나 소설이 아니기 때문에 "놀라운 결말(surprise ending)"을 가져서는 안 된다. 보통 발표 개요에는 다음과 같은 요소들이 포함된다.

- 청중, 프로젝트, 설계자, 혹은 조직을 식별하는 제목 슬라이드
- 청중에게 발표의 방향을 보여주는 발표의 개요
- 필요한 경우, 설계 문제의 기술문과 프로젝트를 이해하면서 기술문이 변경된 경우에 이에 대한 지적
- 문제에 대한 배경 자료와 연구를 통하여 개발된 자료들
- 목적 나무의 최상위 수준이나 상위 수준에 반영되어 있는 요청자와 사용자들의 핵심 목적들
- 기본 기능들에 초점을 맞추어 설계가 수행해야 할 기능들
- 설계 대안, 특히 평가 단계에서 고려되어야 하는 것들
- 결과와 깊은 관련이 있는 핵심 측정기준과 목적을 포함하여, 평가 절차와 결과들의 중요 부분
- 선택된 설계와 선택된 이유의 설명
- 다른 대안에 비해 우수성이 강조되는 설계 특성 또는 참신성
- 필요한 경우, 기술 전문가들을 위한 개념 검증시험
- 시제품 실험, 제품을 개발하고 전시할 수 있다는 가정 하에, 비디오테이프나

사진들이 적절한 경우도 있음

- 해야 할 후속 작업들의 식별을 포함한 결론

대화나 발표에서 언제나 이러한 모든 요소들을 다뤄야 하는 것은 아니다. 시간적 여유와 청중에 따라, 이들 중 일부를 제한하거나 뺄 필요가 있다. 이런 결정은 또한 적어도 부분적으로는 청중의 특성에 따른다. 이와 같이 일단 개요의 개략이 명확하게 되면, 다음으로 발표의 상세 개요를 개발해야 한다.

1.5.3 발표장소와 발표도구

발표자가 청중을 알 필요가 있듯이, 발표시간을 파악하고, 발표할 환경을 알기 위한 노력 또한 필요하다. 발표 계획의 초기 단계에서 발표자는 이용 가능한 발표기구들(예를 들어, 프로젝터, 컴퓨터)과 발표하는 장소의 전체적인 환경을 알아야 한다. 이는 장소의 크기, 용량, 조명, 좌석과 다른 인자들을 포함한다. 시각용 기구에 관하여 관심을 가져야할 사항은 다음과 같다.

- 너무 많은 슬라이드와 그래프 사용을 피한다. 합리적으로 다룰 수 있는 슬라이드의 추정치는 분당 1-2 매이다. 너무 많은 슬라이드가 준비되면 슬라이드를 끝까지 마치기 위해 발표를 서두를 수밖에 없다. 이는 조금 적은 수의 슬라이드를 현명하게 사용 하는 것보다 훨씬 나쁜 발표를 만든다.
- 제목 슬라이드에서 발표자와 팀의 소개를 잊지 않는다. 또 과제에 대한 간단한 설명과 설계 요청자에게 감사를 표하는 좋은 기회가 된다. 발표 경험이 부족한 사람은 종종 제목 슬라이드를 급히 넘기는 경향이 있어 이런 소개를 할 기회를 놓친다.
- 뒤죽박죽되는 것을 경계한다. 슬라이드는 핵심 요점들을 강조하기 위해 사용되어야 하며 발표자는 슬라이드에서 요점들을 전개할 수 있어야 한다.
- 요점들을 분명하게, 직접적으로, 간단하게 한다. 너무 눈부시거나 겉이 번드르르한 슬라이드는 발표에서 주의를 다른 데로 돌리는 경향이 있다.
- 색상을 능숙하게 사용한다. 현재의 컴퓨터 기본 패키지는 많은 색상과 폰트를 지원 하지만 디폴트가 종종 가장 적절하다. 또한, 전문적인 발표에서는 기묘하

거나 대립된 색상의 사용을 피한다.

- 설계 프로세스의 결과들을 묘사하기 위해 완성된 설계 도구들(예를 들면 목적나무, 큰 형태도표)을 다시 보이기보다는 대신 결과들에 선택된 요점들을 강조한다. 이는 더 상세한 정보를 위해 청중이 최종보고서를 참조하게 하는 것이 더 의미 있는 경우이다.

연설자가 발표를 하는 동안 청중들은 시각 자료를 읽는 경향이 있음을 상기해야 한다. 그러므로 발표자는 슬라이드를 읽거나 그런 슬라이드를 인용할 필요가 없다. 마지막으로, 설계도면들이 재생되어 제시된다면, 청중의 규모와 거리를 주의 깊게 고려해야 한다. 많은 선 그림은 큰 발표에서 전시되거나 보고 해석하기 어렵다.

1.5.4 훌륭한 발표자

발표 전문가나 연설가들은 상당한 경험을 갖고 있기 때문에 대개 효과적으로 진행한다. 그들은 많은 연설과 발표를 했고, 그 결과 그들에게 잘 맞는 양식과 접근방법들을 알고 있다. 반면 보통 공학설계자들은 그렇지 못하다. 그러나 충분한 발표 연습을 하면 어느 정도 자신감을 얻게 된다. 효과를 높이기 위해, 발표자들은 일반적으로 자신이 발표할 부분을 혼자 연습한 다음, 적어도 이 주제에 친숙하지 않는 몇 사람을 포함하는 다른 사람들 앞에서도 연습할 필요가 있다.

효과적인 발표의 또 다른 중요한 요소들은 발표자가 청중에게 자연스런 단어와 문구를 사용하는 것이다. 우리들 각자는 일반적으로 우리에게 편한 일상적인 언어 양식이 있다. 그렇지만 결국 우리는 연설 형식을 개발하는 동안 청중에게 그들의 언어로 연설하기를 원하고, 전문적인 어조를 유지하기를 원한다는 것을 명심해야 한다. 따라서 발표자는 혼자 연습할 때, 새로운 연설 형태를 구분하고 채택하는 수단으로서, 주요 요점들을 여러 다른 방법들로 말해보는 것이 유익하다. 그런 다음, 잘 맞는 새로운 양식을 발견하면, 우리 자신의 것이 될 때까지 충분히 자주 반복해야 한다. 혼자이든 다른 사람들과 함께이든, 연습 과정은 시간을 정하고 실제 환경에 가능하면 가까운 조건에서 해야 한다. 경험이 없는 발표자들은 보통 너무 빠르거나 느리지 않게 정확한 속도를 유지해야 하는 문제점을 갖고 있다. 그러므로 발표 시간을 재는 것(심지어 발표자 앞에 시계를 두더라도)은 매우 도움이 된다. 만약 컴퓨터가 발표에서 사용된다면 연습에서도 컴퓨터를 사용해야 한다.

발표자는 있을지도 모르는 질문들을 어떻게 다룰 것인지를 사전에 정해둬야 한다. 발표 중에 제기되는 질문들을 다루는 방법이 몇몇 있다. 즉, 질문을 발표의 끝으로 미루기, 바로 대답하기, 발표 사실을 분명하게 하기 위해 발표 중 질문을 제한하는 것 등이다. 발표와 청중의 특성에 따라 어느 방법이 가장 적절한지 결정해야 하겠지만, 발표를 시작할 때 청중에게 질문 방법을 알려야 한다. 질문에 응할 때는, 발표자가 질문을 반복하는 것이 특히 청중이 많을 때나 질문이 분명하지 않을 때 바람직하다. 발표자나 팀 리더는 질문에 대한 답변을 적합한 팀 구성원에게 맡겨야 한다. 만약 질문이 분명하지 않으면 발표자나 팀은 답하기 전에 이를 분명히 하도록 노력해야 한다. 그리고 발표자는 발표 연습과 함께, 제기될 수 있는 질문들을 취급하는 연습을 해야 한다. 발표 도중 질문들을 준비하는 방법들이 있다. 이들은 다음과 같은 사항을 포함한다.

- 제기 될 수 있는 질문들의 목록을 만들어서 그것들을 준비한다.
- 제기될 수 있는 문제들에 대한 보조 자료들(예를 들어, 설명용 예비 슬라이드, 컴퓨터 결과들, 통계 도표들)을 준비한다.
- “모른다." 또는 "고려하지 않았다."와 같이 말할 수 있도록 준비한다. 이것은 매우 중요하다. 마치 아는 것 같이 행동하는 것은 발표자의(그리고 팀의) 신용을 악화 시키고 매우 당황스러운 상황을 초래한다.

발표와 프로젝트의 특성에 따라 팀 구성원 모두가 발표해야 하는 경우도 있다. 이때 발표자 선정에 있어서 주의사항은 발표 순서이다. 발표 내용과 순서를 정하는 것은 발표를 둘러싼 환경에 따르겠지만, 전체적인 설계 과정을 올바르게 전달하기 위해서는 발표 순서를 주의 깊게 고려하고 신중하게 정해야 한다. 이외에도 일반적으로 발표할 때에 신경을 써야 할 사항은 다음과 같다.

가) 발표에 임하는 마음가짐

- 주역은 어디까지나 발표자 자신이다.
- 마음으로 우러나는 정열과 열의로 호소한다.
- 기본적인 매너를 몸에 익힌다.
- 청중의 반응에 민감해야 한다.
- 긴장하면 안 된다고 생각하면 안 된다.
- 발표 위치와 몸동작에 주의한다.
- 발표는 항상 당당한 자세로 한다.

나) 말할 때의 자세

- 청중 모두에게 들릴 정도의 목소리를 낸다.
- 올바른 발음이 되도록 신경 쓴다.
- 상대가 이해하기 쉬운 말을 쓴다.
- 귀에 거슬리거나 부정적인 말은 삼가 한다.
- 단조로운 얘기 진행 방식이 되지 않도록 주의한다.
- 적절한 예를 들어 청중의 이미지 전개를 돕는다.
- 몸짓, 표정 등 적절한 보디랭귀지를 사용한다.

의사 전달을 능숙하게 하여 탁월한 발표자가 되려면 다음과 같은 점을 고려하여 평소에 훈련하는 습관을 가지는 것이 중요한데 이를 위해 자신의 행동을 관찰하고 평가하는 기회를 갖는 것이 도움이 된다.

다) 훌륭한 발표자가 되기 위해 고려할 점

- 사람을 판단하기 전에 그를 알아야 한다.
- 침착하고, 편안하고, 개방적이고 친절하며 남에게 관심을 보인다.
- 사람을 존중하고 있는 그대로 받아들인다.
- 합께 시간을 보내고 일대 일로 대화한다.
- 이해하려하고 협조적이어야 한다.
- 서로의 관점을 들어야 한다.
- 긍정적 태도를 가져야 한다.
- 항상 리더(또는 조정자)가 되려 하지 말아야 한다.
- 자신의 몸동작을 관찰한다.
- 유머 감각을 가진다.
- 공정한 논쟁 법을 배워야 한다.
- 대화 중재자를 가진다.

훌륭한 발표자는 자신이 하는 말을 청중이 들어주어야 하는데 듣는 상대방이 경청하게 하려면 다음과 같은 면에 신경을 써서 말해야 한다.

라) 청중이 경청하게 만드는 요소

- 잘 들리도록 크게 말한다.
- 정확한 언어를 사용한다.
- 청취자가 집중할 수 있도록 흥미를 끄는 단어로 명확하게 말한다.
- 청취자의 사고경향, 지식수준 및 문화적 경험에 대하여 이해한다.
- 청취자의 반응을 유도한다.

연습문제

1. 기술문서 작성에 있어서 독자의 눈높이를 어떻게 가늠할 것인지 방법을 설명하시오.
2. 안전과 환경을 고려한 설계과제를 생각하고, 테마가 결정되면 그 결정이유를 기술문서 작성 3법칙에 맞게 설명하시오.
3. PET병을 이용한 물 로켓의 설계보고서를 작성하시오.
4. 초등학생을 상대로 문제 3의 설계보고를 위한 구두발표 자료를 작성하시오.
5. 설계보고서 또는 구두발표에서 설계노트는 공학설계 활동에서 매우 중요하다. 설계노트 작성 시 고려되어야 할 사항을 열거하시오.
6. 스티븐 호킹의 '시간의 역사'는 베스트셀러로 알려져 있다. 이 책이 베스트셀러가 된 이유를 5가지 이상 나열하고 발표하시오
7. 본인이 학과의 학생회장이라고 생각하고 신입생 MT계획서를 작성하시오.
8. 동급생이 자기 집을 쉽게 찾을 수 있도록 약도를 A4용지 1장에 그리시오.
9. 구두 발표 때 청중이 경청하게 만드는 요소를 생각하고 열거하시오.
10. 자기의 의사소통능력이 어떤 수준에 있는지 점검하고 정리하시오.
11. 4층 건물 옥상에서 계란 떨어뜨리기 대회가 있다고 하자. 이 때 땅 바닥에 떨어져도 계란이 깨지지 않는 계란 보호 기구를 고안하고 스케치하시오.

참고문헌

1. 신동호, "글 잘 쓰는 과학자가 성공할 확률 높다," 과학동아, 2002년 2월호, 2002. 또는 박강 외 4인 공저, “공학문제 해결의 길라잡이 창의공학,” 도서출판 인터비젼, 2008.

2. Gerard Voland, “Engineering By Design,” Pearson Prentice Hall, 2004. 또는 전영록 외 5인 공역, “공학문제 해결을 위한 공학설계,” 도서출판 인터비젼, 2008.

3. Thomas E. Pearsall, “The Elements of Technical Writing,” Allyn & Bacon, 2001.

4. William, Jr. Strunk, E. B. White, and Charles Osgood, “The Elements of Style,” Allyn & Bacon, 2000.

5. C. I. Dym and P. Little, “Engineering Design,” John Wiley & Sons, Inc., 2004. 또는 조문수 외 3인 공역, “프로젝트 기반의 공학설계입문,” 아이티시, 2007.

6. 이경우, 김병재, 이태희, 황농문, 한송엽, “공학문제해결입문,” 시그마프레스, 서울, 2006.

2

CHAPTER

창의사고의 개발

창의력이란 매우 복잡한 개념으로 여러 요소들의 복합적인 작용으로 나타난다. 많은 연구들에 의하면 창의력을 주로 확산적, 독창적 사고의 요소들을 포함하는 지적인 능력의 일부분으로 보는 경향이 있는가 하면, 특수한 인성적 특성으로 보는 경향이 있고, 문제 해결 능력의 한 형태로 보기도 한다. 그러나 창의력은 "새로우면서도 유용한 산출물을 생성해낼 수 있는 능력(Lubart, 1994)"이라는 정의가 일반적으로 받아들여지고 있다.

한편 창의적 사고의 구성 요소는 문제에 대한 민감성, 유창성, 독창성, 융통성, 종합력, 분석력, 복합성, 평가력 등과 같은 8개의 요소가 있다고 Guilford(1967)는 가정하고 있으며, 이 중에서 특히 유창성, 융통성 및 독창성을 창의적 사고를 결정하는 주 요인으로 강조하고 있다. 또한 Torrance(1976)와 Williams(1980)는 유창성, 융통성, 독창성, 정교성을 창의적 사고의 구성요소로 보고 창의적 사고 검사(Torrance Tests of Creative Thinking, TTCT)에서 이러한 요소들을 측정하고 있다. 이들 요소들은 오늘날 창의적 사고를 그나마 구체적으로 표현할 수 있는 개념 표현 기능을 하며, 더불어 일반적인 창의적 사고를 대변하는 창의적 사고의 요소로 받아들여지고 있다.

Guilford와 Torrance가 제시한 창의적 사고 구성 요소의 개념 및 평가 준거는 [표 2-1]과 같다.

[표 2-1] 창의적 사고 구성 요소(Guilford, 1967; Torrance, 1976)

구성요소		개념 및 평가 준거
Guilford	민감성	다른 사람들이 생각하지 못한 문제를 파악하는 정도
	유창성	아이디어 생성량
	독창성	독특하면서도 새로운 아이디어를 제시하는 정도
	융통성	문제에 대한 다양한 유형의 반응을 보이는 정도
	종합력	아이디어를 보다 포괄적인 형태로 조직하는 것
	분석력	큰 구조를 분할하여 새로운 구조를 만드는 것
	복합성	한 개인이 한 번에 조작할 수 있는 상호 관련된 아이디어의 수
	평가력	새로운 아이디어의 가치를 평가하는 능력
Torrance	유창성	피험자가 생성해 낸 적절한 반응의 수
	융통성	상이한 범주의 사고로 이동한 수
	독창성	평범한 반응에서 동떨어져 있는 정도
	정교성	질문과 가설 내용의 구체성 정도

학습, 의사소통, 팀웍 그리고 조직적인 기능 내에 존재하는 많은 문제들이 특별한 사고유형에 대한 이해나 인식 부족, 지식 창출 순환과정에서의 생략된 단계 그리고 창의적인 문제해결 기법이 부재로 인한 것임을 추적해 낼 수 있다.

창의적 문제해결을 위한 창의적 사고 개발 기법은 크게 발산적 사고(확산적 사고, 생성적 사고 등)와 수렴적 사고(초점적 사고, 비판적 사고 등)로 구분할 수 있다.

발산적 사고는 예전에는 생각하지 못한 새로운 아이디어(대안, 가능성)를 창출하는 사고과정으로, 브레인스토밍(brainstorming), 브레인라이팅(brain-writing), 결부법(synetics), 스캠퍼(scamper), 육색 사고모 기법(six-hat), 만다라트(mandal-art), 체크리스트법(checklist), 유추법(synectics), 은유 및 연상법(metaphor and association) 등이 이에 해당하는 기법이다. 새로운 아이디어를 만들어내기 위하여 선입견을 배제하고 가능하면 자유롭게 의견을 제시하여 기발한 방법을 장려한다.

수렴적 사고는 발산적 사고를 통해 제안된 아이디어들을 분석하고, 선택하고 다듬어서 구체적인 문제 해결 방법을 찾아나가는 초점화의 사고 과정으로, 마인드 매핑(mind mapping), 강제연결법(forced relationship)과 PMI, 평가 행렬법(evaluation matrix), P-P-C(Positive-Possibilities-Concern)기법, 하이라이팅, 형태학적 분석법(Morphological Analysis) 등이 있다. 그러나 발산적 사고와 수렴적 사고는 아주 명확히 구별되지 않을 수도 있으며 서로 상보적으로 사용되며 서로 생산적인 균형을 이루어야 창조적인 문제해결이 이루어질 수 있다.

본 장에서는 사고 도구인 지능 모델에 대해 알아보고, 주로 많이 사용되고 있는 창의적 사고 개발 기법에 대해서만 살펴본다.

2.1 지능모델

사람들은 독특한 자신만의 선호하는 방식으로 사고하고 행동한다. 따라서, 각자의 사고 방식에 따라 문제 해결, 창의성, 그리고 다른 사람과의 의사소통에 대한 접근 방식이 특정되는데, 이러한 우성적인 사고 형태는 타고난 성격의 결과이다. 네드 헤르만(Ned Herrmann)은 인간 두뇌의 창조성에 대한 수년간의 연구에서 두뇌가 활동하는 방법에 따라 그 두뇌가 특화된다는 것을 깨닫고 두뇌의 사고특성 모델을 조직하였다. 〈그림 2-1〉은 인간 두뇌의 단면도와 헤르만이 조직화한 4분면의 개념을 나타낸 것으로, 인간

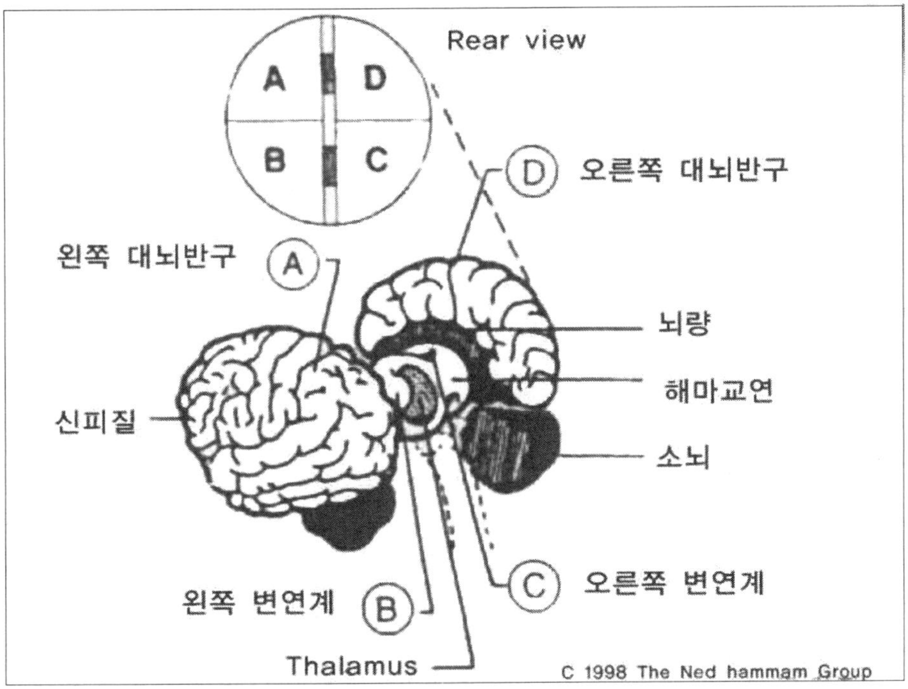

<그림 2-1> 실제 두뇌와 헤르만의 4개의 사분면 모델

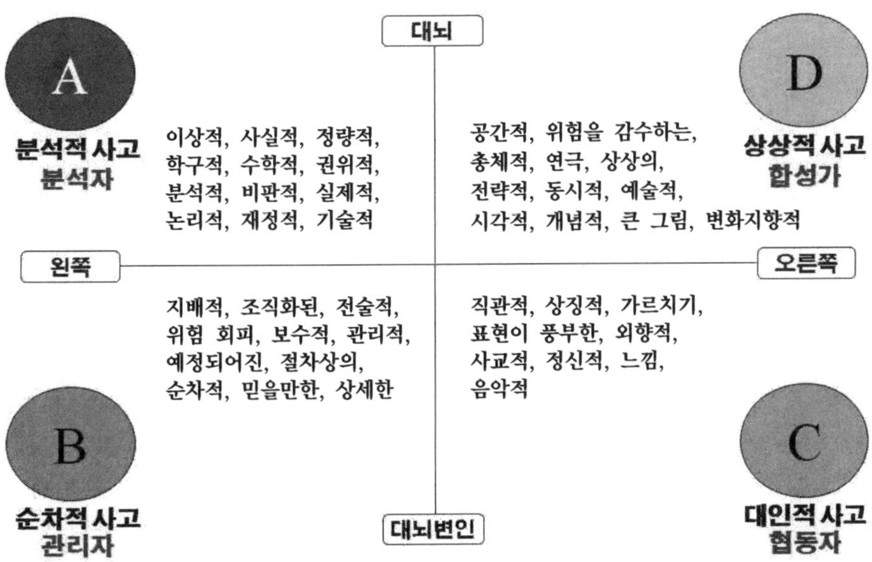

<그림 2-2> 헤르만의 두뇌우성 모델 및 사고 특성

두뇌의 대뇌반구 및 변연계의 발달 특성에 따라 문제를 푸는 사고 기술이 다르게 나타나는 것을 사분면으로 조직화한 것이다. 〈그림 2-2〉는 두뇌우성 모델의 사고특성을 각각 고유의 언어, 가치, 인식 방법을 가지고 있는 4개의 독특한 4분면으로 비유하여 나타낸 것이다.

헤르만이 조직화한 두뇌 우성모델의 각 사분면의 특징을 살펴보면 다음과 같다.

2.1.1 분석적 사고의 A 사분면

(1) A 사분면 사고의 특징

A 사분면의 사고는 사실에 입각한, 분석적, 정량적, 기술적, 논리적, 이성적 그리고 비평적이다. 이 사고는 분석적인 문제 해결 그리고 논리와 이성에 기반한 결정내리기를 다루는 것과 같이 자료를 분석하고 위험을 평가하고 통계, 금융 예산과 계산을

[표 2-2] 『A 사분면』 학습 활동과 행동

- 자료와 정보를 찾기 : 도서관 탐색하기
- 틀 안에서 논리적으로 자료를 조직화하기(상세하게는 아님)
- 정보를 제공하는 강의를 수강하기
- 교과서 읽기 - 대부분의 교과서는 A 사분면 사고자를 위하여 쓰여짐
- 예제 문제와 해법을 분석(학습)하기
- 아이디어로 사고하기(이성적으로 또는 비평적으로)
- 과학적 방법을 사용하여 연구하기
- 가설을 세운 후 그것이 사실인지 확인하기
- 사실, 범주 그리고 논리적 이유에 기반을 두고 아이디어 평가하기
- 기술적인 그리고 재정적인 사례 연구하기
- 컴퓨터가 어떻게 작동하는지 알기; 수학과 정보 처리에 컴퓨터 사용하기
- 사람과 사회문제보다는 하드웨어나 물건을 다루기
- 미래의 가능성보다는 실제적이고 현재적인 일 다루기
- 물건들의 값을 알기
- 과학기술의 산물(다리나 기계 등)을 학습하려고 다른 문화권을 여행하기

다룬다. A사분면의 문화는 물질적, 학구적, 그리고 권위적이다. 그들은 성과 위주이며 성과 구동(performance-driven)적이다. 스타트랙의 미스터 스팍(Spock)이 있으며 다른 사람들로는 여론조사의 조지 갤럽(Gorger Gallup), 세상에서 제일 높은 IQ의 소유자로 알려진 마릴린 새반트(Marulyn Vos Savant)가 A 사분면의 대표적인 사람들이다.

A 사분면의 사고를 선호하는 사람은 대수, 미적분, 회계학 같은 과목과 함께 과학, 공학 기술과 같은 특정 직업 선호도 또한 높다. 대부분의 교과서는 A 사분면 모드로 기술되어 있다. 법률가, 공학자, 전산 과학자, 분석가, 기술자, 은행원 그리고 외과의사들이 일반적으로 A 사분면의 강한 선호도를 보인다. A 사분면 사고자는 “본질” 또는 “사실 접근” 또는 “비판적 해적”에 대한 이야기를 한다. 그들은 “계산기” 또는 “기계 인간” 또는 “지식인(경멸적)” 처럼 말한다. 그리고 C 사분면 회피가 수반될 때는 “쌀쌀한 인간”처럼 말한다.

A 사분면 사고자가 선호하는 학습활동을 표 2-2에 나열한다.

(2) A 사분면 사고 발달을 위한 연습

많은 공학자들이 A 사분면에 대한 강한 선호를 갖는다. 만약 당신이 A 사분면 사고자가 아닌데 이 모드의 사고를 개발하고 싶으면 무엇을 하야 할까? 수학, 과학, 그리고 특별히 고학 분석 강좌들(그리고 숙제들)로 A 사분면 사고를 발달시킬 수 있다. 우리는 우리의 연구에서 많은 학생들이 그들의 공학 교과 과정들을 통하여 그들의 A 사분면 선호가 증진된다는 것을 발견하였다. 표 2-3는 네드 헤르만이 추천한 것으로, 특별히 수학과는 관련없는 A 사분면 사고 발달을 위한 다양한 활동 예제들을 나열하여 놓았다.

[표 2-3] 『A 사분면』 사고 발달을 위한 활동 예제들

- 일, 배움 또는 학습 목표를 정의하기
- 당신이 아직까지 전혀 모르는 주제에 대한 자료와 정보를 모으기
- 자주 사용하는 기계에 대한 내용을 읽어 실제로 어떻게 작동하는지 발견하기
- 고장난 작은 기구의 문제점을 진단하기
- 현재의 기술적 문제 상황을 그것의 전체 부분으로 들어가서 분석하기
- 최근의 충동적인 결정을 되돌아보고 그것의 이성적 논리적 인면을 확인하기
- 출마한 정치인을 분석하기 - 그들은 이슈에 대하여 어떠한 관점을 가지고 있는가?
- 은퇴를 대비한 투자 모임이나 재정 계획에 참여하기
- 논리퍼즐이나 게임 즐기기; 체스
- 컴퓨터의 분석 소프트웨어 툴이나 스프레드시트의 사용법 배우기
- 그룹 의사결정 과정에서 악당의 대변자 역을 하기
- 좋아하는 TV 프로그램, 영화, 시, 연극, 책, 노래 예술작품에 대하여 논리적 추론에 근거한 비평쓰기

2.1.2 순차적 사고의 B 사분면

(1) B 사분면 사고의 특성

B 사분면의 사고는 조직적이고, 연속적이고, 제어되고, 계획되고, 보수적이고, 구조적이고, 상세하고 자제되고 영속적이다. 이것은 경영, 전술적 계획, 절차, 조직화된 방식, 보호, 해법의 실행, 현상유지 그리고 실험결과 믿을 만한 것들을 다룬다. 이것의 문화는 전통적이고 관료적이며 신뢰성이 있다. 이것은 생산지향적이며 과제주도형이다. 미연방수사국(FBI) 국장이었던 에드가 후버Edgar Hoover), 독일제국의 총리였던 오토 폰 비스마르크(Otto von Bismark) 그리고 인디언 추장 제로니모(Geronimo)가 B 사분면 사고자의 예이다.

B 사분면의 사고를 선호하는 사람은 그들의 교과과정이 잘 구조화되고 연속적으로 조직화되어있는 것을 원한다. 계획입안자, 관료, 행정가, 회계장부담당자들이 대게 B 사분면 사고 선호를 보인다. B 사분면 사고 모드가 우세한 사람들은 "우리는 항상이런 방법으로 해왔다"거나 "법과 질서" 또는 "자기 수양" 또는 "안전한 행동"에관하여 말한다. 그들은 "현학자" 또는 "성미가 까다로운 사람" 또는 "힘써 공부하는

[표 2-4] 『B 사분면』 학습 활동과 행동

- 즉흥적으로 행동학기 보다는 주의 깊게 지침을 따른다
- 깔끔하고 성실하게 자세하게 과제 문제 풀기
- 결점이나 단점을 찾기 위해 이론과 절차를 실험하기
- 단계를 따라 실험과제 수행하기
- 실험과제 수행 결과에 따라 순차적인 보고서 작성하기
- 사용법 설명 소프트웨어를 이용한 컴퓨터 사용
- 학습한 지식의 실제 사용법 발견하기 - 이론만으로는 충분하지 않음
- 프로젝트와 스케줄을 계획하고 계획과 정해진 시간에 따라 실행하기
- 상세한 강의를 듣기
- 상세하고 포괄적인 노트 가지기
- 일상적인 환경 하에서 확정된 스케줄에 따라 학습하기
- 세세한 예산 잡기
- 자주 반복함으로써 새로운 기술 익히기
- 조직과 절차에 대하여 알아보기 위하여 현장 둘러보기
- 프로젝트에 대한 "어떻게" 매뉴얼 작성하기

사람"인 것처럼 말한다. B 사분면의 행동은 시간의 관점에서 알아채기 쉽다. 이 사람들은 스케줄에 집착하고 자기와 같은 종류의 규율을 갖고 있지 않은 사람들을 불쾌하게 여긴다. 이 점은 시간에 대한 센스가 없는 D 사분면 사고자와 문제를 일으키는 원인이 될 수 있다.

(2) B 사분면 사고 발달을 위한 연습

많은 공학자들은 B 사분면 사고에 강한 선호도를 갖는다. 그렇지만 평균적으로 보면 이들은 그들의 A 사분면 우세만큼 두드러지지는 않는다. 단순암기식 문제해결이 강조되어 온 전통적인 공학 교과과정으로 많은 학생들의 B 사분면 선호도가 증가되어 왔다. 또한 B 사분면 사고는 많은 강사들이 선호하는 강습 스타일이었다. B 사분면의 기술이 부족하지만 높은 재능을 가진 사람들은 단순히 그들의 훌륭한 아이디어가 구현되기에 필요한 세세함에 신경쓰지 못하기 때문에 성공적이지 못할 수 있다.

[표 2-5] 『B 사분면』 사고 발달을 위한 활동 예제들

- 복잡한 조리법의 지시를 따라 새로운 음식 만들기
- 새로운 것을 배우기 위하여 "프로그램된 학습" 소프트웨어 사용하기
- 각 단계를 상세하게 기술하는 것에 의한 프로젝트 계획 세우기; 이것을 실행하기
- 지시에 따라 모델 키트나 모듈로 된 가구를 조립하기
- 개인 예산 세우기, 한 달 동안의 모든 지출을 추적하기
- 개인 재산 목록 준비하기; 아전예금 함에 넣기
- 당신의 서류와 편지를 위한 파일 시스템 준비하기
- 당신의 책상 서랍과 옷장 정리하기
- 당신의 기록, 디스크, 책, 사진 그리고 다른 소장품들을 정리하기
- 당신의 은행, 신용카드 청구서 또는 달마다 오는 청구서서 실수찾기
- 하루 종일 시간 지키기, 시간 관리에 대하여 읽고 그 충고를 따르고, 마지막 세부사항까지 지키기
- 제조공장을 방문하여 상품이 어떻게 만들어지는지 관찰하기

B 사분면의 사고를 충분할 정도로 개발하는 것은 다른 사고 사분면의 효용성을 증진시킬 수 있다. B 사분면의 사고를 회피하면서 이 능력을 개발하려면 무엇을 해야 하는가? 표 2-5의 활동들로 B 사분면 기술을 개발할 수 있다.

2.1.3 대인적 사고의 C 사분면

(1) C 사분면 사고의 특성

C 사분면의 사고는 감각적이고, 운동감각적, 감성적, 사람 중심적 그리고 상징적이다. 이것은 감정의 인식, 몸의 감각, 정신적 가치, 음악, 팀워, 교육, 인간관계 그리고 의사소통을 다룬다, 간호사, 사회 노동자, 교사, 트레이너 그리고 유아가 있는 어머니가 보통 강한 C 사분면 선호도를 갖는 HBDI 프로파일은 나타낸다. C 사분면의 문화는 인간중심적, 협력적이고 정식적이다. 이들은 가치-위주 그리고 감각-지향적이다. 힌두 사회개혁가인 마하트마 간디(Mahatma Gandhi), 중국인 철학자 노자(Lao Tsu), 마틴 루터 킹(Martin Luther King, Jr.) 박사 그리고 다이아나 비(Princess Diana)가 강한 C 사분면 인간을 대표한다.

C 사분면 사고를 선호하는 사람은 학교수업에서 사회 과학, 음악, 춤 그리고 고도로 숙련된 스포츠와 같은 특정한 과목에 호감을 갖는다. 그들은 혼자 일하기보다는 그룹 활동에 참여하길 원하기 때문에 그들이 가장 편안해하는 사고 모드를 위한 전형적인 공학수업에서는 거의 흥미를 느끼지 않는다. 교사, 간호사, 상담원, 사회 복지가, 그리고 음악가가 일반적으로 강한 C 사분면 사고 선호도를 갖는다. 비록 음악가나 작곡가가 악보를 분석하고 연주할 때는 A 사분면 사고가 개입되기는 하지만, C 사분면 사고가 우세한 사람은 “가족” 또는 “팀” 또는 “개인의 성장” 그리고 “가치”에 대하여 말한다. 진부하게 말하면, 그들은 “피흘리는 심장”을 가진 사람 또는 “부드럽게 접촉”하는 사람 그리고 “말 많은”사람으로 보인다.

표 2-6은 C 사분면 사고자가 선호하는 학습활동과 행동 목록이다.

[표 2-6] 『C 사분면』 학습 활동과 행동

- 다른 사람의 말을 경청하고 아이디어와 직관을 공유하기
- “왜”라고 질문하고 개인적인 의미를 찾는 것에 의해 자기 동기를 부여함
- 책의 서문을 읽어 저자의 목적을 파악하기
- 감각적인 입력으로부터 배우기 - 움직임, 느낌, 냄새 맡기, 맛보기, 듣기
- 접촉과 도구 또는 물에의 사용에 의한 즉각적인 실제적인 학습하기
- 그룹 학습 기회와 그룹 토의 이용하기
- 자세히는 아니지만 감정과 영적인 가치를 기록하는 일지 유지하기
- 연기하기 - 상상이 아닌 감정에서 우러나는 실제적인 행위가 중요함
- 사람 지향적으로 현장 여행하기
- 다른 문화권의 사람들을 만나러 여행하여 그들이 어떻게 살고 있는지 알아보기
- 음악을 들으며 공부하기 또는 기억력을 향상시키기 위하여 랩송 부르기
- 사람 지향적인 케이스 스터디 이용하기
- 다른 사람의 권리와 관점을 존중하기; 물건이 아니라 사람이 중요함
- 다른 사람을 가르침으로써 배우기
- 바디 랭귀지 단서를 사용하기 위하여 음악보다는 영상을 선호하기

(2) C 사분면 사고 발달을 위한 연습

팀웍과 의사소통기술을 강조하는 ABEEK의 특성상 공학 교수진과 공대생들은 C 사분면 사고를 개발하기 위해 특별한 노력할 필요가 있다. 만일 C 사분면 사고는 하고 싶어 하지 않으면서 이러한 능력과 태도를 개발하려면 무엇을 해야 할까. 표 2-7에 C 사분면 사고발달을 위한 아이디어 목록을 나타낸 것이다.

[표 2-7] 『C 사분면』 사고 발달을 위한 활동 예제들

- 대화 시 대부분의 시간을 다른 사람의 의견을 경청하는데 쓰기
- 새로운 야외활동이나 팀 스포츠에 참여하기
- 어린이가 원하는 방식으로 놀아주기
- 다른 사람이 당신에게 해준 것을 생각해보고 그들의 감사를 표할 방법을 찾아보기
- 자신이 속한 공동체에서 자원봉사하기; 지역의 동물 보호소, 연장자를 도와주기, 후견인 되기, 동네 순찰, 청소년 야구리그, 환경 활동 그룹 또는 이웃돕기 단체 등
- 자신의 정신을 탐험하기, 종교적인 연대감에 활동적이 되기
- 성가대나 남성 4부 합창에 참가하기, 노래를 작곡하고 불러줄 사람을 찾기
- 전에는 맛보지 못했던 야채나 과일 맛보기 또는 허브를 길러 사용해보기
- 꽃 기르기; 향기로운 부케를 만들어 외로운 사람에게 갖다 주기
- 수공예품, 색깔 악세사리를 이용하여 특별한 방 분위기를 만들기
- 어떻게 의사소통을 하고 감정 표현을 더 잘할 수 있는가에 대한 세미나에 참석하기
- 가족 식사 만들기 - 특별한 축하를 할 만한 가슴에 와 닿는 이유 만들어내기
- 악기를 "신나게" 연주하기; 새로운 스타일의 음악을 즐기는 것을 배우기
- 수치스럽거나 죄의식 없이 눈물 흘리는 것을 인정하기
- 친구와 함께하기(직접 또는 이메일); 화제 거리에 대한 감정을 공유하기

2.1.4 상상적 사고의 D 사분면

(1) D 사분면 사고의 특성

D 사분면 사고는 시각적, 총체적, 혁신적, 은유적, 창의적, 상상적, 종합적, 개념적,

공간적이며 유연하고 직관적이다. 이것은 미래, 가능성, 통합, 놀이, 꿈, 비젼, 전략적 계획, 더 넓은 배경, 사업가 기질, 변화 그리고 혁신을 논한다. D 사분면의 문화는 탐험적이고 사업적이며 발명적이고 미래지향적이다. 이것은 신나고, 위험 위주이며 독립적이다. 현대 화가 파블로 피가소(Pablo Pacasso), 르네상스 시대의 화가, 조각가, 건축가이며 과학자인 레오나르도 다 빈치(Leonardo da Vinch), 물리학자 알버트 아인슈타인(Albert Einstein) 그리고 항공분야의 개척자인 아멜리아 이어하트(Amelia Earhart)가 가장 D 사분면 사고자의 대표적인 예이다.

D 사분면의 사고를 선호하는 사람들은 기하, 디자인, 시, 건축뿐만 아니라 그림이나 조각같은 예술분야 교과목을 즐긴다. D 사분면 학생들은 "예술"과 공학 직업의 발명적인 면에 끌린다. 사업가, 탐험가, 예술가 그리고 극작가가 D 사분면 사고를 강하게 선호하며, 의약 물리 그리고 공학분야의 연구개발에 참여중인 과학자들도 그럴 수 있다. D 사분면 사고가 우세한 사람은 "아이디어 내기" 나 "큰 그림" 또는 "첨단" 그리고 "혁신"에 대하여 이야기한다. 그들은 "뜬 구름 같은", "자유로운", "비현실적인 몽상가"처럼 이야기한다. 표 2-8은 D 사분면 사고자가 선호하는 학습 활동과 행동 목록이다.

[표 2-8] 『D 사분면』 학습 활동과 행동

- 새로운 주제에서 세세한 것 대신 큰 그림과 흐름을 찾는다.
- 학습을 더 흥미롭게 만들려고 활동적으로 참여하여 주도권을 쥔다.
- 모의실험을 하고 만일 이렇다면 어떻게 될까 묻는다.
- 강의에 시각자료를 활용한다. 학습할 때 말 보다 그림을 선호한다.
- 답이 없는 문제를 풀면서 몇 가지 가능한 해답을 찾아본다.
- 문제의 아름다움과 해답의 우아함에 감탄한다.
- 브레인스토밍을 이끈다. - 팀이 아니라 엉뚱한 아이디어가 중요하다.
- 아이디어와 가능성을 실험하고 다룬다.
- 다른 문화권으로 여행을 가서 모험하고 새로운 장소를 탐험한다.
- 경향에 대하여 생각한다.
- 미래에 대하여 생각해보고 장기적인 목표를 세운다.
- 해답을 찾기 위해 사실이나 논리가 아니고 직관을 따른다.
- 아이디어나 정보를 종합하여 새로운 것에 다가간다.
- 미래지향적인 케이스 논의를 한다.
- 그냥 재미로 어떤 것을 하는데 있어 절차에 따르지 말고 다른 방법을 시도해본다.

(2) D 사분면 사고 발달을 위한 연습

D 사분면의 능력을 개발하기 위해서 무엇을 하여야 하는가? 표 2-9는 D 사분면 사고 발달을 위해 해볼 수 있는 많은 아이디어를 나열해 놓은 것이다.

[표 2-9] 『D 사분면』 사고 발달을 위한 활동 예제들

- 문제나 이슈의 세부를 보지 말고 전체를 보라
- 경향에 대한 연구를 한다. 적어도 3개의 서로 다른 미래의 전개를 예측하라
- 가정에 대한 질문을 하고 많은 수의 다른 답을 준비한다.
- 몽상을 한다
- 학습한 내용에 대한 기억을 돕기 위한 스케치하기
- 로고나 웹 페이지를 만들기
- 브레인스토밍이 필요한 문제하기; 혼자 또는 작은 그룹을 이루어 적어도 20개의 가능한 답을 찾기
- 디자인, 빌딩, 잡화 또는 물건의 아름다움을 칭찬하기
- 재능 막대기 또는 레고 갖고 놀기, 이것을 이용해서 쓸만한 것 만들기
- 연 만들기, 연이 만들어진 방식대로 연 날리기
- 상상 이야기하기에 참가; 민담이나 신화에 대한 책 읽기. 역할연기 게임에 참여하기
- "주제"가 있는 만찬을 위한 미식가 음식은 발명하기; 상상력이 풍부하게 테이블은 장식하기
- 떳떳하게 아무 곳으로나 드라이브(산책) 하기
- 비용을 걱정하기 말고 사진 2000장 찍기; 별난 사진을 찍어보기
- 2020, 2040년의 자기 모습 상상하기
- 점토 공작이나 손가락에 물감 묻혀 그림 그리기. 예술 수업 듣기

2.2 브레인스토밍(Brainstorming)

1953년 미국의 심리학자 오스본(A.F.Osborn)에 의해 시행착오(trial and error) 방법을 개선하기 위한 방법으로 처음 소개되었으며, 특정한 주제에 대해 두뇌(brain)에서 폭풍(storming)이 휘몰아치듯이 생각나는 아이디어를 많이 내놓는 것이다. 브레인스토밍은 원래 목적이 기업체 안에서 어느 문제를 해결하는데 필요한 좋은 아이디어를 얻기 위한 기법으로 고안하였으나, 이 방법이 참가자들의 사고 유연성 및 유창성을 기르는데 효과가 있는 것으로 보고되어 많이 활용되고 있다.

브레인스토밍의 목적은 그룹 활동을 통하여 창의적인 아이디어를 짧은 시간에 최대한 많이 얻게 하는데 있으며, 주로 집단 토의에서 사용할 수 있는 그룹접근 방법이다.

여러 사람이 모여서 문제의 해결책을 제시하면 시너지 효과에 의해서 한사람이 제안할 수 있는 아이디어의 수보다 훨씬 더 많은 아이디어를 제시할 수 있다. 더구나 한 사람이 제안한 아이디어에서 영감을 얻어 새로운 아이디어를 내는 편승 아이디어까지 포함한다면 그 아이디어의 수는 훨씬 더 증가하게 된다. 이렇게 그룹을 통해 많은 아이디어를 얻는 방법이 브레인스토밍이다.

<그림 2-3> 펴붓는 소나기처럼 아이디어를 마구 퍼부어대는 브레인스토밍

2.2.1 브레인스토밍의 4가지 규칙(4S)

일반적으로 브레인스토밍을 진행하기 위한 세부 규칙은 다음과 같이 정리될 수 있다.

- 브레인스토밍의 목적을 정하고 문제를 정의하라.
- 규칙을 마련하고 엄수하라.
- 목표치를 정하라.
- 어떤 아이디어든 관계없이 말하라.
- 서두르지 마라.
- 자신의 아이디어를 일찍 판단하지 마라.
- 흥분과 열정에 찬 분위기를 조성하라.
- 다른 사람의 아이디어를 개량하라.

[표 2-10] 브레인스토밍의 4가지 규칙

규칙	설명
비판 금지 (Support)	아이디어를 내놓는 동안 어떤 아이디어라도 절대로 비판하거나 평가하지 않는다. 판단은 나중으로 미룬다. 절대로 남의 아이디어를 비판해서 안된다. 브레인스토밍 단계에서 비판은 참가자들을 위축시켜서 아이디어를 내는 것을 어렵게 만든다.
자유분방 (Silly)	아이디어가 비현실적이거나 터무니없는 것일지라도 모두 받아들여야 한다. 최대한 창의적이 되어라. 엉뚱한 아이디어일수록 창의적인 아이디어로 가는 시발점이 될 수 있다. 엉뚱한 아이디어를 내었을 때 남들이 비웃지 않을까를 생각해서는 안된다.
양산 (Speed)	좋은 아이디어를 얻기 위해서는 가능한 한 많은 아이디어를 만든다. 수량이 많으면 많을수록 좋다. 브레인스토밍 단계에서는 아이디어의 질보다 개수가 많은 것이 더 중요하다 아이디어의 질을 증대시키는 작업은 브레인스토밍이 끝난 후 아이디어 평가 과정에서 수행된다.
결합과 개선 (Synergy)	두 개 이상의 아이디어를 결합하여 제3의 새로운 아이디어를 이끌어 낸다. 다른 사람의 아이디어를 발전시켜서 아이디어를 만들어라. 아이디어는 다른 사람들과 공유되며 다른 사람들의 아이디어가 새로운 아이디어로 가는 디딤돌 역할을 하게 된다.

- 아이디어를 많이 만들어라.
- 두려워하지 마라.
- 사물을 다른 시각으로 바라보라.
- 일이 잘 풀리지 않을 때에는 브레인스토밍 자극제를 활용하라.

그러나 브레인스토밍을 진행하는 과정에서 참가자들이 반드시 지켜야할 4가지 규칙이 있다. 이는 비판 금지(Support), 자유분방(Silly), 양산(Speed), 결합과 개선(Synergy)으로 보통 '4S'라고 부른다.

2.2.2 브레인스토밍의 진행 방법

(1) 브레인스토밍 순서 및 조건

일반적인 브레인스토밍의 순서는 다음과 같다.

문제설정 → 인원구성 → 문제제시 → 원칙확인 → 연습 → 진행 → 종결 → 아이디어 낭독 → 추가기록 → 정리 및 활용

구체적인 학습과 훈련을 위한 브레인스토밍 기법의 적용조건은 다음과 같다.

가) 구성원

보통 리더(사회자) 1명과 기록자 1명을 포함하여 6~9명의 팀으로 구성되며, 남녀 반반, 전문 경력이 다른 사람의 모임이 이상적이다. 그러나 리더의 수완에 따라서는 100명까지의 구성도 가능하다.

- 사회자 : 많은 아이디어를 말하도록 자유스럽게 진행한다.
- 기록자 : 발표 내용을 빠뜨리지 않되, 핵심 단어만 기록한다.

나) 시간 : 40 ~ 60분

시간이 허용 안 되는 경우에는 10 ~ 15분도 가능하다. 특히 학교에서 탐구문제나 실험 활동 계획단계에서도 짧은 시간 동안 브레인스토밍을 실시할 수 있다.

다) 실시상의 주의할 점

- 시작하기 전 5분간은 흥미롭고 부드러운 분위기를 조성한다.
- 준비 지식을 제공하면서 네 가지 규칙을 지키도록 분위기를 조성한다.
- 방법이 간단하므로 장난삼아 하는 경향이 없지 않아 있으므로, 긴박한 현실과 상황의 문제 해결을 위한 회의여야 효과적이다.
- 문제를 명확하게 알려야 한다. 막연해서는 안 된다. 그리고 참가자 전원이 아이디어를 내놓도록 유도한다.
- 최종적으로 많은 아이디어를 분류, 정리하고 그 중에서 문제 해결에 적합한 것을 선택하는 집중적 사고훈련도 중요한 작업이다.
- 참가자가 내놓은 아이디어는 모두 수용하는 의미에서 전체가 볼 수 있는 방법으로 기록한다.
- 모든 활동은 구성원(학생들)의 창의적 문제해결 사고에서 나오도록 리더(교수)는 그 분위기 조성과 유도기회를 제시해야 한다.

(2) 브레인스토밍 준비

가) 팀원

상상력이 풍부하고, 혁신적이며, 미래 지향적인 성격을 가진 사람을 포함하여야 한다. 여러 다른 분야의 종사자들로 구성되어야 하며 제품 개발을 위한 회의라면 소비자, 판매자, 공정 관리자, 설계자, 생산 담당자 등이 직간접으로 참여하도록 한다. 브레인스토밍 회의 전에 브레인스토밍을 하게 된 목적과 배경이 기록된 브리핑 서류를 팀원에게 주어야 한다.

나) 장소

익숙하지 않은 장소를 선택한다. 주위환경이 아름답고 편안한, 멀리 떨어진 장소가 좋으며 장소이동이 쉽지 않다면 평소 회의에서 사용되던 방과 다른 방을 사용하여도 된다. 원형이나 U형 배치의 좌석과 조용하고 경쾌한 음악을 배경음악으로 틀고 벽을 채색된 포스터로 장식하고 향기롭고 아름다운 꽃이나 간식을 배치함으로써 분위기를 조성한다.

다) 시간계획

두 개 이상의 주제(또는 3 시간짜리 회의)를 계획해서는 안 된다. 아침회의가 일반적으로 더 생산적이다. 다음 약속 때문에 압력을 받거나 조급하게 느끼지 않도록 충분한 시간을 계획한다.

라) 준비물

문방구(화이트보드, 마커, 노트, 카드, 포스트잇 등)와 웜업 활동에 필요한 소도구, 시계, 녹음기 등을 준비한다.

(3) 브레인스토밍의 절차

가) 브리핑

회의일정과 브레인스토밍 4가지 규칙을 공시한다. 브리핑 전에 팀원은 각자 편안한 자세로 앉아서 사교시간(ice breaking)을 가짐으로써 유연한 사고를 할 준비를 한다. 녹음기를 작동시키고 팀원들이 회의 주제에 대한 아이디어나 의견을 서로 나누도록 장려한다. 문제의 배경에 대하여 팀에 설명하고 문제 정의문을 공시한다.

나) 브레인스토밍의 4가지 규칙을 복습한다.

공시되어 있는 브레인스토밍 4가지 규칙의 의미를 되새기며 회의하는 동안 준수한다. 부정적인 사고를 예방하기 위한 삼진 아웃제 도입을 검토해 볼 수 있다.

다) 사용될 브레인스토밍 과정을 설명한다.

아이디어 창출, 아이디어 쓰기, 아이디어 편승 등으로 이루어지는 브레인스토밍 과정을 설명한다.

① 아이디어 창출 : 모든 아이디어에 번호를 매긴다. 편승아이디어(남의 아이디어에서 영감을 얻은 아이디어)도 새 아이디어로 간주한다. 팀원들이 많을 경우 팀원이 순번대로 말하도록 한다. 다른 팀원은 떠오르는 아이디어를 잊어버리지 않도록 카드에 메모한다.

② 아이디어 쓰기 : 카드마다 하나씩의 아이디어(문장 또는 스케치로 표현)를 적어서 팀원들이 아이디어를 볼 수 있도록 책상 위에 펼쳐 놓는다. 또는 화이트보드에 모든 팀원이 볼 수 있도록 아이디어를 적는다. 이 경우에는 회의가 끝난 후 아이디어들을 카드에 하나씩 기록하여 보관한다.

③ 최초시간을 20~30분으로 정한다. 시간제한을 주고 할당량을 부여하면 생산적일 수 있다(예 :15분 동안 40개의 아이디어 제안).

라) 웜업 연습

본격적인 브레인스토밍 전에 창의적 사고를 촉진시키기 위하여 간단하고 익숙한 물건(벽돌, 연필, 팝콘, 자, 커피컵)을 이용한 5분 웜업 브레인스토밍을 수행한다(웜업의 예 : 자판기 종이컵으로 할 수 있는 일들은? 만약 모든 사람들의 키가 50cm정도로 작아진다면 어떤 변화가 있을까?) 경쾌하고 조용한 배경음악을 틀어놓는다. 이 활동을 통해서 유연한 사고가 더 촉진된다.

마) 브레인스토밍을 수행한다.

① 앞에서 설명한 과정에 따라 브레인스토밍을 시작한다.

② 잘 알려진 아이디어를 먼저 제안하여 마음속에서 지워버려야 한다.(짐버리기 : load dumping). 즉, 진부한 아이디어를 빨리 제안하지 않으면 진부한 아이디어에 사로잡혀 다른 신선한 아이디어가 떠오르지 않는다.

③ 아이디어 창출이 부진하면 진행자가 황당한 아이디어를 던져서 촉진하거나 "만약 ~한다면"이라는 질문 던지기를 해본다.

④ 여전히 부진하면 잠시 휴식을 취하고 억지 끼워 맞춤 방법을 사용해본다.

⑤ 40~50개 정도의 아이디어가 창출되도록 한다.

바) 마침

회의를 끝내기 3분 전에 종료를 예고한다. 회의를 끝내고 아이디어를 수집한다. 종료 전 3분 전에 좋은 아이디아가 창출되는 예가 많다.

사) 해산

참가자들에게 다음 회의를 예고하고 해산한다.

2.2.3 아이디어 자극 방법

브레인스토밍은 다른 사람의 의견을 참고하기는 하지만 주로 개인적인 노력으로 아이디어를 내도록 하는 방법들이다. 그러므로 아이디어를 자극하기 위해 고안된 방법들을 사용하는 것도 좋은 방법이다.

(1) 고든법

고든법은 아이디어를 자극하기 위한 방법들 중의 하나이다. 참신한 아이디어를 내려면 고정 관념을 깨는 발상의 전환이 필요하지만 개인적인 노력만으로는 쉬운 일이 아니다. 고든(W. J. J. Gordon)의 조작적 창의성에서는 진짜 주제는 리더 혼자만 알고 있는 상태에서 먼저 참가자들에게 보다 넓은 부분, 즉 보다 중요한 본질을 묻는 의견을 듣는다.

예를 들면 '자전거'에 대한 아이디어를 내야한다면 참가자들에게 자전거가 아니라 자전거의 중요한 본질인 '이동'에 대한 아이디어를 구하는 방법이다. 혹은 새로운 병따개를 고안해야 한다면 우선 '연다는 것'을 먼저 토론하도록 한다. 이어 2차 회의에서 진짜 주제를 주고 1차 회의에서 나온 아이디어를 참조해서 참신한 아이디어가 나오게 한다.

(2) 갤러리 방법

설계 아이디어는 흔히 개념 스케치와 이를 보완하는 간단한 설명으로 생성되고, 발전되고, 전달된다. 따라서 갤러리에서 미술작품을 감상하는 상황과 설계원의 아이디어를 검토하는 상황이 비슷하게 견주어 질 수 있다. 갤러리 방법은 설계 문제에 대한 개념 아이디어를 참여자 각자가 스케치와 설명으로 표현하여 발전시킨다. 그런 후 정해진 시간에 갤러리에 모여 각자의 설계 안을 벽에 걸어 전시하고, 참여자들이 자유로이 서로의 아이디어를 검토한 후, 다시 참여자 각각이 자신의 아이디어를 수정, 발전시키는 방식의 일종의 특수한 브레인스토밍이다(그림 2-4 참조). 몇 차례에

<그림 2-4> Gallery의 작품 감상 모습과 흡사한 설계안 상호 검토 모습

걸친 갤러리 감상 후 아이디어 생성/수정 과정을 거친 후, 팀원의 협력 작업으로 이어지게 된다. 이러한 브레인스토밍 방법들은 참여자들이 직접 한자리에 모여서 진행되는 것이 일반적인 상황이지만, 컴퓨터 기반 환경의 지원을 통해 지리적으로 또는 시간적으로 떨어져 있는 설계 팀원 간에도 진행할 수 있다.

(3) Post-it 기법

현업 실무자들이 많이 사용하는 기법으로 원인 분석과 아이디어 발굴시 포스트잇을 활용해 그룹핑 및 구체화작업을 하는 방법을 말한다. 누구나 포스트잇을 친숙하게 사용하고 있다. 아이디어를 적으려고 책상 앞에 앉은 시점에는 나름대로 힌트가 될 만한 정보가 머릿속에 입력되어 있을 때, 그것을 포스트잇에 메모하는 방법이다. 이렇게 해서 나오는 메모의 핵심은 크게 나누어 두 가지 종류이다. 처음에는 과제나 과제와 직결된 메모가 나올 것이고, 그 다음엔 평소부터 자신 속에 저장해 둔 아이디어의 힌트들이 나올 것이다.

가) post-it 기법 규칙

① 원칙적으로 1장에 한 건씩 적는다.

② 되도록 표시용으로 사용하는 작은 것보다는 정사각형의 커다란 사이즈가 좋다. 물론 색깔은 달라도 무방하다.

③ "뭐가 있었더라…."하고 중얼거리면서 적어보라.

④ 포스트잇 자체를 회의에 제출하는 것이 아니므로 글씨가 지저분해도 괜찮다.

⑤ 꼭 문자일 필요도 없다. 그림으로도 족하다.

⑥ 다 적은 포스트잇은 책상이나 벽에 붙여둔다. 10장? 20장? 여러 가지 힌트가 두서없이 널려 있다.

⑦ 그렇게 떠오르는 대로 붙이는 도중에 '이것과 저것으로 요런 것이 만들어지지 않을까'라고 갑자기 아이디어가 떠오른다. 그러면 당장 종이에 적어 놓는다. 급하면 포스트잇에 적어도 좋다.

⑧ 아이디어를 생각하는 데 정해진 순서는 없다는 점에 유의하자. 생각은 갑자기 찾아온다.

⑨ 포스트잇에 재료를 적는 도중에 좋은 생각이 나면 당장 그쪽으로 생각을 집중하라. 그대로 계속 나아가지 않으면 아무런 소용이 없다. 아이디어의 신기한 점은 끌어내면 끌어낼수록 계속 나온다는 사실이다. 아무 걱정하지 말고 계속 끌어내라. 이런 식으로 하다보면 굉장히 많은 포스트잇을 사용하게 된다. 그리고 꽤 넓은 벽이 필요할 것이다.

나) 포스트잇 브레인스토밍 절차

리더는 멤버들에게 문제를 제시하고 충분한 사전토의를 유도한다.

멤버들은 각자 포스트잇에 자신의 아이디어를 적어 나간다.

아이디어를 적은 포스트잇을
아이디어풀(idea pool)에
붙여 놓는다.

아이디어 풀에 붙여진 다른
아이디어를 보면서 더 떠우르는
것을 자신의 아이디어에 첨가해
본다.

리더는 화기애애한 분위기를 유도
하고 아이디어가 더 이상 나오지 않을
때에는 미리 준비한 아이디어팁을 내주어
진행이 중단되는 것을 막는다.
(idea발상기법 적용)

30분 정도 아이디어 발상 진행을
마치고 분류 작업을 시작한다.
비슷한 성향의 아이디어들을 소그룹,
대그룹으로 분류한다.

폼보드에 상관관계에 따라 여러
카테고리로 분류하여 정리한다. 이때
전체적으로 볼 수 있어야 한다.

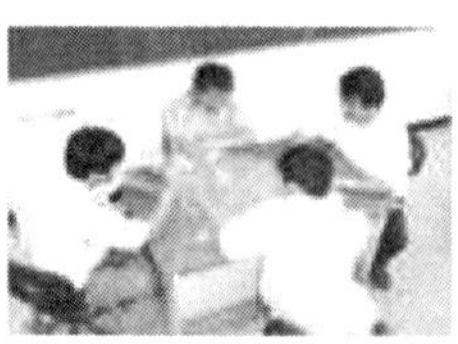

분류된 아이디어들간의 관계를 보며
평가하여 좋은 아이디어들은 선별해 낸다.

<그림 2-5> 포스트 잇 브레인스토밍 절차

2.2.4 브레인스토밍의 연습

팀을 구성하여 아래 규칙에 따라 제시된 문제들 중 한 가지에 대한 문제를 브레인스토밍을 통해 해결해 본다.

(1) 활동 규칙

- 팀을 이루어 수행한다.
- 가능한 한 많은 해결책을 쓴다.
- '맞아'라거나 '틀렸어'라는 말은 하지 않는다.
- 생각해 낸 답의 수만큼 점수를 얻는다(1개=1점).
- 총점이 가장 높은 팀이 우승한다.

(2) 연습 문제

- 군산에서 서울까지 가는 방법
- 은파유원지에서 수상활동을 하는 방법
- 새만금 용지를 활용하는 방법
- A4 용지로 할 수 있는 것
- 교내 장학금을 받을 수 있는 방법
- 졸업 후 10년 이내에 최고급 승용차를 갖기 위한 방법
- 좋은 직장을 갖기 위한 대학 생활
- 계란낙하 프로젝트
- 명절 귀향/귀성 문제를 해결하는 방법

2.3 브레인라이팅(Brain writing)

브레인라이팅(Brainwriting)은 브레인스토밍과 같은 목적으로 진행하는 과정으로 브레인스토밍의 자유롭고 평등적인 분위기가 조성되기 어려운 환경일 때 실시할 수 있다.

조용한 가운데 의견을 종이에 적어나가기 때문에 침묵의 집단 아이디어 발상법으로 불리기도 한다. 전체 6명이 참가할 경우 가로 3열 X 세로 6행의 표가 그려진 A4 용지

[표 2-11] 브레인라이팅 예

주제 : 이번 학기 엠티 장소						
	부산 해운대		남해 상주해수욕장		밀양 얼음골	
	부산 송정		지리산		밀양 배내골	
	제주도		유럽		용인 에버랜드	
	학교 뒷산		일본		경남 고성	
	경주		거제 해금강		부곡 온천	
	설악산		속리산		진주	

를 모두 준비하고, 처음 5분 동안 표의 첫째 줄 세 칸에 아이디어를 쓴다. 5분 후 자신의 종이를 자신의 왼쪽에 앉은 사람에게 넘긴다. 5분 동안 오른쪽 사람이 쓴 위의 줄에 쓴 아이디어를 참고로 하여 자신의 아이디어를 아래 칸에 적는다. 이렇게 5분 간격으로 종이를 총 6번 돌리면서 아이디어를 쓴다. 이렇게 모은 모든 아이디어를 모은다.

이 방법은 모두 처음부터 끝까지 조용한 상태에서 실시할 수 있고, 다른 사람이 쓴의견을 참고하면서 새로운 아이디어를 낼 수 있는 장점이 있다. 학생들이 중·고등학교 때 자주 했던 '롤 페이퍼'와 비슷한 방법으로 실시한다.

✵ 6-3-5 방법

일반적인 브레인스토밍은 다수의 참여자가 함께 모인 미팅환경에서, 각자가 자유롭게 아이디어를 제시하고, 참여자 모두가 그 아이디어를 그 자리에서 듣고, 그것을 반영하여 자기 자신의 아이디어를 내는 형태로 진행된다. 따라서 브레인스토밍 세션의 다이내믹한 사회적 상호작용이 세션의 성패에 영향을 미치게 된다. 바로 이것이 장점인데, 경우에 따라 다른 형태의 참여자 간의 상호작용이 더욱 효과적인 경우도 있다. 대표적으로 직접 각자의 아이디어를 곧바로 말하지 않고, 또 다른 참여자의 아이디어를 듣지 않고, 참여자 각자가 아이디어를 적어서 아이디어를 생성하는 방법이다.

이러한 브레인라이팅(Brain-Writing) 방법에 다른 구체적 환경과 상황으로 진행되는 방법들이 있다. 그 중 하나로 6-3-5 방법이 있는데, 6명의 참여자가 각자 3개의 아이디어를 5분 동안 생성하여 그림 2-6에 보이는 것과 같은 6-3-5 종이에 기록한다. 이 경우 간단한 스케치와 짧은 설명으로 아이디어를 제시하기도 한다. 이 경우 참여자 간의 직접적인 대화 없이 진행된다. 첫 5분 동안 총 18개의 아이디어가 생성된다.

이렇게 5분이 지나면, 6명의 참가자들은 왼쪽 그림에서 보이는 것처럼 자신의 3개의 아이디어가 기록된 6-3-5 종이를 전달받는다. 예를 들어, 좌측의 옆 사람에게 전달하고, 반대편(우측) 옆 사람으로부터 3개의 아이디어가 기록된 6-3-5 종이를 전달받는다 그리고 또 5분 동안 새로운 아이디어 3개를 기록한다. 이때에 자신이 전에 생성한 3개의 아이디어, 그리고 옆 사람이 생성하여 전달해준 6-3-5 종이에 기록된 3개의 아이디어를 반영하여 새로운 3개의 아이디어를 생성할 수 있다. 이렇게 두 번째 5분이 경과하면, 전체 6명이 생성한 아이디어의 개수는 총 36개가 된다. 여전히 참여자 간의 직접적인 대화 없이 진행된다.

이제 또다시 참여자는 6-3-5 종이를 보고, 이들 6개의 아이디어 및 자신이 앞서 2번의 5분 활동에서 생성한 6개의 아이디어를 바탕으로 하여 세 번째 5분 동안 또다시 3개의 아이디어를 생성한다. 이와 같은 활동을 계속 진행하여 6-3-5 종이가 한 바퀴 다 돌게 되면 총 여섯 번의 5분간 활동을 통하여 총 108개의 아이디어가 생성된다.

즉 6명이 30분간 108개의 아이디어를 만들어내는 방법이다. 이렇게 총 108개의 아이디어가 생산되면, 이제는 참여자가 함께 진행하는 토론을 통해 108개의 아이디어를 평가받고, 문제해결의 다음 단계로 발전시키기 위한 활동을 진행한다.

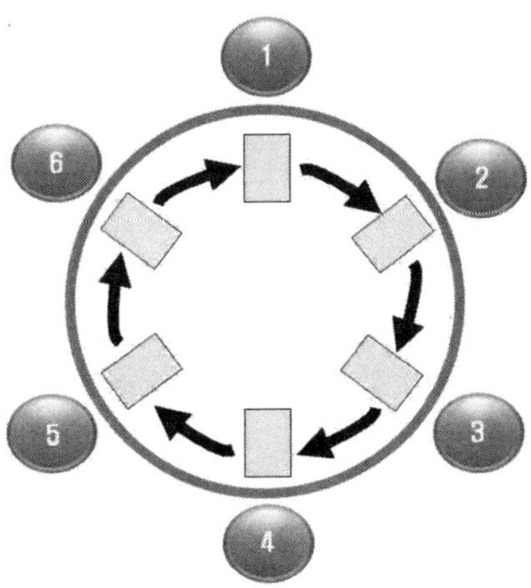

이름	1	2	3
D1			
D2			
D3			
D4			
D5			
D6			

<그림 2-6> 6-3-5 방법 설명 및 6-3-5 종이의 예

2.4 육색 사고모 기법(Six hat method)

영국의 심리학자 드 보느(Edward de Bono)가 고안한 이 기법은 창의적인 사고를 위하여 참여자들이 여섯 가지 각기 다른 색의 모자를 쓰고, 자신이 쓰고 있는 모자 색깔이 미하는 유형의 사고를 하게 하는 것이다. 즉, 자신의 생각을 버리고, 의도적으로 다른 생각을 하게 함으로써 폭넓은 사고력을 신장시키게 하는 기법이다.

여섯 가지 색깔 모자 방법은 구성원을 가능하면 성별이나 나이, 취향 등의 면에서 가능하면 다양하게 구성하고자 하는 것과 같은 목적이나 구성원이 항상 다양하게 구성되기는 어렵다. 그러므로 의도적으로 다양한 생각을 할 수 있도록 입장을 지정해주는 방법이다.

2.4.1 육색 사고모 유형

육색 사고모의 각 색깔이 의미하는 사고 유형에 대한 설명은 [표 2-12]과 같다.

[표 2-12] 육색 사고모가 의미하는 사고 유형

색깔	사고 유형	예
백색모 (Information)	▪ 흰색은 더러움이 없는 순수한 색 ▪ 어떤 비판도 해석도 덧붙지 않은 사실에 초점을 맞춘 사고 ▪ 중립적이고 객관적인 사고 ▪ 객관적 사실, 숫자, 정보, 데이터	▪ 사실이나 의견을 말할 때 ▪ "우리가 갖고 있는 정보는 무엇인가?" ▪ "우리는 어떤 정보를 필요로 하는가?" ▪ "우리는 어떻게 필요한 정보를 얻을 것인가?" ▪ 당신은 컴퓨터 같은 역할을 할 수 있습니까? ▪ 중립적이고 객관적인 태도로 사실만을 말씀하십시오. ▪ 해석은 사절입니다. 그냥 사실만을 부탁합니다! ▪ 본 건에 나타난 객관적인 사실들은 무엇입니까?

적색모 (Feeling)	▪ 빨간색은 피와 정열의 상징 ▪ 감정이나 영감에만 의지하는 사고 ▪ 직관에 의한 감정이나 느낌	▪ 질문이나 의문을 제시 ▪ "이 사람이 그 일에 적합한 사람이라는 느낌이 듭니다." ▪ "이 일은 위험 부담이 있는 모험이라고 느껴집니다." ▪ "그 아이디어는 가능성이 많을 것 같다 ▪ 나는 그 남자를 좋아하지 않고, 그와 사업을 하고 싶지도 않아요. 그냥 그래요.
흑색모 (Attention critic)	▪ 검은색은 어두운 이미지이지만, 긴장감을 주는 색 ▪ 논리적으로 비판하거나 부정적인 사고 ▪ 어려움, 위험, 문제와 주의점 탐색	▪ 반대 의견을 말할 때 ▪ "우리가 이렇게 행동하면 무슨 일이 생길까?" ▪ "무엇이 잘못될 수 있을까?" ▪ "잠재적인 문제점들은 무엇이지?" ▪ 이 제안을 시행했을 때 잘못될 수 있는 일은 무엇일까요? ▪ 이 제안은 우리의 윤리관과 가치관에 적합한가? ▪ 이 제안은 우리가 사용할 수 있는 자원에 적합한가?
황색모 (Benefits)	▪ 노란색은 밝고 적극적인 색 ▪ 오로지 긍정적인 측면에서만 생각 ▪ 낙관적, 긍정적인 시각 ▪ 아이디어의 실행성, 이점 및 가치 탐색, 이익	▪ 찬성 의견을 말할 때 ▪ "그 제안의 긍정적인 가치가 무엇인가?" ▪ "어떤 상황에서 가치가 있는가?" ▪ "그 가치는 어떻게 구체화될 수 있으며 또 다른 유용한 가치는 없는가?" ▪ 기존의 화장실에서는 매번 물을 내릴 때마다 약 30리터의 물이 사용됐는데 이 새로운 디자인은 단지 10리터만 사용됩니다. 그러면 1인당 하루에 160리터까지 아낄 수 있고, 전체적으로 보면 하루에 9백만 리터의 물을 절약할 수 있습니다.
녹색모 (Creativity)	▪ 초록색은 풍부한 자연과 성장하는 식물을 상징	▪ 보충을 말할 때 ▪ "전혀 다른 방법으로 해볼까요?"

	▪ 새로운 아이디어를 생성하고, 창조적인 사고 ▪ 대안, 제안 및 아이디어 탐색	▪ "새로운 대안을 찾아봅시다." ▪ "개선 방안은 무엇입니까?" ▪ 도발적인 활동(PO, Provocation Operation)을 장려한다. ▪ 소비자는 물건을 사고 돈을 받아야 합니다. ▪ 오염 공장은 오염 물질을 거꾸로 공장 안으로 받아들여야 합니다.
청색모 (Managing)	▪ 파란색은 조절 및 통제의 이미지 ▪ 다른 모자의 사용법을 조절하는 역할(사회자) ▪ 아이디어에 대한 결론 ▪ 사고의 계획	▪ 사회자의 역할 ▪ 파란 모자는 회의 주재자, 의장 혹은 리더이다. ▪ 회의는 파란 모자가 상황을 정의하는 것으로 시작한다. ▪ 파란 모자는 회의의 방향을 설정하고 있고, 회의의 목적과 결과물을 미리 정하기도 한다. ▪ 회의가 진행되는 중에는 질서를 잡고 모자를 바꿔 쓰자고 제안한다. ▪ 책을 판매하는 보다 나은 방법이 필요합니다. 초록 모자 사고를 주십시오.

2.4.2 육색 사고모 진행 방법

사회자가 지시하는 모자를 쓴 뒤, 그 모자가 의미하는 유형으로 생각하고 토의한다. 단, 아래의 사항에 유의하도록 한다.

- 한 번에 하나의 모자만 쓴다.
- "사고모를 써라" = "곰곰이 생각해보라"라는 생각임을 명시한다.
- 사고모는 몇 번이고 사용 가능하다.

또한 아이디어를 생성하고자 하는 발산적 사고를 위해서는

'하얀 모자 → 초록 모자 → 노란 모자 → 검은 모자 → 빨간 모자 → 파란 모자'

의 순서로 모자를 쓰고, 생성된 아이디어의 판단을 위한 수렴적 사고를 위해서는

'빨간 모자 → 노란 모자 → 검은 모자 → 초록 모자 → 하얀 모자 → 파란 모자'

의 순서로 모자를 사용하면 유용하다.

2.4.3 육색 사고모 활동 연습

각 조별로 공학 윤리에 관한 주제를 하나 선정하여 육색 사고모 활동을 하고 그 결과를 정리한다. 공학 윤리와 관련한 예시로는 로비스트의 필요성, 인간 배아 복제(생명공학 윤리), 컴퓨터 해킹(정보통신 윤리), 환경오염 등과 같은 것이 해당될 수 있다.

(1) 실습

각 조별로 다음의 주제에 대하여 여섯 색깔 모자 활동 결과를 정리하시오.

- 기술 유출 문제의 해결 방안
- 공학적인 방법으로 환경오염을 줄이는 방안
- 환경 친화적 대체 에너지
- 인간 배아 복제 허용 문제
- 인터넷 악성 댓글 대처 방안

(2) 연습 문제 [출처 '생각이 솔솔~여섯 색깔 모자']

다음의 말을 하는 사람은 어떤 모자를 쓰고 있을까요?

① 4명의 전문가와 이야기를 했는데, 그들은 모두 금년 말에는 이자율이 떨어질 것이라고 예견했습니다.

② 결론은 무엇인가?

③ 그 방법은 효과가 없을 것이라는 느낌이 드는군요.

④ 문제의 배경은 무엇인가?

⑤ 내게 캠페인을 광고할 매체를 제안해 달라고 했지만 나는 홍보활동(PR)에 돈을 쓰는 것이 더 낫다고 생각합니다.

⑥ 저는 피고가 7월 1일 아침 6시 30분에 그의 아파트로 돌아오는 것을 보았습니다.

⑦ 그녀는 아랍어가 유창하므로 중동 진출에 도움이 될 것입니다.

⑧ 지금 리콜을 실시하지 않으면 기업 이미지가 나빠질 수 있습니다.

⑨ 그 디자인은 끔찍해요. 절대 뜨지 못할 것입니다.

⑩ 이 컴퓨터는 생각했던 것보다 사용하기 쉽습니다.

⑪ 어떤 순서로 모자를 쓸 것인가?

⑫ 나는 그 남자를 좋아하지 않고, 그와 사업을 하고 싶지도 않아요. 그냥 그래요.

⑬ 낙하산 없이 비행기에서 뛰어 내렸는데도 살아 난 사람이 있었다고 합니다.

⑭ 왜 우리는 회의를 하는 것일까?

⑮ 당신은 내게 트럭에 짐을 싣는 새로운 방법을 요구하였지만 나는 우리 제품을 기차로 보내는 것이 더 낫다고 생각합니다.

⑯ 지금의 상황을 어떻게 정의할 것인가?

⑰ 우리가 지금 이 문제에 안이하게 대처한다는 느낌이 듭니다.

⑱ 경남 지역의 아파트 가격이 상반기에 3% 하락하였습니다.

⑲ 지금은 노란 모자 시간이 아닙니다.

⑳ 우리가 가격을 인하하면 경쟁사들도 가격을 낮출 위험성이 있습니다.

※ 연습문제 정답은 2장 마지막 페이지에 있음.

2.5 스캠퍼(Scamper)

미리 문제 해결의 착안점을 정해 놓고 그에 따라 다각적인 사고를 함으로써 아이디어를 얻는 기법으로, 알렉스 오스본(Alex Osbone)이 소개하고 로버트 애벌리(Robert Eberle)가 재구성하고 발전시킨 아이디어 촉진 질문법이다. 스캠퍼의 일곱 가지 항목은 대치하기(Substitute), 결합하기(Combine), 적용하기(Adapt), 수정-확대-축소하기(Modify-magnify-minify) 다른 용도로 사용하기(Put to other use), 제거하기(Eliminate), 재배치하기(Rearrange-reverse)로 구성되어 있다. 더 간략화 시킨 방법인 ECRS(Eliminate, Combine, Rearrange, Simplify)는 가장 빠르게 개선하기 위하여 기억하기 쉽도록 구성되어 있다. 스캠퍼는 머리글자를 따서 쉽게 기억할 수 있도록 하였으므로 철자를 보면 아이디어를 자극할 수 있는 질문을 떠 올릴 수 있다. 그러나 스캠퍼의 질문은 반드시 철자 순서대로 할 필요는 없다.

이 기법은 기존의 제품을 개선하거나 신제품을 만들어 낼 때 유용하다. 변형 또는 조작(maniplation)은 창조와 이웃사촌이라고 할 수 있다. 대부분의 창조적인 아이디어들은 기존의 아이디어에서 첨가 또는 약간의 변형을 통해서 얻어진다.

1909년에 헨리포드(Henry Ford)가 자동차 모델 “the model T”를 발표할 당시에 다음과 같이 고백하였다. “사실 나는 새로운 무엇을 발명한 것은 아닙니다. 단지 여러 다른 사람들이 발명한 것들을 결합하여 차를 만들었을 뿐입니다.” 그는 이미 개발된 아이디어를 변형 또는 조합하여 또 다른 창의적인 아이디어(자동차)를 도출 할 수가 있었던 것이다. 스캠퍼의 각 단계별 질문은 표 2-13와 같다. 각 단계와 질문을 이해한 후, 주변에서 볼 수 있는 사물 중에서 각 단계에 해당하는 사례를 찾아 적는다.

[표 2-13] 스캠퍼의 단계별 질문

약자	의미 및 단계	설명	질 문	예
S	Substitute (대치하기)	다른 재료, 요소, 원동력, 프로세스 등	▪ 다른 누구? 다른 무엇? 다른 성분? 다른 재료? ▪ 다른 에너지? 다른 장소? 다른 음성? ▪ 다른 과정? 다른 접근법?	폐타이어를 이용한 신발털이 깔개, 연탄재로 만든 벽돌, 종이컵
C	Combine (결합하기)	혼합, 조립, 그리고 작동, 단위, 방법, 아이디어 등의 결합.	▪ 혼합하면? 합금? ▪ 단원을 조합하면? 구색을 갖추면?	지우개 달린 연필. 필터 담배 시계겸용, 라이터, 보온겸용 밥

			▪ 아이디어를 조합시키면? 목적을 합하면?	솥, 스위스군용칼
A	Adapt (적용하기)	다른 용도, 과거의 적용, 다른 아이디어의 도용.	▪ 번안하면? 각색을 하면? 이것과 비슷한 것은? ▪ 이것은 어떤 아이디어를 시사하는가? ▪ 과거의 것과 비슷한 것은? 베낄 수 있는 것은? ▪ 내가 흉내낼 수 있는 사람은? ▪ 다른 회사는 어떻게 하는가? ▪ 외국은 어떻게 하는가?	산우엉나무 가시를 본뜬 매직테이프(벨크로 또는 찍찍이) 장미덩쿨을 철조망에 적용
M	Modify-magnify-minify (수정-확대-축소하기)	뜻, 색깔, 동작, 모양 등을 변형, 더할 수 있는 요소는?. 더 크게, 높게, 강하게, 두껍게, 과장되게 등	▪ 확대시키면? 빼면? 변형시키면? ▪ 의미, 색깔, 소리, 향기, 형태 등을 바꾸면? ▪ 빈도를 높이면? ▪ 더 강하게 하면? 더 길면? ▪ 생략하면? 간소화하면? ▪ 분리하면? 작게(가볍게, 쉽게, 짧게)하면? 크게?	비누에 공기를 주입하여 만든 물에 뜨는 비누, 실패한 접착제를 이용한 Post-it 개발
P	Put to other use (다른 용도로 사용하기)	원래의 용도를 바꾸기 등	▪ (모양, 무게 또는 형태 등으로 보아) 다른 용도는? ▪ 수정하면 다른 데 사용 가능? ▪ 맥락을 바꾸면?	계란판으로 만든 방음재, 쓰레기를 이용한 블록 또는 건설재료 개발, 폐타이어를 발전소의 원료로 사용
E	Eliminate (제거하기)	취소, 분리, 가볍게, 짧게, 여러 개로 나누기 등	▪ 이것을 없애 버리면? ▪ 부품 수를 줄이면? 압축시키면? ▪ 낮추면? 더 가볍게 하면? ▪ 없어도 할 수 있는 것은?	트랜지스터, 노트북 PC
R	Rearrange-reverse (재배치하기)	방향을 바꾸기, 거꾸로, 용도의 교환 등	▪ 거꾸로 하면? 반대로 하면? ▪ 역할을 바꾸면? ▪ 위치를 바꾸면? 다른 순서? ▪ 보조를 바꾸면? 스케줄을 바꾸면? ▪ 원인과 결과를 바꾸어 보면?	전기모터와 발전기

2.5.1 스캠퍼 진행 절차

스캠퍼법을 진행할 때는 첫째, 문제나 주제를 파악한다. 둘째로는 문제나 주제를 스캠퍼 목록에 맞추어 어떤 새로운 아이디어가 나올 수 있는지 살펴본다. 가능한 모든 아이디어를 떠올려 본 후 창의적인 생각을 표현해 볼 수 있도록 한다.

스캠퍼법은 주어진 질문의 패턴에 따라 사고를 전개시키므로 초보자도 쉽게 활용할 수 있고, 문제 인식을 습관화 할 수 있다. 주변에서 나타나는 불편한 점을 볼 때마다, 좀더 크게, 작게 하면 하는 식으로 질문을 던져보면 인류의 생활을 편하게 해줄 수 있는 물건을 만들어 낼 수 있을 것이다. 그림 2-7는 보다 나은 연필을 위한 스캠퍼의 작용 예를, 그림 2-8은 활동을 위한 기법 활동지를 각각 보여주고 있다.

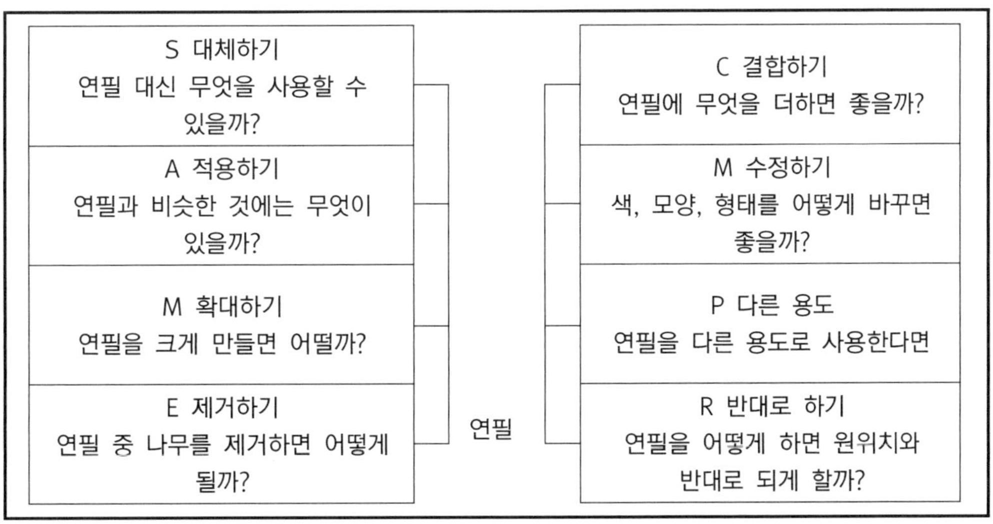

<그림 2-7> SCAMPER를 연필에 적용한 예

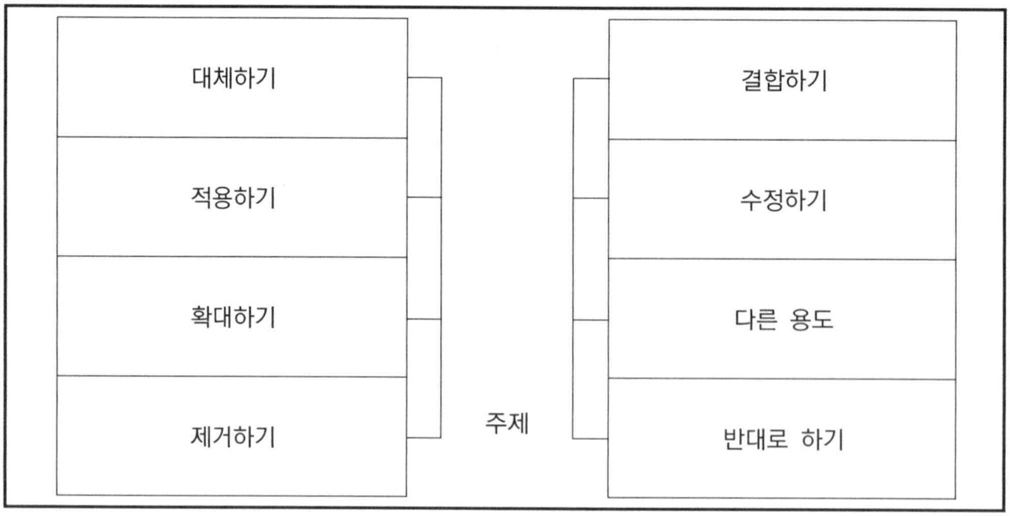

<그림 2-8> SCAMPER기법 실습 용지

2.5.2 스캠퍼 활동 연습

(1) 실습

지금 당신이 생각해 보아야 할 물건이 '우산'이다. 스캠퍼가 제시하는 일곱 가지 질문에 따라 보기와 같이 완성해 보아라.

※ 주제: 우산

① 다르게 사용할 수 있는 곳은?
보기 : 구멍 파는 데, 땅을 짚는 데

② 대신 사용할 수 있는 것은? 비슷한 것에 어떤 것이 있는가?
보기 : 신문지, 모자

③ 다른 용도로 사용하려면 어떻게 고쳐야 할까?
보기 : 앞을 잘 볼 수 있게 하려면 투명한 재료를 사용해야

④ 더 크게 하면(더 두꺼우면, 더 강하면) 어떻게 될까?
보기 : 크게 하여 두 사람이 쓸 수 있게

⑤ 더 작게하면(더 얇으면, 더 가벼우면) 어떻게 될까?
보기 : 접는 우산

⑥ 다르게 배치하면 어떻게 될까?
보기 : 손잡이가 위쪽에도 달려있어 지팡이로 사용

⑦ 다른 것과 결합하면?
보기 : 조명이 달린 우산

(2) 연습 문제

아래에 제시된 표에 3가지 항목을 선정하여 각각에 대하여 스캠퍼를 하라.

구 분		항목1:	항목2:	항목3:
S	substitute (대치시키면?)			
C	combine (조합하면?)			
A	adapt (맞도록 고치면?)			
M	modify (수정하면?)			
	magnify (확대하면?)			
	minify (축소하면?)			
P	put to other use (다른 용도는?)			
E	eliminate (제거하면?)			
R	rearrange (재배치하면?) reverse (거꾸로 하면?)			

2.6 만다라트(Mandal-Art)

만다라트(Mandal-Art)란 일본의 디자이너 이마이즈미 히로아키가 개발한 발상기법으로 mandala+art의 합성어이다. mandala는 목적을 달성한다는 뜻이고 art는 목적을 달성하는 기술 또는 도구를 의미한다. 아이디어 나열을 떠오르는 즉시 구조화하여 전시하는 이 방법은 사람의 뇌의 구조에 적합한 방식으로 생각을 보다 쉽게 정리함은 물론 다양한 아이디어들의 조합을 눈으로 확인할 수 있는 도구이다.

만다라트(Mandal-Art)는 커다란 정사각형 9개를 그린 후, 중앙에 주제를 넣고 주제와 관련된 핵심 단어들을 주변 8개의 칸에 적은 다음, 다시 8개의 칸에 채워진 각각의 주제를 중심으로 다시 9개의 칸으로 확장하여 그 주제에 대하여 다시 핵심 단어들을 정리하는 방법으로 아이디어를 나열하는 것을 말한다.

즉, 커다란 정사각형이 9개로 나뉘어져 있는 그림을 그려보자. 이것을 만다라트라고 부른다. 이 간단한 모양 중앙에 주제를 적어 넣는다. 만일 당신이 새로운 머그잔 기획에

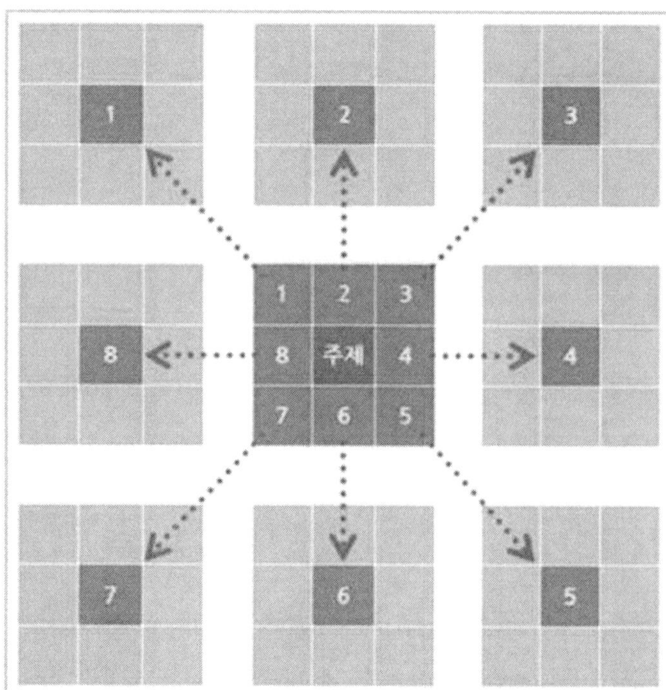

<그림 2-9> 만다라트

관한 아이디어를 내야 한다고 가정하자. 그러면 만다라트 중심에 '머그잔?'이라고 적는다. 그리고는 신상품 기획의 단서가 될 만한 것을 주변 칸에 적어 넣는다. 예를 들어 '손잡이', '귀여운 그림' 등등. 만다라트 주변의 칸은 모두 8개다. 이 칸을 모두 채운다. 다 채웠는가? 전부 채웠으면 상품 컨셉, 즉 출발점이 8개나 등장한 셈이 된다.

그러면 각각의 항목, 예를 들어 '손잡이' 또는 '귀여운 그림' 등을 또 다른 만다라트의 중심에 두고 두 번째 만다라트를 만들어 나간다. 중앙에 '손잡이?'라고 적었으면 이 질문과 관련해서 다시 주변의 8개의 칸을 채워나간다. 이를테면, '손가락이 두 개 들어간다, 인간공학, 아이들도 잡기 쉽다, 미끄럽지 않다' 등등.

출발점이 8개이니까 각각을 8개씩 확장하면 64개에 이르는 신상품 기획으로 연결되는 요소가 생겨난다. 단순 계산이지만 수학적으로 이들 요소의 조합 가능성은 억이나 조 단위까지 뻗어나갈 수 있다. 따라서 굉장히 효율적으로 새로운 아이디어를 수없이 만들어 낼 수 있는 것이다. 물론 진짜 신상품 기획안이 나오기까지는 컨셉트의 검토와 선택, 그리고 실현 가능성을 점검할 필요가 있지만 그 전제가 되는 수많은 대안을 이렇게 간단히 만들어낼 수 있는 도구가 바로 만다라트이다.

2.6.1 만다라트 작성 요령

① 9개로 나뉘어진 정사각형을 그린다.
② 중앙에 주제를 적어 넣는다.
③ 8개의 중앙 주변의 칸에 주제와 연상되는 아이디어를 채워 넣는다.
④ 이렇게 채워진 8개의 아이디어를 주제로 하여 다시 생각을 확장시킨다.

위 4단계를 거치고 나면 64개의 아이디어가 만들어지게 된다. 또한 구조화되어 있기 때문에 각각의 아이디어들을 조합하여 창의성을 증폭시킬 수 있다.

2.6.2 만다라트 사용 예시

① 9개로 나뉘어진 정사각형을 그린다.[그림 2-10]
② 중앙에 "휴대폰" 을 주제로 적어 넣는다.

③ 8개의 중앙 주변의 칸에 주제와 연상되는 아이디어를 채워 넣는다.

④ 이렇게 채워진 8개의 아이디어 중 휴대폰과 인터넷의 연결로 "블로그"라는 아이디어가 나온다. 여기서 좀 더 확장하면, 트위터, 미투데이, 토씨, 야그 등 같은 모바일 블로그가 나올 것이다.

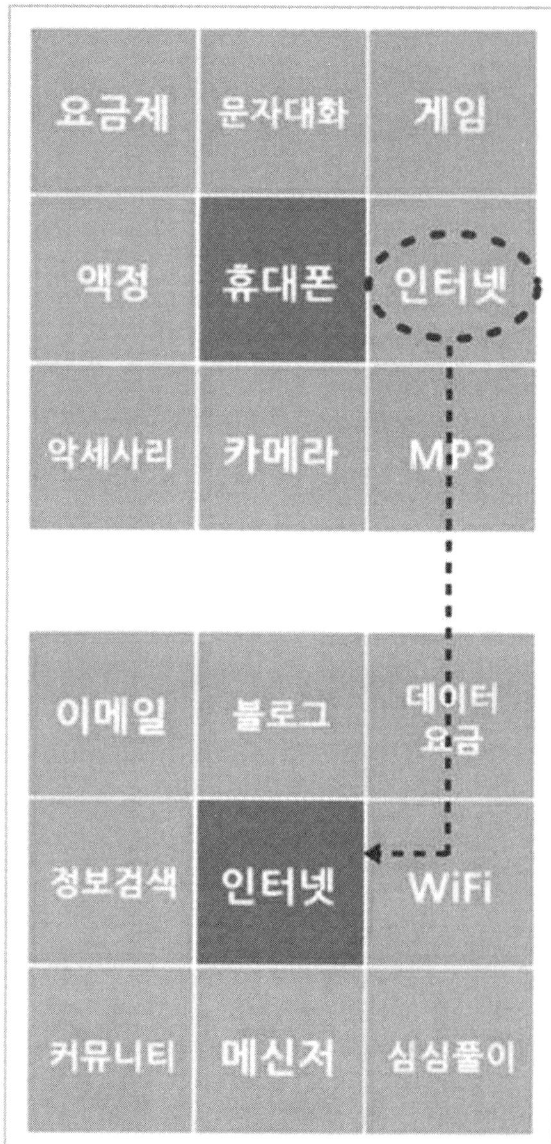

<그림 2-10> 만다라트 사용 예시

2.7 마인드 매핑(Mind mapping method)

2.7.1 마인드 매핑의 특징

마인드 매핑은 사고 개발에 대한 새로운 개념으로 이른바 방사사고(Radiant Thinking)를 바탕으로 1970년대 초 토니 부잔(Tony Buzan)에 의하여 창안된 창의성 유발을 촉진하는 시각화 사고기법으로, 좌우뇌의 기능을 유기적으로 연결한 "사고력 중심의 두뇌개발 프로그램" 이다. 읽고, 생각하고, 분석하고, 기억하는 그 모든 것들에 대해 빈종이 위에 이미지와 핵심 단어 그리고 색과 부호를 사용하여 마음의 지도를 그려나가는 방법이다.

이 발상기법은 인간의 두뇌가 기본적으로 핵심단어나 주요개념(key concept)을 중심으로 상호연결 및 연관에 의해서 종합적으로 사고한다는 이론에 바탕을 두고 있다. 우리의 일상적인 사고방식은 행과 열을 갖는 구조로서 순서적이며 직선적인 방법으로 이루어진다. 그러나 토니 부잔은 핵심 또는 주요 아이디어로부터 운동연습을 하듯이 사고를 자유스럽게 발상시키고 핵심 아이디어와 연관된 다른 부수적인 아이디어를 도출해 내는 능력이 우리 두뇌에는 내재되어 있다고 보았으며, 이를 근거로 하여 그는 마인드 매핑 기법을 개발하였다.

이는 인간의 오감을 인지하는 지각신경의 분포가 균등하지 않고, 주로 시각에 편중되어 있으며, 사물의 인식방법도 시각이 75%, 청각 13%, 후각, 미각, 촉각에 12%가 작용된다는 생체공학적 연구결과와도 관련이 있다. 결국 이 방법은 인간의 시각적 인식능력에 호소해서 창의적인 우뇌를 자극하는 방법이지만, 시간을 두고 다시 분석하게 함으로서 좌뇌와 우뇌의 기능을 효과적으로 활용하게 하는 기법이기도 하다.

마인드 매핑은 주어진 문제에 대하여 큰 빈 종이 위에 이미지와 핵심 단어색과 부호 등을 이용하여 마음의 지도를 그려나가는 방법이다. 마인드맵은 브레인스토밍이 마구잡이식으로 아이디어를 끄집어내는 것인데 비하여 아이디어를 좀 더 조직화 하는 방법으로 정보를 서로 연결하여 체계적으로 기억할 수 있게 할 뿐만 아니라 체계에서 빠진 아이디어를 확인하는데도 장점을 가진다. 즉 브레인스토밍을 통하여 비체계적으로 얻어낸 다양한 아이디어를 구조적으로 분류하는 방법으로 그 과정에서 빠진 부분을 보충할 수도 있다.

이러한 마인드 매핑은 다음과 같은 장점을 가지고 있다.

첫째, 정보를 서로 연결시켜 기억할 수 있을 뿐만 아니라 강의 준비를 하거나 강의내용 노트, 소설과 작품의 인물을 검색할 경우 주제에 대한 생각을 쉽게 해낼 수 있고 전체적으로 조화하는데 유용하다(필기, 책 요약, 창작 및 논문 작성, 그룹 학습, 문제 해결, 지도안, 보고서 등).

둘째, 프로젝트의 기본적인 구조를 짧은 시간 동안에 조직화하고 제시할 때 유용하다.

셋째, 개인이나 집단에서 브레인스토밍을 해낸 아이디어를 자연스러운 구조로 만들어 갈 수 있다.

넷째, 모임의 진행을 조직화하여 시간을 보다 생산적으로 쓸 수 있다.

다섯째, 발표할 아이디어를 자유스럽게 생성해 내게 할 뿐만 아니라 청중이 이해하고 기억하기 쉽게 제시할 수 있다.

2.7.2 마인드 매핑의 요소 및 구조

(1) 구성 요소

마인드 매핑을 효율적으로 활용하여 창의적인 발상에 적용하기 위한 구성 요소에는 다음과 같다.

- 좌뇌와 우뇌를 모두 활성화시킨다.
- 작은 공간에 많은 양의 정보를 표현할 수 있다.
- 쉽게 이해할 수 있다.
- 다른 사람과 아이디어를 쉽게 나눌 수 있다.
- 정보와 아이디어를 보고서에 정리할 때 효과적이다.
- 소설이나 시, 영화의 시나리오를 기획할 때 사용이 가능하다.
- 마케팅 전략을 입안할 때 효과적이다.

(2) 마인드맵의 구조

마인드맵의 구조는 다음 네 가지가 있다.

- 생각의 핵심이 되는 주제는 항상 중심 이미지에서 시작한다.
- 중심 이미지에 관련된 주요 주제는 사람의 몸에 붙어 있는 팔처럼 연결되어 표현된다.
- 가지들의 연결은 핵심 이미지와 핵심 단어를 통해 확산된다.
- 계속 이어지는 부주제들은 나뭇가지의 마디마디가 서로 연결되어 있는 듯한 구조를 갖는다.

이러한 마인드 매핑의 구조는 나뭇가지나 번개가 치는 모양과 비슷하게 방사모양을 가지게 되는데 그래서 방사사고로 불린다. 그런데 이러한 방사 모양은 사람의 뇌를 구성하는 뉴런 세포가 연결되어 있는 모양과 비슷하다고 한다.

2.7.3 마인드 매핑 진행 절차

- A3(가로30 cm, 세로 42cm)나 그 보다 큰 흰 종이를 준비한다. 줄이 쳐진 종이는 생각을 펼치는데 제한을 줄 수 있다.
- 종이의 전체 면을 풍경화를 그릴 때처럼 넓고 자유롭게 사용한다.
- 종이의 중심으로부터 시작하고 종이는 가로로 넓게 펼쳐 놓는다.
- 쓰려고 하거나 생각하려는 주제에 대한 핵심 이미지를 정한다. 다양한 색깔을 이용 하여 주의력을 끌고 상상력을 자극할 수 있도록 한다. 브레인스토밍에서 다루었던 주제인 '이번 학기 엠티 장소'에 대하여 마인드 매핑을 만들어 보자, '엠티'라면 생각나는 이미지는 무엇인가?
- 주된 이미지와 연관된 핵심 단어는 책의 각 장 제목과 비슷하다. '엠티 장소를 소개 하는 책'을 쓴다고 하자. 핵심 단어의 하나는 우선 '국내'가 될 수 있을 것이다.
- 다른 장의 제목을 생각하여 나머지 주테마의 가지를 만든다. 위의 핵심 단어가 '국 내'이므로 '국외'가 다른 가지가 될 수 있을 것이다. 현실적인 문제를 고려하여 '국외' 는 간단하게 다루고자 한다.
- 두 번째 단계의 생각을 만들어 본다. 이 단어와 이미지들은 주가지와 연결되어야 한 다. '국내'와 연결된 두 번째 단계의 생각은 '경남', '부산', '경북', '강원', '호남, 제주', '충청', 수도권'과 같은 넓은 지역이 될 것이다.
- 이어서 좀 더 구체적인 단어들을 연결한다.
- 마인드맵에 새로운 차원의 요소로서 상자를 만들거나 명암을 넣어보기도 하자.
- 가끔씩 마인드맵의 가지를 분리하기 위해 색으로 테두리를 표시하기도 한다.
- 마인드맵의 각 부분을 예쁘게 다듬는다.
- 즐겨라.

최근에는 이렇게 마인드맵을 종이에 직접 그리는 것이 아니라 컴퓨터 프로그램을 이용하여 그릴 수 있는 소프트웨어도 제공되고 있으므로 활용할 수 있다.

2.7.4 마인드 매핑 예시

아래 그림은 마인드 매핑을 마인드맵으로 표현한 그림(그림 2-11, 그림 2-12)과, 이차방정식을 마인드맵으로 표현한 그림(그림 2-13), 영어공부를 마인드맵으로 표현한 그림(그림 2-14)이다.

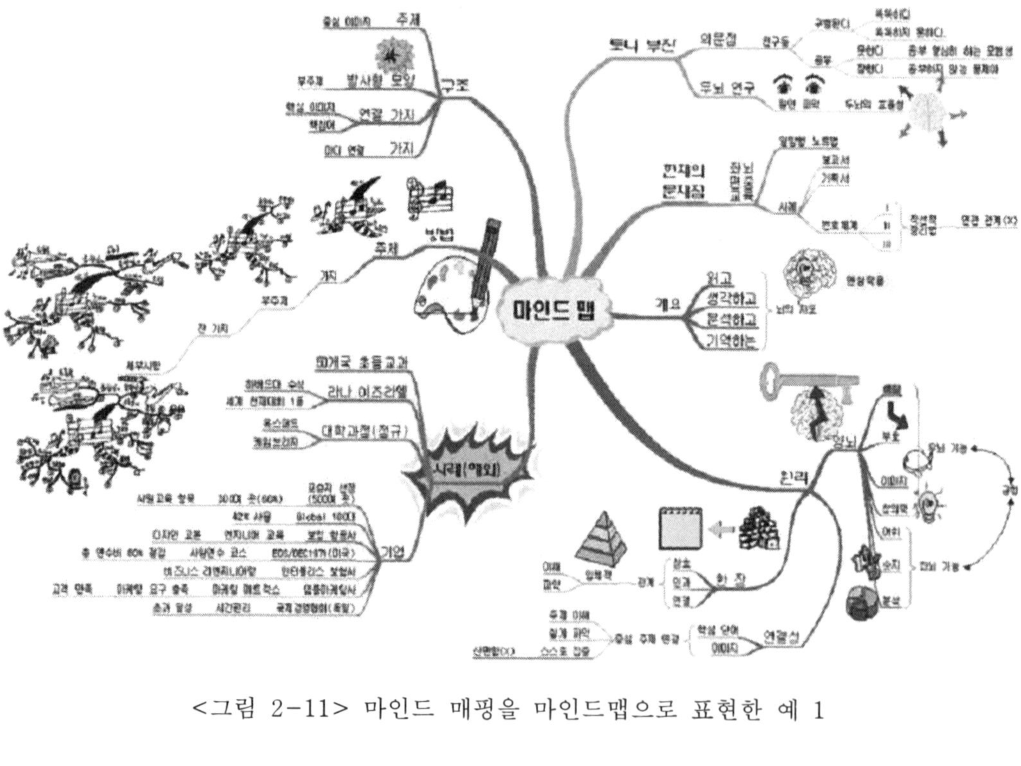

<그림 2-11> 마인드 매핑을 마인드맵으로 표현한 예 1

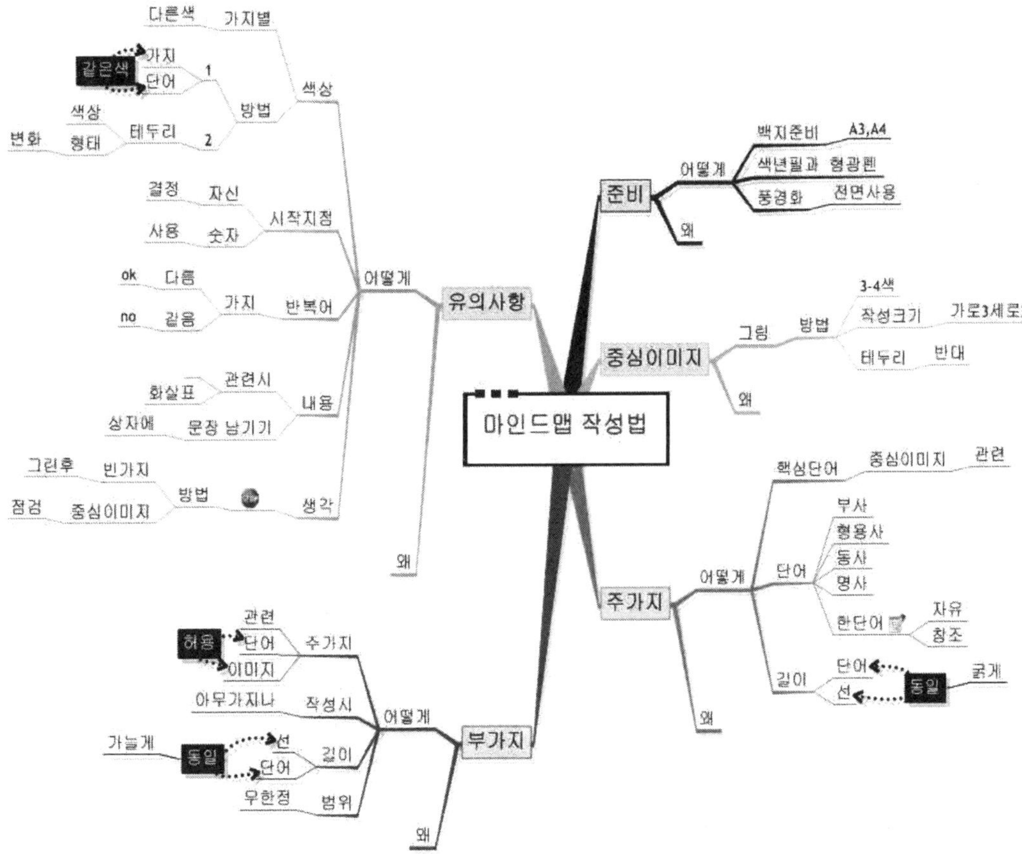

<그림 2-12> 마인드 매핑을 마인드맵으로 표현한 예 2

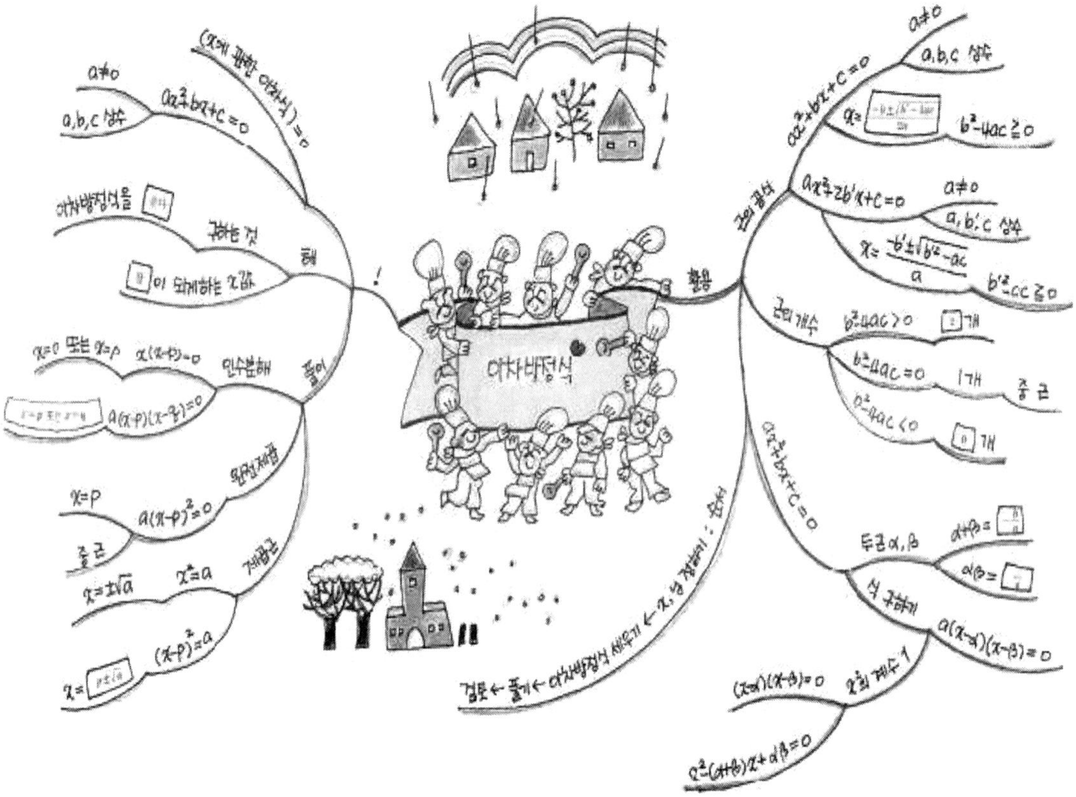

<그림 2-13> 이차방정식을 마인드맵으로 표현한 예

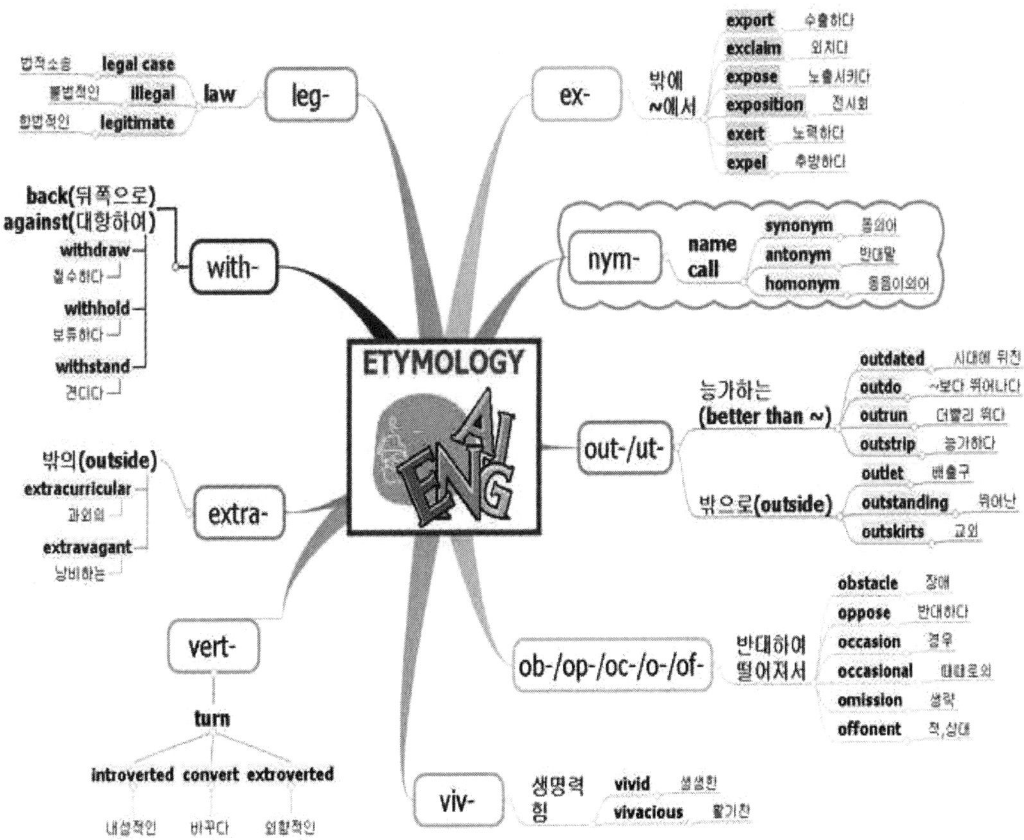

<그림 2-14> 영어공부를 마인드맵으로 표현한 예

2.7.5 마인드 매핑 연습 과제

개개인이 생각하는 주제를 하나 선정하여 마인드맵으로 표현하라.

2.8 PMI(Plus, Minus, Interesting)

Chartes S. Whiting이 창안한 기법이며 이 기법의 유용성에 대해서 Feldhusen & Treffinger는 "강제 결합법이 학급 활동에 촉진제 역할을 할 뿐만 아니라 학생들 개개인에게도 매우 생산적인 활동이 될 수 있다."고 언급하고 있다. PMI란 장점-단점-흥미로운 점을 찾아서 발상의 줄기를 만들어가는 기법이다. PMI는 Plus(장점, 좋아하는 이유, 긍정적 측면), Minus(단점, 싫어하는 이유, 부정적 측면), Interesting(흥미로운 점)의 이니셜이다.

제안된 아이디어의 장점(P), 단점(M), 흥미로운 점(I)을 따져 본 후 그 아이디어를 평가하는 기법으로 하나의 아이디어에 대해 집중적으로 분석하고자 할 때 간단하면서도 효과적으로 활용할 수 있는 기법이다.

Plus(장점), Minus(단점), Interesting(흥미로운 점)의 앞 글자를 딴 PMI에 대한 설명은 [표 2-14]과 같다.

어떤 아이디어나 제안(예컨대, 버스안에 있는 좌석을 모두 치워버린다면? 도서관에서 자원봉사를 한다면?)을 다룰 때, 열린 마음의 태도로 다루게 하기 위하여 의도적으로 사용하는 방법이다.

이와 같은 시도는 결정을 막으려는 것이 아니라 긍정적, 부정적, 재미있는 측면에서의 모든 대안을 고려해 본 다음에 결정하게 하는 것으로서, 어떤 문제 장면에 대하여 충동적 아이디어를 내거나 감정적으로 반응하는 것을 막고 시야를 넓혀주는 데에 큰 도움이 된다. 대부분 우리의 창의적 아이디어 발상을 막는 가장 큰 장애는 자신의 지식과 경험을 기반으로 하는 심리적 관성으로 볼 수 있으며, 문제를 분석하여 성문화하거나 가시화하지 않고, 머릿속에 넣어두고 해결책을 찾는 타성이다. 따라서 문제와 해결 가능한 방법들을 가시화해서 한눈에 보이게 하거나, 비교 가능한 형태로 변환하는 기법이 모든 창의적 발상기법의 핵심이라고 볼 수 있다.

[표 2-14] PMI(Plus, Minus, Interesting)

구분	설명
Plus(장점)	제시된 아이디어의 좋은 점
Minus(단점)	제시된 아이디어의 나쁜 점
Interesting(흥미로운 점)	제시된 아이디어와 관련하여 흥미롭게 생각되는 점

2.8.1 PMI 진행 절차

- PMI의 의미를 집단 구성원들에게 설명한다.
- 각 영역별로 아이디어를 생성한다.

  ※ P를 고려할 때에는 P에만 집중(M, I는 마음에 두지 않음)한다.
- PMI 결과를 발표한다.
- PMI 결과를 논의한다.

2.8.2 PMI의 예시

표 2-15과 표 2-16은 "버스 안에 있는 좌석을 모두 치워버린다면?" 이라는 아이디어와 "도서관에서 자원 봉사를 한다면?" 이라는 아이디어에 대한 PMI 예시를 각각 보여준 것이다.

[표 2-15] PMI 예시 1

아이디어	버스안에 있는 좌석을 모두 치워버린다면?
P (Plus)	▪ 버스에 더 많은 사람이 탈 수 있다. ▪ 버스를 타거나 내리기가 더 쉽다. ▪ 버스를 제작하거나 수리하는 비용이 보다 적게 들 것이다.
M (Minus)	▪ 버스가 갑자기 서면 승객들이 넘어질 것이다. ▪ 노인이나 지체 부자유자는 버스를 이용할 수 없을 것이다. ▪ 쇼핑백을 들거나 아기를 데리고 다니기가 어려울 것이다.
I (Interesting)	▪ 한 가지는 좌석이 있고, 다른 한 가지는 좌석이 없는, 두 가지 유형의 버스를 생각하게 하는 흥미로운 아이디어이다. ▪ 같은 버스라도 유형을 달리하면 일을 더 많이 할 수 있다는 흥미로운 아이디어이다. ▪ 버스에서는 편안함이 그렇게 중요하지 않을 수도 있다는 재미있는 아이디어이다.

[표 2-16] PMI 예시 2

주제	도서관에서 자원 봉사를 한다면?
P (Plus)	▪ 자원봉사의 경험을 쌓을 수 있다. ▪ 자원 봉사 학점을 받을 수 있다. ▪ 다양한 사회 경험이 가능하다. ▪ 좋아하는 책을 읽을 수 있다.
M (Minus)	▪ 공부할 시간을 뺏는다. ▪ 친구 만날 시간이 줄어든다. ▪ 인터넷 오락을 할 수 없다.
I (Interesting)	▪ 친구와 함께 자원 봉사를 한다. ▪ 전공 공부를 하며 도서관 자원봉사를 한다.

2.8.3 PMI의 연습

다음 주제들에 대하여 PMI를 수행한 후 정리하라.

- 지역발전과 '지역대학교'의 역할
- 대형 할인점의 진출
- 졸업 여행을 해외로 나가는 것
- 인터넷 오락

아이디어	
P (Plus)	
M (Minus)	
I (Interesting)	

2.9 강제연결법(Forced Connection Method)

강제연결법(Forced connection method)은 전혀 관계없는 두 가지 사물을 서로 인위적으로 연결시켜 새로운 기능을 만들어 내는 방법으로, 문제에 대한 새로운 통찰을 얻기 위하여 별개의 요소들을 함께 맞추어 넣는 것을 의미하는 결부법(synectics)의 한 방법이다. 결부법은 두 가지 방법이 사용되는데 첫째는 '낯선 것을 친근한 것'으로 만들어 봄으로써 문제를 친근한 방식으로 들여다보고 그래서 이해를 더 잘하도록 하는 것이며, 둘째는 '친근한 것을 낯선 것'으로 만들어 봄으로써 문제 해결자로 하여금 현재 문제의 틀에서 벗어나 보다 창의적인 해결 방법을 찾을 수 있게 하는 것이다.

강제 연결법은 별 관계가 없어 보이는 어떤 대상을 문제에다 강제로 연결시켜 봄으로써 아이디어를 얻고자 한다. 발명품들 가운데는 무관한 것 같이 보이는 두 가지를 강제로 연결시켜서 만든 것이 많이 있다. 예를 들면, 집-자동차(캠핑 카), 모터-자전거(오토바이), 손목-시계 등이 있다.

2.9.1 강제연결법의 예시

세로 축 1번에 자신이 좋아하는 물건의 이름을 쓰고, 2번에는 아침에 등교 길에 보았던 인상 깊은 것들을 쓰고, 3번에는 자기가 좋아하는 음식을 써서 1, 2, 3항을 수평으로 또는 주사위를 던져서 임의의 번호를 맞춰 서로 관련짓고, 그것을 연결해서 단문을 짓거나 그럴듯한 이야기를 꾸미게 하는 것이다.

예로서 새로운 개념의 가방을 만들고자 할 때 머릿속에 시계가 떠올랐다고 가정하자.

시계와 가방은 물론 아무런 관계가 없다. 그러나 이를 강제적으로 연결하면 다음과 같은 결론에 이를 수 있다.

(1) 시계의 속성과 장점

- 주머니에 넣을 수 있다.
- 물속에서도 작동한다.
- 팔목에 찰 수 있고, 장식의 가치도 있다.
- 예물로 활용된다.

(2) 시계의 개념을 적용시킨 가방

- 가방이 비었을 때에는 주머니에 넣을 수 있는 가방
- 완벽한 방수기능의 보안용 가방
- 손목이나 어깨, 허리에 완전 고정시킬 수 있는 가방
- 장식품처럼 가지고 다니는 가방
- 선물, 예물로 활용하도록 고가로 설계된 가방

2.9.2 강제연결법의 실습

새로운 목욕탕 욕조를 만들고자 한다. 어떤 개선 방안이 있을 수 있을까?

(1) 가능한 많은 아이디어를 만든다.

- (보기) 더 크게 만든다.
- (보기) 안마 기능을 추가한다.

(2) 더 이상 생각나지 않으면 주위를 둘러보고 아무 것이라도 상관없이 3개의 물건을 고른다.

가) 세 개의 물건을 아무렇게나 골라보자.

나) ____________ , ____________ , ____________ ,

다) 이들 각 사물을 욕조에 강제로 연결시켜보고 욕조를 개선할 수 있는 아이디어를 만들어라.

(보기) 만약 '자동차'가 연결되었다면 지붕에 욕조가 설치된 자동차, '시계'가 연결되었다면 시계가 연결된 욕조 등의 아이디어를 생각해 볼 수 있을 것이다.

① ____

② ____

③ ____

2.9.3 강제연결법의 연습 과제

다음의 주제들에 대하여 강제연결법을 연습해 보아라.

- 차세대 자동차
- 차세대 컴퓨터
- 핸드폰

2.10 평가 행렬법(Evaluation matrix)

평가행렬법(evaluation matrix)은 제안된 아이디어들을 미리 정해 놓은 평가기준에 따라 체계적으로 평가하기 위한 기법이다. 평가하려는 아이디어들을 세로축에 나열하고 평가 기준을 가로축에 적어 행렬 표를 만든 후, 각 평가기준을 기초로 모든 아이디어를 평가한다. 체계적인 만큼 시간과 노력이 소요되는 단점이 있다. 일반적으로 여러 평가자가 있을 때 평가하는 방법과 비슷하다. 각 평가기준을 모두 더하는 방법이 일반적으로 생각될 수 있으나 각 평가기준의 값을 모두 곱하는 방법도 많이 사용된다.

평가행렬법의 진행 절차는 다음과 같다.

- 평가행렬표를 준비한다.
- 아이디어나 준거의 순서 없이 아이디어는 왼쪽에, 준거는 윗부분에 나열한다.
- 행렬표를 완성한다.
- 평정 척도에 따라 점수를 부여한다.
- 평정 척도 예 : 수(10점), 우(8점), 미(6점), 양(4점), 가(2점)
- 결과를 해석한다.
- 행렬표의 결과는 아이디어의 강점과 약점을 확인하는 데만 이용한다.
- 어떤 준거에서는 점수가 낮은데 어떤 준거에서는 높은 점수로 평가되었다면 그 아이디어를 다듬어 발전시킬 방도를 연구하고 궁리해봐야 한다.

2.10.1 평가행렬의 예

(1) 예시 1

가) 주제 : 학교 공부를 보다 능률적으로 할 수 있는 방법

나) 아이디어와 평가준거에 따라 행렬표 완성

아이디어 \ 평가 준거	학습	건강	인성	환경	총계
점심 식사 후에 30분간 수면 시간을 준다.	8	10	9	6	33
남학생과 여학생이 짝이 되어 앉는다.	7	8	10	9	34
능력별 이동수업을 실시한다.	10	7	7	7	31
잘 하는 학생과 못하는 학생을 짝지어 서로 가르쳐 주도록 한다.	9	6	6	8	29
수업 시간을 10분 단축한다.	6	9	8	5	28
교실 벽면을 다시 칠한다.	5	5	5	10	25

(2) 예시 2

가) 주제 : 학교에 다니기 위한 교통수단 평가(학교를 좀 더 편하게 다니기 위한 방법)

나) 아이디어와 평가준거에 따라 행렬표 완성

아이디어	평가기준					
	구입 비용은?(20)	빠르기?(20)	편리한가?(20)	관리 비용은?(20)	실현 가능성(20)	합계(100)
버스	20	12	3	14	20	69
자전거	17	10	7	19	18	71
스쿠터	14	13	12	10	12	61
경차	10	15	17	5	8	55
중형차	5	15	17	3	2	42

2.10.2 평가행렬법 활동 연습

※ 최근 자동차 회사에서 개발된 20대를 위한 경차의 이름 결정하는 문제에 대하여 각자 좋은 이름을 정하고 평가기준을 마련하여 평가행렬법을 이용하여 평가하여 보아라.(새로운 이름을 짓기 힘들면 기존의 자동차 이름을 평가해보자. 평가 기준에는 어떤 내용이 들어있어야 하나?)

평가기준 / 아이디어						합계 (100)
마티즈						
클릭						
i30						
비스토						
모닝						

※ 이번 학기에 갈 엠티 장소를 평가하라.(평가 기준은 교통 편리, 비용 등 다양한 항목이 가능할 것이다. 평가 기준 및 평점은 조별로 결정하라.)

평가기준 / 아이디어						합계 (100)
부산 송정						
거제 명사						
남해 상주						
밀양 얼음골						
제주도						

※ 2.4절 연습문제 정답

1. 하얀　2. 파란　3. 빨간　4. 파란　5. 초록　6. 하얀
7. 노란　8. 검은　9. 빨간　10. 노란　11. 파란　12. 빨간
13. 하얀　14. 파란　15. 초록　16. 파란　17. 빨간　18. 하얀
19. 파란　20. 검은

참고문헌

1. 경북대학교 공학교육혁신거점센터, 입문설계 교재, 2010, 경북대학교 공학교육혁신거점센터
2. 나보균, 노영주, 윤정현, 이보경, 정인호, 한익주 편역, 엔지니어를 위한 창의적공학설계, 2008, 한국맥그로힐(주)
3. 이용재, 김노원, 김삼열, 김형석, 김창규, 김창호, 이문노, 최병윤 공저, 공학설계 입문, 2010, GS인터비전
4. 김대석, 박성균, 유철중 공저, 잠자는 생각을 깨우는 창의적 공학설계, 2010, GS 인터비전
5. 이창훈, 김기수, 공학입문자를 위한 창의공학설계, 2008, 한티미디어
6. 김진욱, 박근호, 송태권, 신병록, 어윤, 이수현, 임형철, 한종대 공저, 창의 공학설계, 2011, GS인터비전
7. 송동주, 김영탁, 박진호, 심재진, 이문용, 이화조, 형원길 공저, 공학입문설계, 2008, 도서출판YOUNG
8. 박강, 김병재, 장혁수, 김영욱, 박용원 공저, 공학 문제 해결의 길라잡이 창의 공학, 2009, 도서출판 인터비전

3
CHAPTER

팀워크

최근 모든 조직에서는 고도의 팀워크가 요구되고 있으며, ABEEK 및 ABET와 같은 인증기관에서도 학생들이 팀워크 기술(skill)을 습득하도록 강조하고 있다. 이 장에서는 팀워크의 정의와 함께, 효과적인 팀워크를 위한 대표적인 팀워크 기술에 대하여 정리하였다.

3.1 팀과 팀워크

3.1.1 개요

팀(team)은 상호보완적인 기능(기술)을 가진 사람들이 공동의 목표 달성을 목적으로 상호 책임하에 문제를 해결하기 위해 모인 집단이다[5]. 팀워크(teamwork)는 한 집단(group)의 각 구성원들이 자신의 관심(interest)과 의견(opinion)보다는 집단의 화합(unity) 와 효율(efficiency)을 중시하는 공동의 활동(joint action)으로 정의하고 있다[7].

즉 팀워크는 팀의 구성원들이 공동의 목표를 달성하기 위하여 각 역할에 따라 책임을 다하고 협력적으로 행동하는 것으로 정의된다. 팀은 집단과 구분된다. Karzenbach와 Smith(1994)에 의하면 집단은 강력한 권한을 가진 리더가 있으나 팀은 대조적으로 대부분의 구성원이 리더십을 공유하고 있다. 팀과 집단의 주요한 차이는 표 3-1과 같다.

[표 3-1] 팀과 집단의 차이점

팀(team)	집단(working group)
리더십의 공유	강력하고 분명하게 정해진 1인 리더
책임이 개인적인 것임과 동시에 집단책임	개인책임
팀 자체에 부여된 구체적인 목적	광범위하고 유기적인 임무에 따라 정해지는 목적
집단적인 업무성과	개인적인 업무성과
제한 없는 토론에 의한 문제해결	효율적인 회의운영
집단적인 업무성과의 평가에 의한 직접적인 업무성과 평가	집단구성원이 다른 구성원에게 미치는 영향에 의한 간접적인 집단의 효율성 평가
업무를 함께 토론하고 결정하며 수행한다.	업무의 토론과 결정을 1인 리더가 대표한다.

팀은 서로 보완할 수 있는 기술을 가진 소수의 구성원이 서로 신뢰할 수 있는 접근 방식과 공통된 목표의식을 가지고 실행목표를 수행하는 조직이다. 수행력이 높은 팀은 모든 조건을 만족하며 추가로 팀 구성원 서로의 성공과 성장에 크게 영향을 준다. 팀을 조직하고 활동함으로써 구성원들이 개인적인 작업성과를 합친 것 이상의 팀워크에 의한 상승효과를 나타내는 성과를 얻고자 하는 것이다. 팀워크를 효과적으로 발휘하기 위해서는 팀원들의 능력 배양뿐만 아니라 팀워크 기술을 배워서 익혀야 한다. 최근에는 복합학제(multi-disciplinary) 간의 팀에서 능동적으로 대응할 수 있는 팀워크 기술이 요구된다. 팀워크는 장점뿐만 아니라 단점도 있기 때문에 장점을 키우고 단점을 경계해서 효율적인 팀으로 개발하기 위한 노력을 해야 한다.

팀워크의 큰 장점은 팀워크에 의한 상승효과로 구성원들이 개인적인 작업성과를 합친 것 이상의 성과를 얻는 것이다. 대표적인 단점은 집단사고(group think)에 빠질 수 있다는 것이다. 집단사고는 의사 결정과정에서 나타나는 집단 착각현상을 말하며, 필요 이상으로 열정적이 되어 자발적으로 최선의 문제해결 방안을 찾는 대신에 예스맨이 될 수 있는 것이다. 팀의 구성원들 간 결속력이 높고 공동체 의식이 강할수록, 또 구성원 스스로 전문가이며 합리적이라고 자만할수록 집단사고에 빠질 위험이 커진다.

팀의 대표적인 특성을 요약하면 다음과 같다.

- 서로 목표를 공유한다.
- 목표를 달성하기 위해 필요한 권한, 자율과 자원이 주어진다.
- 목표를 달성하기 위해 서로 밀접하게 그리고 의존해 가며 일해야 한다.
- 뚜렷하고 고유한 역할을 가진다.
- 3~12명 정도로 구성되며, 5~7명이 효과적이다.

팀은 특성에 따라 다음과 같이 구분되기도 한다.

- 영속적 작업 팀(perpetual work teams)은 여러 공정에서 자연적으로 생긴 팀으로 계속적으로 문제를 해결하고 공정을 개선한다.
- 공정개선 팀(process improvement teams)은 전체 공정을 개선하기 위하여 공정경계를 초월하여 활동 가능한 팀원으로 구성된 팀이다.
- 프로젝트 팀(project teams)은 새로운 것의 개발 또는 크고 복잡한 업무의 달성을 위하여 특별한 한시적인 임무(mission)를 수행하는 팀이다.

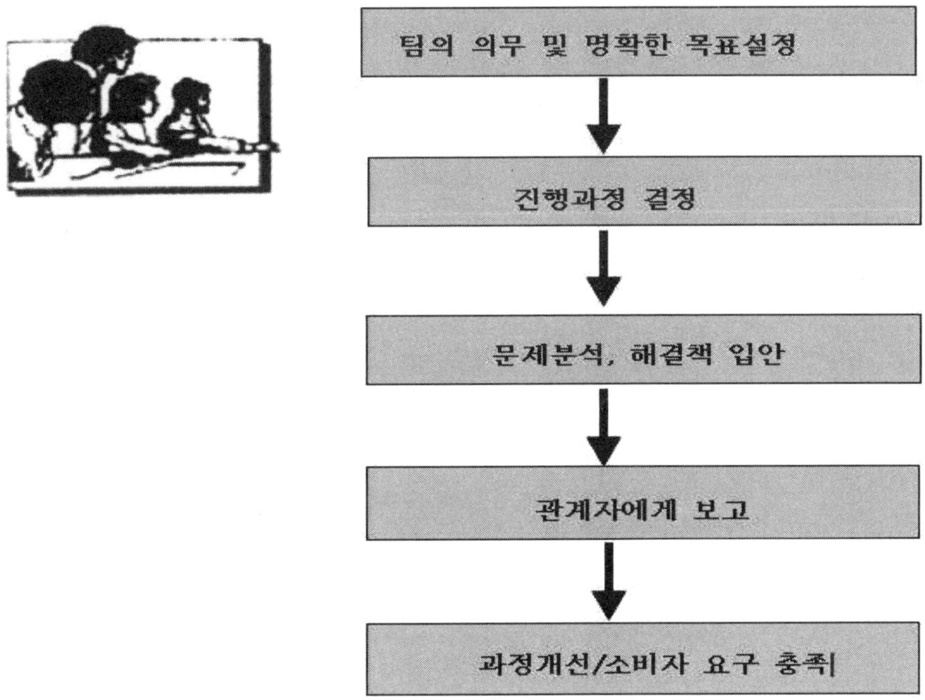

<그림 3-1> 팀의 활동 단계

※ 실질적인 팀(virtual teams)은 새로운 기회(opportunity)로 주어진 논쟁(issue)이나 문제의 해결을 위하여 구성되는 팀이다.

대표적인 팀의 활동 단계는 그림 3-1과 같이 나타낼 수 있다.

3.1.2 팀워크의 중요성

전 세계 500대 기업의 거의 대부분이 어떠한 형태로든 팀을 운영하고 있고, 팀워크의중요성은 시간이 갈수록 커지고 있다. 미국의 3대 자동차 회사 중에 하나인 크라이슬러가 어떻게 엔지니어링 부분의 신입 사원을 선발하는가를 보면 팀워크의 중요성을 새삼 느낄 수 있다. 크라이슬러는 28개 공과 대학에서 엔지니어를 선발한다고 알려져 있다. 그리고 회사의 각 부서에서는 그 선호하는 28개 대학에서 각 한 명씩만 뽑는다. 예를 들어 자동차 샷시 디자인 부서에서 신입 엔지니어 22명을 배당 받았으면 그들의 출신 대학이 22개 대학으로 모두 다 다르다. 아무리 최고 명문대 졸업생이 많이 지원하여도 한 대학에서 한 명 이상 뽑지 않는다(우수대학졸업생을 무조건 뽑을 수 있는 만큼 우선 뽑고 보는 한국 기업의 경우하고 상당히 대조적이다).

이렇게 기업이 정책적으로 다양한 대학 졸업생을 원하는 이유는 신입사원으로부터 다양한 능력과 사고력, 관점을 얻고자 하기 때문이다. 어느 우수대학 졸업생들이 아무리 개인적으로 똑똑하여도 집단적으로 일을 할 경우 한계에 부딪친다고 한다. 한 대학졸업생들은 장기간 같은 교육을 받았기 때문에 문제를 인식하는 관점이나 문제 해결 방식이 비슷하기 때문이다. 크라이슬러는 회사전체의 창의력을 높이기 위해 다양한 사원을 채용하였고 어떤 형태의 팀이든 다양한 구성원이 팀원이 되게 하였다. 이는 팀워크가 뒷받침 되지 못하면 오히려 역효과를 낳을 수 있기 때문에 팀워크는 아주 중요하고 팀워크를 높이려는 훈련을 받아야 한다.

현대사회의 기업체들은 엄청난 양의 정보를 수집하고 분석, 정리하여 각자의 목적에 알맞게 활용하는 능력을 요구하고 있다. 이런 과제는 그 조직체 구성원이 단독으로 수행하기는 불가능하고 팀을 구성하여 그들의 효과적인 팀워크를 통해 과제 수행이 이루어진다. 급변하는 소비자의 기호를 맞추어야하는 21세기 기업 환경을 고려해 볼 때 다

<그림 3-2> 동시공학(concurrent engineering)

양한 제품을 빠른 시간에 생산해야 하는 것이 기업체 경쟁력이고 이는 다양한 구성원이 팀워크를 이룰 적에 나온다고 볼 수 있다. 팀워크를 통해 제품개발 기간을 단축하고 소비자 기호에 맞는 제품을 만드는 방법으로 동시공학(Concurrent Engineering)이 강조되기도하며 한국공학교육인증원(ABEEK)의 인증기준에 학생이 갖추어야하는 학습성과(Outcome)로 팀워크가 포함되어 있다.

소비자의 만족도를 높이고 제품개발 시간을 단축하기 위해서 기업체에서 동시공학을 많이 시행하는데 이를 성공시키기 위해 다양한 부서의 사람들이 팀원으로 같이 참여하기 때문에 팀워크의 중요성을 느껴볼 수 있다. 동시공학이란 무엇인가? 전통 공학적 방법에서는 소비자의 요구가 생산 전 과정에 반영되기 어렵다. 마케팅 직원은, "소비자가 원하는 것이 무엇인가?" 소비자들의 의견을 직접적으로 수렴함 없이 자신의 생각을 적어 내려가고, 그 열거된 사항들을 설계사에게 보내면 설계사는 그 사항에 맞추어 설계한 후 설계한 사항을 다시 생산부서에 전달한다. 부서들이나 그 기능들 간의 상호작용 없이 사람들이 서로 고립되어 독자적으로 작업이 이루어지기 때문에 생산부서를 거친 사항은 이미 여러 가지 임의의 결정사항을 포함할 것이고 제조과정에서 또 다시 변경되어 상품의 질, 형태, 가격 등에 있어서 아마도 소비자의 요구를 만족시키지 못하게 될 것이다. 동시공학에서는 제품개발의 모든 단계에 각 분야의 전문가뿐만 아니라 소비자와 원자재 공급자들까지도 팀원으로 동시에 참여하게 되어 전통 공학에서 생기는 시행착오를 줄일 수 있다.

<그림 3-3> 전통공학(상호고립)

3.1.3 효과적인 팀의 특성

Larson과 Lafasto(1989)는 효과적인 팀의 특성을 다음의 8가지로 정리하고 있다. 효과적인 팀워크를 위하여 이들 8가지 특성을 갖는 팀이 구성되도록 하여야 하겠다.

- 팀은 명확한 목표(goal)를 가져야 한다. 팀의 목표는 특정한 수행 목적(objective)으로 모든 팀원이 알 수 있도록 명확하고 함축적으로 표현되어야 한다.
- 팀은 성과 위주의 구조(results-driven structure)를 가져야 한다. 즉 성과를 얻을 수 있도록 운영되는 것이 허용되어야 한다. 종종 팀이 구조를 발전시킬 수 있도록 허용 하는 것이 최선이다.
- 팀은 유능한(competent) 팀 구성원을 가져야 한다. 이것은 교육과정에서는 팀에 주어진 문제가 그들의 지식수준으로 해결 가능한 것이어야 한다.
- 팀은 통일된 방침(commitment)을 가져야 한다. 이것은 팀 구성원이 모든 것에 일치해야 하는 것을 의미하는 것은 아니다. 모든 구성원이 주어진 목적을 달성하기 위한 방향으로 그들의 노력을 통일하여야 한다.
- 팀은 협력적인 분위기(climate)를 가져야 한다. 이것은, 정직하고, 편견이 없고, 일관되고, 책임 있는 행동에서 생기는 신뢰할 수 있는 분위기를 말한다.
- 팀은 고도의 규범(standards)를 가져야 한다. 팀의 구성원은 그들이 개인적으로 그리고 단체로 하도록 요청되는 사항을 알아야 한다. 긍정적인 태도, 가시적인 노력과 같은 애매한 표현은 피해야 한다.
- 팀은 외부적인 지원(support)과 장려(encouragement)를 받아야 한다. 장려와 칭찬은 개인과 팀에게 좋은 자극으로 작용한다.
- 팀은 원칙에 따른 리더십을 가져야 한다. 보통 팀은 노력을 이끌어 갈 사람이 필요하다. 팀의 구성원은 팀 리더가 좋은 리더십 기술을 가지고 있고 팀의 이익을 위해 일할 수 있기 때문에 리더가 되었음을 알아야 한다.

3.2 팀의 구성과 운영

3.2.1 팀의 개발

팀은 예측 가능하고 필요한 단계들을 통하여 신속히 개발될 수 있도록 하여야 한다. 팀의 개발(growth)은 가끔 다음과 같은 4단계로 구분된다[9]. 오늘날 작업장에서 많이 요구되고 있는 팀 구성원으로의 활동은 실습으로 향상된 학습을 할 수 있으므로 교육과정에서 팀 훈련 내용의 편성과 함께 훈련이 필요하다.

(1) 구성기

그룹이 처음 만들어질 때 구성원은 아직 개인일 때처럼 행동한다. 팀이 구성되면 구성원들은 팀 내에서 허용되는 행동의 한계를 알게 되고, 팀 내에서의 그들의 위치를 찾게 되며, 리더의 지도를 시험하게 된다. 적은 팀의 경우에는 이 단계에서 안정기가 된다.

(2) 시련기

시련기(storming)는 팀의 가장 어려운 단계이다. 과제가 어렵고 아직 해놓은 것이 없다는 것을 깨달으면 과정에 대한 불화, 비난, 초조함을 불러일으킨다. 팀의 구성원은 가끔 더딘 진행에 조바심을 내지만 아직은 팀의 구성원으로 일하는데 익숙하지 못하다. 몇몇 구성원은 모든 일을 혼자 힘으로 하려고 노력하며 팀 구성원과 협력하기를 꺼려한다.

새로운 환경에서의 익숙하지 못한 아이디어를 접하게 되어 활동에 대하여 논쟁을 벌이기도 한다. 구성원들의 에너지가 목표의 달성보다는 서로에게 집중되어 구성원들 간의 갈등이 생기기도 한다.

※ 갈등 다루기

시련기는 (만일 팀이 바로 처음부터 서로 다른 사람들이 함께 일할 때 발생할 수 있는) 피할 수 없는 충돌을 다루는데 도움이 되는 기초 법칙에 합의하였다면, 더 빨리 해소될 수 있을 것이다.

다음과 같은 두 가지 공통된 행위(만일 알아차리지 못하고 극복하지도 못한다면)가 팀의 성공에 해를 끼칠 수 있다.

① 우리는 특히 우리가 전형적인 엔지니어의 사고방식을 갖고 있는 경우, 감정적인 논의를 가볍게 여기는 경향이 있다.

② 정통이 아닌 아이디어를 내는 사람을 무시하는 경향이 있는데 자주 그렇게 하면 이 사람들은 그 이후에 회의에 기여하지 않게 된다.

두 경우 모두 팀은 다양한 사고에 의한 이익을 놓치게 된다.

하바드 비즈니스 리뷰(Harvard Business Review)의 기사에서, 도로시 레오나드(Dorothy Leonard)와 수잔 스트라우스(Susaan Straus)는 "창의성의 마모의 관리“에 관하여 다음의 조언을 하였다.

① 팀의 모든 사람들이 다른 사람의 사고방식의 차이점을 존중하는 것의 타당성을 이해하는지 확인하도록 하라.

② 팀의 운영지침을 명시적으로 만들어라. 예를 들면 “누구라도 다른 이의 의견에 반대할 수 있다. 그렇지만 반드시 이유를 제시하여야 한다. ” 그리고 “누군가가 반대의견을 이야기한다면 모든 사람은 경청하고 이해하려고 하여야 하며 정당한 것으로 취급하여야 하고 그들이 동의할 수 없다면 반대의견을 제시하여야 한다.”

③ 회의 시에 상상력이 있는 대안을 드러내기 위한 난상토론 그리고 옵션을 선택하고 그것을 구현하기 위한 계획을 위한 집중토론 둘 다에 시간을 주어라.

④ 다양한 사고 선호도가 그룹에 야기할 수 있는 긴장과 충돌을 탈개인화하기 위하여 정신 모델의 언어를 사용하라. 이것에 대한 이해는 분노를 완화하는 강력한 도구인데 이것은 각 스타일이 그와 연관된 부정적인 점을 갖고 있는 것과 마찬가지로 각 스타일이 혁신의 과정에 독특하게 가치 있는 시각을 주기 때문이다.

부정적인 의견에 대처하기 위한 실용적인 기법은 야구의 "삼진 아웃"에 비유하는 것이다. 이 정책을 초기에 팀에 설명하여 기본 규칙이 되도록 한다. 만일 그룹원(대개 경험 없는 새 팀원)이 두 번의 주의 후에도 다시 부정적인 소견을 낸다면 그 또는 그녀가 팀 회의에 참석하지 않도록 요구하라. 왜냐하면 부정적인 사고는 창의적 사고, 상호 신뢰, 그리고 팀원 간의 존경심을 방해하기 때문이다.

팀 리더는 계속 비판적이라면 누구라도 쫓아낼 준비가 되어있어야 한다. 이 비유와 동료들의 압박이 강력한 조합을 만든다. "삼진 아웃"을 적용할 일은 없을 것이다. 기존의 팀에 새로운 팀원이 보강되는 경우에 팀이 시련기로 퇴보함을 경험하는 것은 정상적인 일이다. 팀원들이 새 팀원을 알게 되고 그 사람의 스타일과 독특한 공헌을 받아들이기까지는 아마도 새 팀원을 조심하거나 적대적인 감정으로까지 대하게 된다. 이러한 현상은 특히 만약에 이 새 팀원이 파악된 어떤 단점을 극복하기 위하여 경영진에 의하여 팀에 배정되었거나 기존의 팀이 이미 팀 구성원 간에 높은 단계의 신뢰와 지지를 구축한 경우 발생할 수 있다. 이 경우에 팀은 반드시 새 팀원의 참여를 포함하는 행위규범을 다시 개발하여야 한다. 그 다음에야 팀은 활동기를 다시 시작할 수 있다.

(3) 안정기

시련기 단계에서 구성원들은 팀을 받아들이게 되고 차이점들을 조화시켜 나간다. 구성원들 간에 더욱 협동적이 되어 감정적인 대립이 줄어든다. 팀은 그들의 일에 집중할 수 있고 건설적으로 팀 활동을 하게 된다.

(4) 활동기

이 단계에서 구성원들은 서로의 차이와 약점을 발견하고 받아들이고 그들의 역할이 무엇인지 배운다. 구성원들은 신뢰를 가지고 터놓고 대하게 되어 생각이나 제안을 두려움 없이 내므로 좋은 아이디어가 생겨나게 된다. 구성원들은 아이디어를 평가하기 위한 의사결정 도구를 편하게 사용하고, 일의 우선순위를 결정하고, 문제를 해결하게 되어 많은 성과를 이룬다.

3.2.2 팀의 구성

팀은 팀 리더, 진행자, 기록자, 과정 관찰자 등을 기본적으로 포함하여 구성된다. 팀의 규모에 따라 적절한 역할 분담이 달라질 수 있다. 보통은 각 구성원들이 하나 이상의 임무를 맡거나, 특별한 한 가지 임무가 시간대 별로 여러 명의 구성원들에게 할당되어 수행되기도 한다. 구성원들의 책임 소재를 명확히 할 수 있도록 책임과 임무를 잘 정의해야 한다. 기록자와 과정 관찰자의 임무는 매우 중요하며 팀 구성원들을 지명하여 특별히 할당되어야 한다. 대표적인 각 역할 담당자의 임무와 책임은 다음과 같다.

(1) 팀 리더

팀 리더는 팀의 대변인으로 회의를 소집하거나 경영진에게 보고하고 회의를 주재하는 역할을 한다. 팀 리더의 역할은 다음과 같다.

- 팀 구성원들의 역할과 책임을 명확하게 한다.
- 팀 규칙과 지침을 작성한다.
- 팀 회의에 구성원의 한 사람으로 참가해서 자신의 의견을 제시할 수 있다.
- 책임을 부여하는 권한을 가진다.
- 회의 진행방법을 바꿀 수 있는 권한을 가진다.

(2) 진행자(또는 회의 리더)

진행자는 토론의 흐름을 조정하고 대화빈도를 조절하며 같은 종류의 토론을 최소화하고 주장이 강한 구성원이 토론을 주도하지 않게 하며, 조용한 구성원들도 참여하도록 유도한다. 가끔 회의 리더는 그의 전문성과 사고방식 때문에 특별한 회의를 주재하기도 한다. 진행자의 역할은 다음과 같다.

- 회의를 정시에 시작한다.
- 의사일정에 따라서 회의를 진행한다.
- 주요 결정사항과 행동조치를 요약한다.

(3) 기록자

기록자(recorder)는 제안, 아이디어, 결정사항을 기록하고 토의내용을 열거한다. 할당된 임무를 열거하며 요약된 문서를 다음 회의의 의제와 함께 모든 팀 구성원들에게 보내는 역할을 한다. 기록자가 훌륭한 역할을 하기 위해서 권장되는 지침은 다음과 같다.

- 올바른 정보를 파악할 필요가 있을 때에는 좀 더 분명하게 이야기하도록 요구하라.
- 핵심 단어와 문구만을 기록하라. 법정의 속기사처럼 모든 단어를 기록할 필요는 없다.
- 임의대로 해석하지 말고, 표현된 단어를 사용하여 기록하라.
- 회의 참가자 모두가 쉽게 볼 수 있도록 플립차트나 화이트보드에 큰 글자로 기록하라.
- 중요 아이디어, 문구, 결정내용, 행동조치에 대해서는 원을 그리거나 밑줄표시를 하라.
- 정보의 순서와 흐름을 유지하기 위해 모든 차트에 번호를 매겨라.
- 동의하지 않는다고 해서 남의 아이디어나 문구를 삭제하지 말라.
- 회의가 오래 계속되고 전문적인 사항을 다룬다면, 집단 구성원들에게 기록내용을 정기적으로 검토하도록 하라.

(4) 과정 관찰자

과정 관찰자(process observer)는 팀 회의의 진행 상황에 피드백을 제공한다. 회의 과정과 임무할당 과정이 얼마나 잘 진행되는지 관찰하고 개선점을 제안함으로써 회의 과정과 내부감사와 같은 역할을 한다. 이 외에도 팀을 행동적이고 결단력 있게 자극하고 개선시키는 촉진자(facilitator)를 포함한 추가적인 구성과 임무가 정해지기도 한다.

3.2.3 팀의 운영

팀의 업무는 팀의 창의력과 시너지 효과라는 장점을 이용하기 위하여 개인 업무 이상의 다른 업무를 포함한다. 팀의 효율을 높일 수 있는 팀의 운영 방법들에는 다음과 같은 것들이 있다.

(1) 팀의 임무에 관한 규정문 작성

팀의 임무와 일을 정확히 정의한 임무 규정문은 올바른 목표를 향해 팀이 집중할 수 있도록 해준다. 이러한 임무 규정은 모든 팀 구성원이 이해할 수 있도록 간결하고 명료해야 한다.

팀의 임무에 포함되어야 할 내용은 다음과 같다.

- 팀의 목적과 해결해야 할 과제.
- 팀이 결과를 제공할 관련자(또는 부서)의 참고정보
- 팀 활동에 대한 제약이나 범위.
- 팀의 작업수행 기한.
- 팀의 활용가능 자원(예산).

(2)) 작업 일정표 작성

일단 팀이 정비되고 임무에 대해 동의하면 활동 계획의 순서를 정한다. 일반적으로 일정표의 작성에는 Gantt 도표가 많이 사용된다. Gantt 도표의 작성 예시는 〈그림 3-2〉와 같다.

번호	추진업무	책임자	1월	2월	3월	4월	5월	6월
1	계획, 규칙작성	이갑순						
2	아이디어 창출	장길동						
3	아이디어 분석	김철수						
4	의사결정	박갑돌						
5	보완 및 평가	정하늘						
6	보고서작성	홍보고						

<그림 3-2> Gantt 표

[표 3-2] 팀원의 임무 분담표

구 분	팀 원	소 속	기술/지식	임 무	소 견
핵심 팀원	이갑순	건축공학	디자인 전공	팀 리더	유능한 리더
	장길동	기계공학	열역학 전공		
	김철수	정보통신공학	정보처리기사 1급	진행자	자료수집능력 우수
	박갑돌	컴퓨터공학	컴퓨터활용 1급	기록자	컴퓨터 응용능력 탁월
	홍보고	화공시스템공학	화공기사 1급	촉진자	화학지식 풍부
자문 위원	정하늘	산업시스템공학	인간공학 전공	과정 관찰자	프로젝트 수행경험 많음

(3) 팀 구성원의 임무 정의

팀 구성원의 임무를 돌아가면서 맡든지 아니면 한 가지씩 맡든지 결정하고, 책임소재를 명확히 할 수 있도록 팀의 리더, 진행자, 기록자, 과정 관찰자 등의 기본적인 구성과 임무를 정의해 두어야 한다. 팀 구성원의 임무 분담표의 작성 예시는 [표 3-2]와 같다.

(4) 팀의 기본 규칙 작성

팀의 활동방침을 규정하는 규칙을 정해야 한다. 이 규칙들은 팀 구성원들 간에 효율적이고 만족스러운 상호관계를 유지할 수 있도록 모든 구성원들이 동의해야 한다. 팀의 기본 규칙의 작성 예시는 [표 3-3]과 같다.

[표 3-3] 팀의 활동규칙

우리 팀원들은 다음 규칙들을 준수하는데 동의한다.
1. 서로 존중하고 친절로 대한다.
2. 의사결정은 합의에 의하여 도출한다.
3. 모든 팀 회의에는 제시간에 참석하고, 늦거나 참석할 수 없는 경우에는 회의진행자에게 알린다.
4. 각자에게 부여된 임무는 시간 내에 완료하고, 완료가 불가능한 경우에는 미리 팀 리더에게 알린다.
5. 팀 리더, 회의진행자, 기록자, 과정 관찰자, 촉진자 등의 임무를 공유하여 일정기간 돌아가며 맡고, 매번 회의 마지막에 다음 회의에서의 임무를 결정한다.
6. 필요한 경우 이들 규칙들을 회의에서 합의에 의해 개정한다.

[표 3-4] 회의보고서

회의보고서 (제　　차)

과제명 :					
팀 명 :					
회의일시 :			장소 :		
팀원	성명	학 번	임무	참석여부	서명
1	이갑순		팀 리더		
2	장길동				
3	김철수		진행자		
4	박갑돌		기록자		
5	홍보고		촉진자		
6	정하늘		과정 관찰자		
7					

회의주제:						
순서	안건요지	제안자	회의내용	참여자	D/P*	소견
1						
2						
3						
4						
5						
결과 및 실시계획 :						
평가 및 차기회의 내용 :						

*D: 결정(decided), P: 미정(pending)

(5) 회의 진행 및 회의록 작성

팀 활동을 위한 회의는 짧고 생산적으로 진행하여야 하고, 기록자는 팀 활동을 기록하여야 한다. 회의록에는 다음과 같은 내용들이 포함될 수 있다.

- 회의 날짜 및 시간, 참석자,
- 지난 회의에서 할당된 팀 구성원들의 임무 보고요약,
- 팀 결정사항,
- 팀 구성원들의 새로운 임무 완성날짜,
- 진행 관찰자의 논평과 제안,
- 다음 회의와 관련된 결정 사항(날짜, 시간, 안건, 회의 진행자, 기록자).

회의보고서의 작성 예시는 표 3-4와 같다.

(6) 해결방안 결정 및 보고

팀원의 합의에 의한 효과적인 방법에 따라 문제의 최종 해결방안을 결정하고 보고서를 작성하여 관련자(또는 부서)에 보고한다. 보고서 작성 방법은 나중에 다룬다.

3.2.4 팀 관리 지침

성공적인 팀은 우연히 만들어지지 않는다. 우리는 적절한 팀 관리에 필요하다고 여기는 전체적인 의미와 요소를 간략하게 알아보고자 한다. 조직 내의 팀과 관리자는 목표와 방침을 수립하고 팀 구조와 구성을 선택하며, 지지하는 분위기를 제공할 공동의 책임이 있다.

(1) 목표

팀에는 조직의 비전과 가치에 부합하는 명백하고 달성 가능한 중요한 목표, 목적 또는 직무가 책임 또는 임무로 반드시 주어져야 한다. 가끔 목적과 과제가 명시되기도 하며, 때로는 팀원 자신들이 목적을 도출하기도 한다. 모든 팀원은 그들의 노력을 집중하여야 할 고객중심의 목적을 이해하고 동의하여야 한다.

(2) 방침

경영진과 팀은 모두 팀워크 개념, 문제해결 절차와 결과, 우수한 표준, 그들의 노력은 조직을 위하여 헌신할 것에 대한 입장을 분명히 하여야 한다. 팀원들은 열심히 일할 것과 긍정적인 팀 기질을 양성할 것을 언명하여야 한다. 팀은 결과와 권고가 심각하게 받아들여질 것이라고 확신하여야한다.

(3) 구조

팀의 구조와 범위를 결정하는 목적들은 되도록이면 부서의 경계를 넘고 직간접으로 표현되는 문제에 영향 받는 주요 이해당사자와 함께 하는 것이 좋다. 경험 있는 팀은 자체적으로 정할 수 있다. 새로운 팀은 권위적인 매니저가 아니고 코치나 잘 듣는 사람이 지도하는 것이 좋다. 공유된 리더십은 요구되는 창의적인 문제해결 절차에 따라 그리고 다른 멤버가 단기 또는 장기간의 적절한 역할을 인계받음에 따라 자연스럽게 개발된다. 이과정은 공동의 발전표준에 의하여 지지받게 되면 가속된다. 모든 팀원은 동등한 대우를 받고 조정자는 그들 자신의 일이 아니고 팀의 이익을 지원한다. 조정자는 팀과 팀의 능력에 대하여 긍정적인 태도를 가져야 한다.

(4) 팀원선발

팀원은 그들의 다양한 사고 기술, 개인 성향, 전문지식, 타 분야에 대한 경험 그리고 그들이 팀과 문제해결 과제에 공헌할 수 있는 다른 능력을 고려하여 선발된다.

그들은 "건설적인 견해차이'를 포함한 좋은 의사소통 기술을 가져야한다. 습관적인 부정적인 사고자와 적대적인 태도를 갖고 있는 사람은 그들이 다른 조건을 충족시키더라도 팀원으로 선발되어서는 안 된다. 창의적인 문제해결 과정과 다른 사람의 공헌과 사고 기술을 존경할 수 있는 사람은 특히 소중하다.

(5) 분위기

팀 내에는 경영진의 지원과 함께 경쟁적인 아닌 협동적인 분위기가 유지되어야한다. 개인의 영광과 자기 진보가 아닌 팀의 결과는 중요하다. 문제해결 결과의 영예는 전체로서의 팀에만 주어진다. 팀원은 팀의 성공을 달성하기 위한 훌륭한 결정을 할 책임이 있다는 것을 안다. 팀원은 서로 지지한다. 그들은 지속적인 향상을 위한 건설적인 비평뿐만 아니라 긍정적인 피드백을 주고받는다. 경영진은 필요한 자원(시간, 재정, 지원시설, 네트워크)을 공급하고 조직에 대한 팀의 공헌을 인정한다. 창의적인 팀은 특별한 보호를 받아야 하고 간섭이나 비평 없이 그들의 창의적인 아이디어로 실용적인 해답을 내놓을 시간을 가져야 한다.

3.2.5 팀 평가

팀이 효율적으로 운영이 되는지를 평가하는 방법으로 평소에 팀 활동을 관찰하여 평가하는 방법과 팀원들이 스스로 소속팀 또는 팀 구성원을 평가하는 방법이 있다.

(1) 팀 구성원 평가

팀 구성원의 평가는 자체평가와 상대평가를 활용할 수 있다. 자체평가는 팀원들이 팀 구성원으로서 자기를 스스로 평가하게 하고 이들 결과를 비교하여 팀원별 공헌도를 평가할 수 있다. 팀 공헌도 자체평가표의 예시는 [표 3-5]와 같다. 상대평가는 팀원들이 자신을 포함하여 다른 구성원을 상대적으로 평가하고 이들 결과를 종합하여 팀원별 공헌도를 평가할 수 있다. 팀원 간의 상대 평가를 위한 상대 평가표의 예시는 [표 3-6]과 같다. 예시에서는 평가항목으로 참여도, 적응력, 신뢰성, 독창성, 기여도를 사용하였다. 평가항복별로 가중치를 정하고 평가점수는 팀원 수를 고려한 백분율로 부여한다. 평가항목과 가중치는 팀의 특성에 따라 달라질 수 있다. 팀원별로 계산된 최종점수(백분율)를 비교하여 팀원의 공헌도를 평가한다.

(2) 팀의 성공도 평가

팀이 효율적으로 운영되는지를 평가하기 위하여 감독자가 팀 활동을 관찰하여 평가하는 방법과 팀원들이 스스로 소속팀을 평가하는 방법이 사용될 수 있다. 팀원들이 소속팀의 성공도를 평가하기 위하여 사용되는 평가표의 예시는 [표 3-7]과 같다. 각 팀원들이 이 평가표에 답한 후 이들 결과의 평균치로 팀 운영의 성공도를 평가한다.

[표 3-5] 팀 공헌도의 자체 평가표

평가자		학번		서명	
팀 활동에서 자신의 참여도를 평가 한다: 3(높음), 2(보통).1(낮음)				평가점수	
나는 토론과 임무수행에서 팀 활동에 적극적으로 참여 한다.					
나는 의사소통에 능숙하고 다른 팀원의 의견을 경청 한다.					
나는 팀에 기여하기 위해 나의 지식과 능력을 최대로 활용 한다.					
나는 팀원과 협력하여 활동하고 갈등해소를 위해 노력한다.					
나는 다른 팀원의 의견을 존중하고 내 고집을 세우지 않는다.					
나는 지식습득에 노력하며 다른 팀원을 적극적으로 돕는다.					
평가점수 합계					

[표 3-6] 팀원 공헌도의 상대평가표

평가자			학번		서명			
자신을 포함한 팀 구성원에 대하여 다음 항목을 평가 (백분율로 부여) 한다.								
항목 (가중치)	팀 구성원							합계 (%)
	이갑수	장길동	김철수	박갑돌	홍보고	정하늘		
참여도(0.2)	20	15	30	10	10	15		100
적응력(0.25)	20							100
신뢰성(0.2)	20							100
독창성(0.15)	20							100
기여도(0.2)	10							100
최종점수*	18							100

*팀원별 최종점수 = (항목별 점수 × 해당항목의 가중치)의 합

[표 3-7] 팀의 성공도 평가표

평가자		학번		서명	
팀워크에서 다음 항목을 평가 한다: 5(아주 잘됨), 4(잘됨), 3(보통), 2(안됨), 1(전혀 안됨)				평가점수	
팀은 필요한 요소를 갖추고 있었다.					
팀의 활동 규칙은 명확하고 잘 지켜진다.					
팀원 간에 의사소통이 잘된다.					
팀원들은 유대감을 가지고 협력적으로 업무를 수행 한다.					
팀원들은 팀에 기여하기 위해 적극적으로 꾸준히 노력 한다					
팀의 해결방안은 합의로 도출되고 효과적으로 실행된다.					
해결책을 미리 정해두지 않음 : 모든 아이디어가 검토됨					
팀원의 개성이 존중되고 팀의 자율적인 의사결정이 가능하다.					
팀 활동이 창의력 향상과 능력개발에 도움이 된다.					
미래 지향적임					
평가점수 합계					

3.3 팀워크 기술

효과적인 팀워크를 위하여 팀원에게 요구되는 자질(qualities)은 팀 역량(competencies)이다. Cannon-Bowers 등(1995)은 효과적인 팀워크에 필요한 역량을 다음의 세 가지 형태로 나타내었다. (1) 팀 지식(knowledge) 역량, (2) 팀 기술(skill) 역량, (3) 팀 태도(attitude) 역량이다.

(1) 팀 지식 역량

팀 지식 역량은 팀의 효과적인 업무수행의 기초가 되는 원리나 개념으로 정의하고 있다[10]. 팀 지식 역량은 팀 내에서 팀원이 효과적인 역할을 하기 위해 알아야 하는 지식으로 팀원에게 요구되는 팀 기술, 팀 내에서의 적절한 행동요령, 팀 편성(setting)을 위한 이들 기술의 활용방법이 있다.

또한 추가적으로 팀의 임무와 목표, 각 팀원의 역할과 책임 등에 관한 인식이 필요하다. 팀 지식 역량에서 가장 큰 핵심은 팀원들이 다음에 설명한 팀 기술 역량을 언제, 어떻게 사용해야 하는지 아는 것이다. 이는 팀워크 지식(teamwork knowledge)으로 표현되기도 한다.

(2) 팀 기술 역량(팀워크 기술)

팀 기술 역량은 많은 연구대상으로 주목받고 있으며, 최소한의 숙달된 수준에서 다른 팀원과 협력하여 활동할 수 있도록 익혀야 하는 능력(capacity)으로 정의하고 있다[10].

그러나 팀 기술 역량의 정의에 대한 혼동과 반박을 여러 문헌에서 볼 수 있다. 팀워크와 관련된 연구전역에서 같은 팀워크 기술(teamwork skills)을 언급하기 위하여 다른 용어들(labels)이 사용되고 있거나, 다른 기술을 언급하기 위하여 같은 용어가 사용되기도 한다.

Cannon-Bowers 등(1995)은 130종의 기술 용어들을 8가지의 주요 팀워크 기술로 분류하여 나타내었다. 이들은 적응력(adaptability), 상황의 인식(situation awareness), 성과의 감시와 피드백(performance monitoring/feedback), 리더십(leadership), 유대관계(interpersonal relations), 조정(coordination), 의사소통(communication), 그리고 의사결정(decision making)이다. 많은 연구에서 이들은 팀의 수행능력에 직접적인 관계가 있는 것으로 알려진 중요한 팀워크 기술이다.

이들 팀워크 기술 중에서 의사소통, 유대관계, 의사결정, 그리고 적응력의 4가지는 특히 중요한 핵심적인 기술로 알려져 있다. 이들 핵심항목들은 나중에 다시 다룬다. 이 외에도 일부 연구에서는 팀워크 기술에 팀 헌장(charts) 작성과 회의 안건(agendas) 기록 등을 포함하는 활동입안(action planning) 기술, 그리고 Gantt 도표(charts) 작성과 흐름도(flowchart) 작성을 포함하는 프로젝트관리 기술 등을 포함하기도 한다.

(3) 팀 태도 역량

팀 태도 역량은 하나의 특별한 방식(way)으로 팀원의 선택이나 결정에 영향을 미칠 수 있는 내부적인 상태(state)로 정의되고 있다[10]. 팀워크에 대한 태도는 팀워크 기술이 실행되는데 중대한 영향을 비칠 수 있다. 팀워크에 대한 긍정적인 태도(positive attitudes)와 팀원들 간의 상호신뢰(mutual trust)는 팀 프로세스와 관련된 중요한 태도의 예가 된다. 즉 팀 태도 역량의 가장 큰 핵심은 확신(belief)과 협력적 태도(collective orientation)의 두 가지이다. 확신이란 팀 업무의 성공적인 수행을 위해서는 팀워크가 결정적(critical)이라는 확신으로 정의된다. 협력적 태도는 팀에 대한 매력(attraction)또는 팀의 일원이 되려는 욕망(desire)으로 정의된다. Driskell과 Salas(1992)는 팀워크에 대한 긍정적 태도를 가진 사람들이 팀워크가 주는 이익의 장점을 취하게 된다고 지적하였다.

3.3.1 핵심 팀워크 기술

팀의 수행능력에 직접적인 관계가 있는 것으로 알려진 팀워크 기술에서 4가지 중요한 핵심적인 기술의 특성과 이들 기술의 습득을 위한 방법은 다음과 같다.

(1) 의사소통 기술

의사소통 기술은 언어적, 비언어적 의사소통 기술을 포함한다. 의사소통 기술은 자신과 다른 사람간의 의사소통의 확립을 말하며, 정확한 정보의 교환, 생각의 정확한 표현, 정보를 위한 요구의 수용 등을 포함한다.

강력한 의사소통 기술을 위하여 팀원에게 다음과 같이 실행하도록 요구하고 있다.

- 정확하고 명확한 정보를 전달하라.
- 효과적으로 청취하라.
- 질문을 하라.
- 정보를 위한 요구를 수용하라.
- 아이디어를 공유하라.
- 비언어적 행동에도 응대하라.

효과적인 의사소통을 수행하기 위하여 말하는 입장에서 숙지해야 할 내용으로 Carnegie(1937)의 의사소통 기술을 소개하면 다음과 같다.

- 사람들의 이름을 기억하라.
- 당신이 잘못했을 때 인정하라.
- 상대방의 흥미를 끄는 단어로 말을 하라.
- 다른 사람의 체면을 지켜주어라.
- 다른 사람들의 의견을 존중하라.
- 진심으로 우러나온 칭찬과 진솔한 감사를 전하라.
- 질문을 하라, 직접적인 지시를 하지 마라.
- 예의 바르고, 격려를 하며 웃음을 잃지 마라.
- 상대방으로 하여금 자신이 중요하다고 느끼게 하라.

McNeill과 Bellamy(1997)가 제안한 효과적인 의사소통을 위하여 듣는 입장에서 숙지해야 될 내용을 소개하면 다음과 같다.

- 말하는 것을 멈추어라.
- 동시에 말하는 것을 삼가라.
- 말하고 있는 사람과 마음으로부터 공감하라.
- 질문을 하라.
- 가로막거나 중단시키지 마라.
- 흥미를 보여라.
- 무엇을 말하는지 집중하라.
- 과정 없이 결론으로 뛰어넘지 마라.
- 당신의 감정을 관리하라.
- 말하는 사람이 아닌 아이디어에 반응하라.
- 무엇을 말하지 않았는지를 듣고 질문을 하라.
- 대화를 통해 책임감을 나누어라.

(2) 유대관계 기술

상호간의 유대관계 기술은 협동(cooperation)과 팀 내의 대립(conflict)관리를 포함한다. 효과적인 유대관계는 다른 사람들과의 협력적인 활동, 업무에서 독립적이고 경쟁적인 관계에 있는 사람들과 함께하는 활동, 팀원 간의 논쟁의 해결을 포함한다.

강력한 유대관계 기술을 위하여 팀원에게 다음과 같이 실행하도록 요구하고 있다.

- 일을 공유하라.
- 서로 동의 할 수 있는 해결책을 찾아라.
- 논쟁을 처리하고 설득시켜라.

(3) 의사결정 기술

의사결정(decision-making) 및 입안(making/planning)기술은 팀의 정보를 수집하고 합하는 능력, 논리적이고 확실한 판단력의 사용, 가능한 대안의 확인, 최선의 해결책 선택, 그리고 결과의 평가로 정의된다.

강력한 팀 의사결정 기술을 위하여 팀원에게 다음과 같이 실행하도록 요구하고 있다.

- 문제를 정의하라.
- 정보를 수집하라.
- 정보를 평가하라.
- 정보를 공유하라.
- 결정을 이해하라.
- 목적(goa1s)을 정하라.

의사결정을 위한 방법으로 브레인스토밍(brainstorming), Delphi 기술(technique), 짝지은 선택(paired-choice) 행렬, 기준 등급화(criteria rating) 기술 등이 알려져 있다.

(4) 적응력 기술

적응력/유연성(adaptability/flexibility)은 보충적인 행동이나 내부 팀의 재배치를 통하여 전략을 수정하기 위해 작업환경에서 수집된 자료를 활용할 수 있는 능력을 말한다. 강력한 적응력 기술을 위하여 팀원에게 다음과 같이 실행하도록 요구하고 있다.

- 보조자를 준비하라.
- 작업을 재배치하라.
- 피드백을 제공하고 받아드려라.
- 성과를 감시하고 조절하라.

여기서는 팀워크를 중심으로 다루고 있어 리더십은 소개하지 않았다. 그러나 리더들의 특징으로 Kouzes와 Poster(1993)의 조사보고에 의하면 첫 번째는 정직함이고 다음은 협동성, 신뢰성, 경쟁력의 순으로 알려져 있어 팀 리더가 되기 위한 리더십에서 정직함은 필수적이라 하겠다.

3.3.2 팀워크의 사례와 오해

다음 내용은 팀워크의 이해를 돕고자 팀워크의 사례와 오해에 대하여 잘 요약된 강진구(2007)의 LG주간경제 내용을 일부 형식만 바꾸어 인용한 것이다.

팀워크는 팀을 성공으로 이끄는 핵심 요소이지만 잘못된 시각으로 바라볼 경우 오히려 조직의 성과를 가로 막는 함정이 될 수도 있다. 팀워크에 대한 오해의 유형을 살펴본다. 미국의 세계적인 경영 컨설팅회사인 맥킨지는 2006년 「Mapping the value of employee collaboration」이라는 보고서를 통해 구성원 간 협력을 향후 경영 키워드의 하나로 제시하였다. 그 배경으로 IT산업의 발전으로 낮아지는 커뮤니케이션 비용, 글로벌화의 가속에 따른 업무 범위의 확대, 그리고 전문성이 요구되는 지식 기반 사회로의 급속한 진전 등을 들고 있다.

구글과 아마존의 초기 투자자이며 벤처캐피탈 투자의 제왕으로 불리는 존 듀어는 "팀워크의 핵심은 실력과 감성의 조화이다"라며 위대하게 될 벤처기업과 적당히 끝나거나 쉽게 사라지는 벤처기업의 차이는 팀워크에 있다고 말한다. 실력은 성과의 토대가 되는 구성원 개개인의 전문성, 창의성 또는 지식을 포함하는 것이며 감성은 이런 역량을 잘 통합할 수 있는 이해와 존중, 리더십을 의미하는 것이라 할 수 있다. 안철수 연구소의 안철수 대표이사는 "이제는 레오나르도 다빈치처럼 한 사람의 천재가 모든 일을 다 해내는 시대는 지났다. 여러 분야의 전문가들이 힘을 합해서 하나의 큰일을 이루어나가는 시대가 된 것이다"라며 팀워크의 중요성을 언급하기도 했다.

많은 기업들이 팀워크를 조직의 경쟁력을 높일 수 있는 핵심 요소로 여긴다. 그러나 팀워크의 의미를 제대로 이해하지 못하고 잘못된 방향으로 강조할 경우 오히려 큰 역효과를 내는 경우가 있다. 이하에서는 팀워크에 대한 오해를 살펴보고 진정한 팀워크에 대해 생각해보기로 한다.

(1) 팀워크가 좋은 팀에는 갈등이 없다(오해 1)

조직의 의사 결정시 구성원 모두가 쉽게 동의한다고 해서 팀워크가 좋다고 할 수 있을까? 천재적인 설득력을 가진 인물로 평가 받는 휴렛팩커드의 전 CEO 칼리 피오리나는 최근 발간된 자서전 「힘든 선택들」에서 "효과적인 팀워크는 점잖은 예의와 배려 이상의 것이어야 한다."라고 말한다. 갈등을 회피하려는 지나친 배려가 팀워크를 해칠 수 있음을 경계하고 있는 것이다. 미국의 경영컨설턴트인 제리 하비 박사는 자신의 저서 「애벌린 패러독스 (Abilene Paradox)」에서 과도한 배려가 낳는 조직의 불합리, 즉 합의 관리의 모순 사례를 다음과 같이 들고 있다.

어느 무더운 여름 주말 저녁, 미국 텍사스의 한 가정에서 사위의 방문에 장인은 외식을 제안한다. 모두들 시원한 집에서 쉬고 싶었지만 다른 식구들이 외식을 원할 것이라는 생각에 마지못해 찬성한다. 결국 가족들은 무더위에 에어컨도 없는 낡은 차를 타고 흙먼지를 뒤집어쓰며 집에서 세 시간 떨어진 애벌린이라는 곳에 가서 저녁식사를 하고 돌아온다. 그날 저녁, 아무도 입을 열지 않는 침묵을 깨기 위해 "오늘 저녁 괜찮았죠?"라고 사위가 운을 떼자, 장모가 먼저 "난 사실 가고 싶지 않았지만 가족을 위해 찬성했을 뿐이야"라고 말한다. 그러자 모두 마음속에 있었던 외식 결정에 대한 불평불만을 쏟아 놓기 시작한다.

모두가 찬성하였으므로 최상의 선택으로 여겨졌던 결정이 사실은 어느 누구도 원하지 않았던 최악의 선택이었던 것이다. 이와 유사한 경우는 조직에서 언제든지 발생할 수 있다. 반대자가 없는 만장일치의 결정이 이루어진다고 해서 반드시 팀워크가 좋다고 말하기 어렵다. 쉽게 내려지는 결정은 권위에 의한 굴복이거나 합의 관리의 모순을 드러내는 잘못된 결정일 가능성이 높다. 구성원들이 팀 분위기에 지나치게 얽매이게 되면 서로의 생각을 솔직하게 얘기하지 못하고 의견의 충돌을 회피하는데 더 큰 관심을 가지게 된다. 이러한 분위기가 형성되면 '나만 참으면 되지'라는 소극적인 태도가 만연해진다. 구성원 간 표면적인 관계는 좋아지고 의사 결정은 신속하게 이루어질 수는 있지만 좋은 팀워크는 점점 멀어지게 되는 것이다.

다양한 사람이 모인 조직에서 크고 작은 문제가 생기는 것은 자연스러운 현상이다.

좋은 팀워크를 지닌 팀에서는 의견의 충돌과 갈등의 해소가 끊이지 않는다. 다양한 의견이 교환되고 다듬어 질 때 더 나은 선택이 나오는 법이다. 힘들고 어려운 과정을 거쳐 올바른 의사 결정이 내려지는 조직에서 팀워크가 더 잘 형성될 수 있다는 사실을 기억할 필요가 있다.

(2) 팀워크 향상을 위해서는 개인의 희생이 불가피하다.(오해 2)

유교적 전통이 살아있는 우리나라에서는 개인의 희생이 있어야 좋은 팀워크를 이룰 수 있다고 오해하는 경향이 있다. 팀의 이익을 먼저 생각해야 한다는 논리가 개인의 특성을 무시하는 결과로 이어져 개인의 창의성이 팀의 창의성으로 연결되지 않는다.

과연 구성원 개인의 자율과 창의성은 팀워크 형성에 도움이 되지 않을까? 보잉사의 사례는 구성원의 창의성을 적극 활용함으로써 훌륭한 팀워크를 만들 수 있음을 보여준다.

1994년 여름 보잉사는 신형 보잉 777기 제작 프로젝트를 보잉 747프로젝트에 투입된 인력의 절반만으로 성공적으로 완수했다. 기존의 프로젝트에 비해 월등한 성과를 낼 수 있었던 중요한 이유는 현장의 자율적인 업무처리였다. 보잉777기 제작 프로젝트에서는 현장에 권한을 부여하는 '즉석에서 결정하기 규칙(No-messenger Rule)'을 운용하였다. 구성원들이 현장 업무 처리에서 상급자의 결정을 기다리는 프로세스를 최소화 한 것이다. 제도적으로 보장된 구성원들의 자율과 창의성은 프로젝트의 획기적 성공을 가져온 팀워크 형성에 밑바탕이 되었다.

개인의 특성을 이해하고 개인 간의 차이를 중시해야 팀워크를 높일 수 있다. 「Tools for Team Excellence (1996)」의 저자인 그레고리 후츠소 박사는 "팀의 성공을 위해서는 조직 구성원들이 지닌 성향과 능력의 차이를 인정하는 것만으로는 부족하다. 그러한 차이를 강조하고 상호 교류로 시너지를 내도록 함으로써 팀 성과를 높일 수 있는 힘을 얻을 수 있다"라고 말한다. 흔히 강한 추진력을 위해서는 개인의 희생이 불가피하다는 생각을 갖기 쉽다. 그 결과 팀 리더는 구성원들의 복종과 조직 순응을 강요하기도 한다. 그러나 개인의 도전 정신과 아이디어가 존중 받지 못할 때 구성원들은 보람과 재미를 느끼지 못한다. 팀워크는 구성원들이 성취감과 자부심을 느끼고 자발적으로 헌신할 때 만들어진다. 팀과 팀원 모두 Win-win할 수 있어야 진정한 팀워크라 할 수 있다.

(3) 성과주의 심화가 팀워크를 해친다(오해 3)

성과주의를 잘못 이해할 경우, 성과주의 심화로 인해 팀워크 형성이 어렵다거나 팀워크가 떨어진다고 생각하는 경우가 많다. 성과에 따른 보상에서 개인의 기여도를 평가하는 기준이 명확하지 않고 개인 간 보상수준의 차이가 적절하지 않을 때 이런 오해가 발생하기 쉽다. 그러나 평가 방식의 문제점을 성과주의 자체의 문제로 잘못 생각하면 안 된다. 오히려 성과주의는 팀워크를 강화하는 중요한 수단이 될 수 있음을 주목할 필요가 있다.

최근 우리나라 선수들이 진출하여 국민적 관심을 끌고 있는 영국의 프리미어리그의 축구팀은 탁월한 팀워크로 세계 최고수준의 경기를 보여준다. 좋은 팀워크를 지닌 명문 팀일수록 선수 개인의 팀 기여도 평가가 더욱 철저하다. 뛰어난 플레이로 팀 승리에 기여한 선수는 더 많은 출전 기회와 보상이 주어지지만 부진한 플레이를 보인 선수는 출전 기회를 잡기도 어렵게 된다. 팀 기여도 평가에 따른 철저한 성과주의는 선수들이 어떻게 노력해야 하는지를 잘 알 수 있게 해줌으로써 팀워크 형성의 기본 토대가 되는 것이다.

성과주의가 팀워크에 장애물이라는 오해는 잘못된 평가 관행으로 이어질 수 있다. 좋은 평가나 보상을 골고루 나눠주는 방식이 팀워크를 높일 수 있다고 착각하기도 한다. 심지어 승진 차례가 오는 사람에게 좋은 평가를 배려하는 관행이 생기기도 한다. 나눠 먹기식 평가나 지나친 태도 중시의 평가는 우수한 인재가 조직을 떠나게 만든다. 구성원들이 '잘'하는 것보다 '열심히' 하는 자세에만 더 큰 가치를 둔다면 알맹이 없는 팀워크가 만들어지기 쉽다.

(4) 팀워크가 좋으면 팀의 성과도 좋다(오해 4)

팀워크가 잘 이루어진 팀이라고 해서 반드시 탁월한 성과를 올린다고 말하기는 어렵다. 팀의 구성원들 간 결속력이 높고 공동체 의식이 강할수록, 또 구성원 스스로 전문가이며 합리적이라고 자만할수록 팀은 집단 사고(Group Think)에 빠질 위험이 커진다. 집단 사고는 의사 결정 과정에서 나타나는 집단 착각 현상을 이르는 말이다

(주간경제 868호 경영교실 참조). 집단 사고에 빠진 팀에서는 내부의 결정 사안을 외부에서 검증 받으려 하지 않는다. 팀 내부에서 스스로 논리를 정당화시키고 강화해 나가려는 성향이 있다. 특히 중요한 의사 결정 시점에서 집단사고의 발생 가능성이 더 높다는 점은 팀워크중시의 측면에서 고려해 볼 필요가 있다.

집단 사고의 폐해로 대표적인 사례가 미국의 '피그만 침공 사건'이다. 1961년 4월17일 미국은 쿠바의 카스트로를 축출하고 친미 정권을 수립하기 위해 1,400여 명의 특수 부대를 쿠바 남부의 피그만 해안으로 침투시켰다. 이 작전은 1,200여 명이 죽거나 체포되는 최악의 실패로 끝나고 만다. 실패의 대가로 미국은 국가적 위신의 추락은 물론 포로 귀환을 위한 엄청난 금전적 손해를 감수해야 했다. 작전을 주도한 미국 내 핵심 브레인들은 최고의 팀워크를 자랑했지만 최종 결정 과정에 이르기까지 문제점을 지적한 사람은 아무도 없었다.

집단주의적 성격이 강한 우리나라의 기업에서는 조직의 단합을 강조하곤 한다. 구성원 간 친밀한 관계는 팀워크 향상의 토대임에 틀림이 없다. 그러나 관계의 지나친 중시는 건전한 비판과 자유로운 토론을 어렵게 만들 수 있다. 인간적으로 친하다고 해서 반드시 좋은 팀워크를 이루는 것은 아니다. 형제간 또는 친한 친구끼리 동업하는 경우 성공하기 어렵다는 속설은 이를 뒷받침해준다 할 수 있다.

(5) 팀워크가 전체 조직의 성과로 직결된다(오해 5)

개별 팀의 팀워크가 좋다고 해서 반드시 조직 전체의 성과로 이어지는 것은 아니다. 팀워크가 조직 전체보다는 팀 단위의 업무 성과를 높이는 데 초점이 맞춰져 있기 때문이다. 팀워크를 지나치게 강조하다 보면 필연적으로 부서 간 경쟁이 심화되고 정보의 독점과 외부에 배타적인 자세가 심해지는 폐해가 발생하기 쉽다. 외부와의 협력 관계가 약화된 팀은 환경의 변화에 둔감해지게 되는 위기 불감증에 빠지기도 한다. 조직의 목표가 고객의 요구(needs)를 제대로 반영하지 못할 때, 또는 팀의 목표가 조직의 가치관을 충실히 반영하지 못할 때 팀워크가 조직 전체의 성과로 이어지기 어렵다.

IBM은 1987년부터 1992년까지 품질과 효율 향상은 물론 생산 기간을 50%나 단축시키는 성과를 내었다. 모든 부서에서 품질 향상의 경쟁이 치열했고 그 어느 때보다 좋은 팀워크가 만들어졌다고 평가되었다. 가장 성과가 우수하였던 부서는 미국의 권위 있는 볼드리지(Baldrige) 품질 대상을 수상하기도 하였다. 그런데 이러한 개별 팀의 성과가 회사 전체의 성과나 주주의 가치로 잘 연결되지 못했던 것으로 분석되었다. 한 임원은 "아무리 빨리, 잘 제품을 만들어도 고객의 가치를 반영하지 못하거나 시장에서 고객의 접촉이 제대로 이루어지지 않으면 의미가 없다는 점을 배웠다"라고 말했다. 여기서 얻은 교훈으로 IBM에서는 개별 조직의 책임자를 평가할 때 상위 조직의 성과를 반영한다고 한다. 팀의 리더는 팀 자체만 생각해서는 안 되며 조직 전체, 더 나아가 조직의 여러 이해 관계자까지 바라볼 수 있어야 한다는 것이다. 팀워크의 성공 여부는 팀 자체로만 판단해서는 곤란하다. 팀을 둘러싼 다양한 이해관계와 조화를 이루어 궁극적으로 전체 조직의 성과로 이어질 때 비로소 진정한 팀워크라 할 수 있다.

이와 관련하여 미국의 메이요 병원(Mayo Clinic)의 사례는 시사하는 바가 크다. 가장 정교하고 효과적인 팀워크가 요구되는 의료 분야에서 메이요 병원은 최고의 의료 수준과 서비스로 명성을 얻고 있다. 이 병원의 조직 운영 기본 원칙에는 '우리 지역과 국가, 세계의 환자의 요구(needs)에 집중하는 최고의 의사, 연구원 및 의료 전문가의 협력을 기반으로 병원을 운영 한다'라고 명시되어 있다고 한다. 팀 간의 협력은 물론 지역과 전 세계의 고객을 지향하는 웅대한 가치를 공유하고 있는 것이다. 메이요 병원이 최고의 명성과 함께 노벨상을 수상하는 실력을 갖출 수 있었던 데에는 이러한 팀워크가 중요한 역할을 하였다고 볼 수 있다.

(6) 팀워크의 함정을 극복해야 한다.

휴렛팩커드의 전 CEO인 칼리 피오리나는 7가지 성공비결을 제시하면서 4번째로 "팀워크가 가지는 '위대한 힘'을 잃지 마라. 누구도 혼자서는 성공할 수 없다"라며 팀워크를 강조한다. 팀워크는 잘만 활용하면 개인과 팀은 물론 조직의 성공에 결정적인 기여를 할 수 있다. 반면 팀워크를 잘못 이해하는 경우, 잘 짜진 팀워크가 오히려 팀과 조직의 성공을 저해하는 결과를 초래할 수 있다.

팀의 문제점을 알고도 팀 분위기를 해치지 않기 위해 침묵하거나 개인의 희생을 통해 팀워크를 높이려는 것은 잘못된 사고방식이다. 팀워크를 위한다는 명분의 나눠먹기식 평가나 '우리끼리 뭉치자' 식의 잘못된 연대 의식은 팀워크의 진정한 의미와는 거리가 멀다. 또 팀워크가 팀과 조직 전체의 성과를 보장해 줄 것이라는 생각도 팀워크를 성공의 만능열쇠 쯤으로 간주하는 오해의 한 유형이다.

그리스 로마 신화에 등장하는 이카루스는 자신을 미로에서 탈출시켜준 날개를 지나치게 과신하여 태양을 의식하지 않고 높이 날다가 결국 날개를 붙인 밀납이 녹아내려 추락하고 만다. '이카루스 패러독스'는 탈출이라는 당초 목적을 잊은 채 높이 날아오르는 데만 열중하다 정작 목표 달성에 실패한 경우에 적용할 수 있다. 팀워크는 팀을 성공으로 이끄는 핵심 요소이지만 팀워크 자체에 매몰되거나 잘못 인식할 경우 오히려 조직의 성과를 가로 막는 함정이 될 수도 있음을 기억해야 할 것이다.

3.3.3 역기능 팀과 순기능 팀의 예

이 절에서는 서로 다른 5개 팀의 결과를 제시한다. 이 예들을 읽어 나가면서 설명되는 팀 프로세스안의 요인을 확인하여 보라. 무엇이 그 팀을 성공으로 이끌었는가? 왜 그 팀은 기능장애가 되었는가? 어떻게 문제를 예비하고 극복할 수 있었는가? 각 예제에서 무엇을 배웠는가?

(1) 창의적인 문제해결 팀

HBDI에 따라 서로 다른 사고선호도를 가진 신입생 5명으로 팀이 구성되었다. 그 중 두 명은 외국인 학생으로 영어로 의사소통하는데 어려움이 있었다. 강사는 이것이 팀의 성과에 어떤 영향을 미칠 것인지 걱정하였다. 그런데 이들의 최종 프로젝트 결과와 발표는 탁월하였다. 두 명의 외국인 학생 중 한 명은 다음과 같이 말했다 "이 수업을 듣기 전에는 나는 "벙어리" 였고 토론에 참여하는 방법도 몰랐다. 이제는 달라졌다. 사람들과 의사소통하는 것에 자신감이 생겼고 그룹에 참가하는 방법을 알게 되었다. 팀원 모두가 사람들 앞에서 두려움 없이 이야기하도록 나를 도와주었다."

(2) 여러 과로 구성된 학생 팀

통합 품질 시스템 수업을 듣는 네 명의 학생이 팀을 이루어 한 학기에 걸친 팀 프로젝트를 하였다. 두 명의 학생은 산업/조직 심리학 전공이고 한 명은 비즈니스 전공 또한 명은 공학 기술 전공이다. 2주일이 지난 후 두 명의 학생이 강사에게, 공학전공학생이 토론을 독점하고 다른 사람의 아이디어를 들으려하지 않기 때문에 그 학생과는 전혀 함께 일할 수 없다고 보고하였다. 그들은 그를 팀에서 제외시키길 원하였다. 강사는 그렇게 하기 전에 불평하는 두 학생에게 2주를 기다려달라고 요청하였다. 그리고는 공학전공 학생에게 팀이 채택할 수 있는, 다른 사람이 만족할 만큼 의견을 진술한 이후에야 자신의 주장을 할 수 있다는 새로운 기본규칙을 제시하였다.

2주가 지난 후 그 팀은 함께 하기를 원하고 중재가 필요치 않다며 상황이 나아졌음을 보고하였다.

(3) 유체역학 수업의 프로젝트 팀

학기가 끝나기 일주일 전 3학년 범선 디자인 팀의 한 명이 강사에게, 다른 두 명의 팀원 디자인에 동의하지 않기 때문에 개인적으로 최종 보고서를 제출하고 싶다고 말하였다. 이 학생은 자기가 알고 있는 범선에 대한 상당한 지식을 팀원과 공유하기를 거부하였다. 또한, 이 지식 때문에 팀 동료의 창의적인 아이디어를 흔쾌히 고려하지 않았다. 그 결과 두 개의 보고서 모두 좋은 결과를 내지 못하였다. 하나는 실용적이지 않았고 또 다른 하나는 창의적이지 않았다. 이 학생들은 사고 프로파일 평가를 받지 않았고 팀 개발에 대한 훈련도 받지 않았었다. 이것은 팀워크 기법 학습에 필요한 도구를 배우지 못하였을 때 발생할 수 있는 전형적인 결과이다.

(4) NC, Forest 시, Aeroquip사에서 호스를 제조하는 카이젠 팀

특정한 자동차에 맞춘 호스를 제조하는 생산라인을 재조직하기 위한 3일간의 집중적인 카이젠 블리츠(Kaizen Blitz)문제해결 프로그램을 위하여 9명으로 팀을 조직하였다. 카이젠은 지속적인 향상을 뜻하는 일본말이고 블리츠는 번개를 뜻하는 독일 말이다. 라인 작업자, 순환 리더, 관리자, 경영자로 구성된 팀은 첫째 날은 계획, 목표 설정, 현 시스템 연구 그리고 실행 계획목록을 위한 책임 배당을 하며 보냈다. 둘째 날 팀은 세부 실행 목록을 확인하고 그것을 구현하기 시작하였다. 포함된 실행 목록들은 생산 작업장을 U자 형으로 바꾸고 독특한 로딩과 언로딩 절차를 정의하고 포장 상자의 종류를 줄이고 저장 창고의 배치와 공구 형판을 개편하고 SPC(통계적 절차 제어 : statistical procedure control) 자료 수집 장비를 재배치하고 재고품을 줄이고, 저장소를 재배치하는 것들이다. 셋째 날 팀은, 카이젠 구현보고서를 완성하였고, 표준 작업 실행 명령을 개정하였고 스태프와 관리자에게 발표하였다. 주요 결과는 다음과 같다.

- 불필요한 호스 외경 검사 제거
- 내경과 외경의 점검을 100%에서 18%로 낮춤
- 27,000개의 부품 재고를 5,539개로 줄임
- 한 사람이 한 시간당 처리량을 108개에서 197개로 늘림

- 준비 시간을 11.5분에서 4분으로 줄임
- 처리 완료 시간을 81분에서 32분으로 줄임

생산직 직원들은 그들이 팀과 구현의 모든 단계에 관계하였으므로 이 결과를 채택하였다.

(5) NC, 샬롯 시, Solectron사의 표면실장기술의 process 향상 팀

말콤 볼드리지(Malcolm Baldlige)상을 받은 회사의 14명으로 구성된 팀이 에드워드 데밍(W. Edwards Deming)의 계획-실행-점검-행동(Plan-Do-Check_Act) 주기로 이루어진, 지속적인 품질 향상을 위한 도구를 사용하여 납땜 선별 과정을 검토하고 향상시켰다. 먼저, 그들은 공동 목표와 세트 배치, 목표를 검토하였는데 이것은 결함율과 회전시간을 25% 줄이는 것과 200만 달러의 경비절감 그리고 투자에 대한 40%의 총 이자를 포함한다. 그리고 그들은 SIPOC 분석(공급자, 입력, 제품, 생산, 고객을 검토)을 하였다.

그들은 또한 프로세스의 관련자(프로세스가 실패할 경우 "알아차리는" 사람)를 확인하였고 장비의 효용과 능률의 근본 목적을 분석하였고 비가동시간의 파레토(Pareto) 분석을 행하였다. 벤치마킹 연구결과 이 프로세스가 비가동시간은 일반적인 수준으로 작동하고 있지만 산업계의 최상 실행 수준보다는 현저하게 낮다는 것을 알게 되었다. 프로세스 매핑, 통계적인 프로세스 제어(SPC), 관련자 입력, 그리고 원인과 결과도표 등의 도구를 사용하여 프로세스를 변화시켰고 이것은 중대한 결과를 가져왔다.

- 무결점 제품이 50%에서 78%로 증가함.
- 전환시간이 82분에서 29분으로 줄어듦.
- 장비 이용이 50%, 초과근무가 35% 증가
- 20만 달러의 지출로 1년에 350만 달러를 절감할 수 있음.(비용은 팀원들의 여가와 라인 작업자의 훈련에 사용됨)

위의 두 가지 사례연구는 1998년 4월 21일, 샤롯에 있는 노스캐롤라이나 대학의 미국품질 협회(American Society for Quality), 노스캐롤라이나 품질 리더쉽 그리고 샤롯 section의 후원을 받은 샤롯 지역 팀 excellence showcase에서 발표한 것임.

연습문제

1. 팀의 기본 구성원인 팀 리더, 진행자, 기록자 및 과정 관찰자의 주된 역할을 간단히 설명하시오.

2. 핵심적인 팀워크 기술 4가지에 대하여 간단히 설명하시오.

3. 팀워크의 대표적인 단점과 이를 극복하기 위한 효과적인 팀의 운영방법을 제시하시오.

4. 최근의 우수한 팀워크 사례를 조사하고, 이 팀의 간단한 활동 내용과 이 팀에서 효과적으로 적용된 팀워크 기술에 대하여 정리해 보시오.

참고문헌

1. 명지대학교 창의공학 연구회 역, 창의적 문제해결과 공학설계, 파워북, 2001.
2. 이경우, 김병재, 이태희, 황농문, 한송엽 공저, 공학문제 해결입문, 시그마프레스, 2007.
3. 김길희, 김이형, 최재환 공저, 공학입문설계, 구미서관, 2007.
4. Gerard Voland, Engineering by Design, 2nd ed., NJ, Peason Prentice-Hall, 2004.
5. Jon R. Katzenbach and Douglas K. Smith, The Wisdom of Teams: Creating the High Performance Organization Boston, MA, Harvard Business School Press, 1994.
6. J. E. Driskell and E. Salas, Collective Behavior and Team Performance, Human F-actors, 34, 277, 1992.
7. Michael E. Agnes(Ed.), Webster's New World College Dictionary, 4th ed. New Y -ork, Simon & Schuster, 1999.8.
8. Carl E. Larson and Frank M J Lafasto, Teamwork: What Must go Right/What Can Go Wrong, Thousand Oaks, CA, Sage Publications, 1989.
9. Bruce Tuckman, Developmental Sequence in Small Groups, Psychological Bulletin, 63, 384-399, 1965.
10. J. A. Cannon-Bowers, S. L. Tannenbaum, E. Salas, and C. E. Volpe, Defining co-mpetencies and establishing team training requirements, In R. Guzzon and E. Sal-as(Eds.), Team effectiveness and decision making in organizations, San Francisc-o, CA, Jossey Bass, 1995.
11. Dale Carnegie, How to Win Friends and Influence People, New York, Simon & S-chuster, 1937.
12. James M. Kouzes and Barry Z. Poster, The Leadership Challenger: How to Get Extraordinary Things Done in Organization, San Francisco, CA, Jossey-Basss, 1987.
13. 강진구, 팀워크에 대한 5가지 오해, LG 주간경제, 920, LG 경제연구원, 2007.

4

CHAPTER

문제정의 및 공학설계절차

4.1 문제 정의

4.2 공학설계절차

4.1 문제정의

4.1.1 개요

문제의 사전적 의미는, '해답을 필요로 하는 물음, 연구·논의하여 해결해야 할 사항'으로 정의되어 있다. 일상생활에서의 문제와 공학설계에서의 문제는 주로 현재 혹은 미래의 목표를 제시하는 경우가 많으며, 현재 잠재되어 있는 문제로서 문제의식을 가진 사람(조직)을 위주로 인식되는 특성이 있다. 또한, 과거에 발생되어 현재까지 존재하는 것으로, 잘못된 일이 발생하여 그 원인을 규명하고 장애를 배제시키는 것으로 해결할 수 있다. 즉, 올바른 해결책을 통해 현재 상태보다 개선된 상태로 변화가 요구되는 상황들이 모두 문제로 정의될 수 있다.

그러면 정의란 무엇을 의미하는 것일까? 정의(定議, definition)란 '말이나 사물의 뜻을 명백히 규정하고, 그 뜻을 매기는 것'을 의미한다. 따라서 문제정의란 어떤 사항에 대한 문제점을 인식하고 난 후, 이를 정확하게 정의하고, 그 문제정의가 문제해결에 참여하는 사람들 간에 애매모호한 부분이 없이 정확하게 이해될 수 있게 하는 것이다. 문제정의가 제대로 이루어지지 않으면, 각자가 나름대로 이해하고 있는 방향으로 문제해결방안을 찾을 것이며 문제의 근본 원인을 해결하기 위한 집중적인 접근이 이루어지지 않을 것이다. 정확하고 효율적인 문제해결에서는 명확한 문제정의가 무엇보다 중요하다.

여러분은 고등학교까지의 학교 공부에서 수많은 문제를 풀었고 그것이 학교 공부의 중요한 부분을 차지했다. 학교에서 풀은 문제들은 대부분 문제가 이미 명확히 정의되어 있어서 학생들은 주어진 조건에 다라 기억된 지식을 통하여 답을 찾았으며, 수학 및 과학 문제는 분석적 사고나 실험을 통하여 답을 찾으면 되었다. 그러나 공학적 문제 해결은 문제가 존재한다는 것을 인식하고 그 실체를 정확히 파악하여 정의하는 문제정의부터 시작해야 한다. 그러므로 문제를 정확하게 파악하고 정의하는 능력이 엔지니어가 갖추어야 할 가장 기본적이고 중요한 능력의 하나가 된다.

공학적인 문제가 제기된다는 것은 문제가 있음을 인식한다는 것과 같다. 이러한 인식된 문제를 올바르게 해결하기 위한 원인을 찾을 필요가 있는데 이러한 해결의 시작점은 올바른 문제정의문 작성에서 시작한다고 할 수 있다. 올바른 문제정의문 작성을 위한 문제정의 단계는 진짜 문제의 원인이 어디에 있는가를 찾는 과정으로서 분석적인 좌뇌와 감성적이고 시각적인 우뇌를 이용하여 문제의 근원을 찾는 것으로, 문제 정의 단계의 결과물이 문제의 핵심이 정확하고 간결하며 긍정적인 문장으로 표현된 형태인 문제정의문으로 나타난다.

문제정의문이란 문제의 현재상태와 개선된 상태를 정의하되, 문법에 맞도록, 간결한 문장으로, 부정문 보다는 긍정문으로, 수동형 보다는 능동형으로 작성함이 바람직하다. 뿐만 아니라, 이러한 문제정의의 검증을 위하여 최초 작성된 문제정의를 다시 작성하여 해결방안의 도출가능성과 정확성을 높여야 한다. 다시 작성할 경우, 기존 문제를 바꾸어 말하거나, 반대로 생각해보거나, 해결 방향을 전환하는 등의 방법을 적용할 수 있다.

이러한 문제정의 과정은 일상생활에서의 문제해결을 위한 정의과정 뿐만 아니라 공학적인 문제를 해결하는 과정에도 그대로 적용된다. 다만, 공학의 경우 주로 팀작업을 통하여 수행하고, 정보의 수집과 분석과 같은 분명한 데이터를 통하여 문제정의를 수행한다는 점이 다르다고 할 수 있다.

문제를 명확하게 이해하지 못하고. 가장 근본적이며 핵심적인 원인을 파악하지 못한 경우, 문제해결의 방향이 정확하지 않아 시간과 노력이 허비되고 효율성이 떨어져, 좋은 생산성을 기대하기 어렵다. 특히 정확한 문제의 정의 없이 많은 사람들이 참여하여 팀워크로 문제를 해결하고자 할 때, 다양한 의견 때문에 많은 사람들이 우왕좌왕하게 되고 문제에 대한 해결은 더욱 어려워질 수 있다.

일반적으로 어떤 하나의 문제는 다양한 파생 문제를 발생시키며, 이 파생 문제가 또 다른 파생 문제를 일으켜서 여러 가지 현상으로 나타나기 때문에 문제를 찾았을 때에는 항상 이 문제의 근원적인 원인이 어디에 있는가를 분석하고, 이를 해결해야 전체 문제를 더욱 쉽고 빠르게 해결할 수 있다. 이러한 근원적인 원인을 찾아내는 것을 '무엇이 진짜 문제인가?'라는 물음으로 표현될 수 있다. 진짜 문제를 찾아내어 합리적인 해결방안을 도출하기 위해서는 오랜 시간과 많은 노력이 필요하며, 무엇보다도 합리적이며 체계적인 사고방식을 가지고 있어야 한다.

먼저 근본적인 문제를 찾는 아래의 이야기를 예로 들어보자.

➲ 「중동 어느 지역에, 전 재산이 낙타 17마리인 사람이 있었다. 그에게는 그의 사업을 도와주는 3명의 아들이 있었는데, 어느 날 여행 중에 아버지는 오아시스에서 병에 걸리게 되었다. 그는 세 아들을 곁에 불러 마지막 유언을 하게 되었다. 아들들이 그의 사업에 도움을 준 공정한 기여도에 따라, 장남에게는 자신의 낙타 중 1/2를, 차남에게는 1/3을, 그리고 막내에게는 1/9를 가지도록 하고 숨을 거두었다. 장례식을 치른 후 아들들은 아버지의 유언에 따라 어떻게 낙타를 나눌 것인가에 대한 문제에 봉착하게 되었다. 토론이 격렬해지면서 몇 마리의 낙타를 죽여서 정해진 비율로 낙타를 나누어 갖는 것으로 의견이 모아졌다.

마침 그 때, 배고프고 목마른 한 노인이 자신과 똑같은 처지의 낙타와 함께 캠프에 왔다. 그는 한동안 형제들의 다툼을 듣고는 만약 자신에게 하룻밤을 지낼 수 있는 음식과 쉴 곳을 제공해 주면, 그 문제를 해결할 수 있도록 자신의 낙타를 형제들에게 주겠다는 제안을 하였고, 형제들은 이에 동의를 했다. 그날 밤, 장남은 동생들과 노인이 마음을 바꾸기 전에 그의 몫인 9마리의 낙타를 데리고 떠나는 것이 나을 것 같다는 결심을 했다. 잠시 후 잠에게 깬 차남은 9마리의 낙타가 없어진 것을 알게 되었고, 그도 6마리의 낙타를 데리고 떠나게 되었다. 아침이 되어 막내는 형들이 자신들의 몫인 낙타들을 데리고 떠난 것을 알게 되었고, 노인의 현명함에 감사를 드리며 그의 몫인 두 마리의 낙타를 데리고 떠나게 되었다. 노인은 잘 먹고 편히 쉰 자신의 낙타를 데리고 여행을 계속 할 수 있었다.」

이 이야기는 배고픈 여행자, 아버지의 죽음, 낙타를 죽이지 않는 유산의 분배 등 몇 가지의 명백한 문제를 가지고 있다. 그러면 이 이야기에서 진짜 문제는 무엇이었을까? 이 이야기의 진짜 문제는 아버지의 계산이 맞지 않았다는 것이고, 이 문제를 파악한 노인은 그 상황으로부터 자신의 이득을 취할 수 있었으며, 아들들은 아버지의 유언보다 많은 몫을 가져간다는 것을 알았기 때문에 자신의 낙타를 데리고 서둘러 떠난 것이다. 예로 장남은 9마리의 낙타는 17마리의 절반보다 많은 것이다.

진짜 문제를 도출해내기 위해서 필요한 다양한 접근법이 있을 수 있으나, 본 교재에서는 문제의 두 가지 측면을 다루는 두 가지의 다른 자세를 제시하고 이를 통해 진짜 문제를 찾아내는 방법을 설명하고자 한다. 앞서 잠깐 언급한 것과 같이 분석적인 좌뇌와 감성적이고 시각적인 우뇌를 이용하여 문제의 근원을 찾는 것이 그것이다. 분석적인 좌뇌를 이용하는 것은 세부적으로 파헤치고 들어가 분석하는 탐정적인 마음으로 표현할 수 있으며, 감성적이고 시작적인 우뇌를 이용하는 것은 문제를 확장하고 개척하는 탐험가적인 마음으로 표현할 수 있다. 표 4-1에서 이러한 두 가지 접근 방식을 비교해 볼 수 있다. 문제의 유형에 따라 두 가지 중 하나의 방법에 집중할 필요가 있을 것이다. 그러나 우리는 이 두 가지 방법을 반복적으로 사용함으로써 문제의 상황과 진짜 문제를 파악할 수 있는 가능성을 높일 수 있다. 이상적으로 탐험가적 자세로 시작하여 탐정적인 자세로 이어지는 지식 창출 사이클을 따르는 것을 추천한다.

[표 4-1] 총뇌 문제 정의

좌뇌 "탐정"	초점	우뇌 "탐험가"
주어진 문제 혹은 위기 제대로 작동되지 않는 것	문제유형	곤경의 파악 및 정의 문제 혹은 기회를 드러냄
자동적인 명령체계 → 누구의 책임인가? 누가 전문가인가?	사람	협력적인 팀워크 → 문제에 너무 밀접하지 않는 사람을 참여 : 전문가가 아니면서 유관한 다른 분야의 사람
현 상황에서 무엇이 치명적인가?	감정	이것이 해결되면 얼마나 좋을까?
범위 축소 →임무에 집중	범위	범위 확대 → 변화를 탐험
기존지식 나열 필요한 정보 정의	사실	전후 상황 파악 → 목표 설정 이상적 상황 상상
제한 및 한계 설정 : 시간, 예산, 인력, 자원	한계	제한 및 한계 인식 : 한계 극복 탐구
기존 도구 및 수단 사용 전통적인 접근 : 분석적, 순차적, 수렴적 사고	문제해결 체계	새로운 체계, 경향 및 방법 추구 : 발산적, 직관적, 감각적, 유연한 사고
근본 원인 및 실마리 탐색 정보의 수집 및 분석	임무	전후 상황 및 경향 탐색 : 연관시키고, 향후를 고려
문제 : 자전거 도난 실험 : 체인/줄을 쇠톱 및 볼트커터로 실험, 설문 조사 실시 결론 : 더 나은 자물쇠 필요	예	전후 상황에서 도난당한 자전거 관찰 - 자전거 안전 시스템 문제, 자전거 디자인, 주차, 등록 변경 고려 다른 물품의 안전 시스템에 대한 논의

탐험가와 탐정에게 주어진 주 임무 혹은 전략은 진짜 문제를 찾는 것이다.

다음의 세 가지 예를 들어보자.

월요일 아침, 당신은 아이가 침대에서 일어나지 않으려고 한다는 것을 알게 되었다. 아이는 신음소리를 내며, 복통을 호소한다. 과연 배가 아픈 것이 문제일까? 만약 당신이 그 상황을 조사할 수 있는 시간을 가진다면, 아이가 왕따를 당하고 있거나 학교에서 어린아이들을 괴롭히는 아이가 있다는 것이 진짜 문제라는 것을 찾을 수 있다. 과학에 관한 예도 있다. 당신이 낙농장 주변 집에 산다고 하자. 당신과 이웃들은 집파리가 너무 많은 것과 같은 문제들을 가지고 있을 것이다.

당신은 어떻게 이 문제를 해결할 것인가? 과연 무엇이 진짜 문제일까? 좀 더 효과적으로 파리를 잡는 장치를 만들 것인가? 아니면 파리의 부화를 막음으로써 지역주민의 건강을 증진시키는 좀 더 넓은 시각으로 문제를 해결할 것인가? 당신이 찾을 문제 해결 방안은 당신이 진짜 문제를 무엇으로 생각하느냐에 달려있다. 즉 목표를 정확히 정의하는 것이 당신에게 필요한 것이다. 쥐나 두더지 덫을 보자. 그 덫의 목적이 무엇인가? 이러한 설치 동물을 죽이기를 원하는가 아니면 잡기를 원하는가? 만약 이런 동물들을 단지 잡기 위해서라면 그 덫은 해충을 죽이기 위한 덫과는 다르게 설계 되어야한다.

4.1.2 탐험가 정신으로 문제점 찾기

탐험가들은 다른 보통 사람들이 엄두도 내지 못하는 극한 상황을 각오하고 미지의 신세계를 둘러보며, 이에 대한 경험을 다른 사람들에게 전달한다. 탐험가들은 높은 도전의식과 한계를 극복하려는 열정, 많은 실패와 역경을 무릅쓰고 다시 도전하는 불굴의 의지와 인내를 갖추고 있다. 좋은 문제점을 찾아내기 위해서는 이러한 탐험가의 정신을 가질 필요가 있다.

실제 공학설계 분야에서 탐험가 정신으로 문제점을 찾아내기 위해서는 각 공학 전공분야에서 진행괴고 있는 연구논문과 보고서를 읽고 분석함으로써 다양한 영역에 존재하는 문제들을 발견할 수 있다. 이러한 탐험가적 문제 파악은 특정 문제에 구한되지 않고 전반적인 추세나 경향을 파악하며 각 영역간의 상호 관계를 파악하고 이를 기반으로 미래를 예측하여 발생이 예상되는 문제점을 조기에 발견하게 된다.

탐험가 정신으로 문제를 찾아나서는 경우에는 현재 잘 알려진 문제해결 방식에 제한되지 않고, 새로운 패러다임과 새로운 경향, 문제완화를 위한 다양한 대체방안, 획일적인 방식에 벗어난 역발상, 직관적·감각적 해결 방안 도출이 가능하도록 자유로운 사고방식을 가져야 한다. 또한, 다양한 분야의 많은 사람들로부터 수집한 정보를 기반으로 전반적인 추세나 흐름을 파악할 수 있고, 자유로운 상상력을 통하여 각 영역 간의 상호 관계를 추론하고, 이를 기반으로 미래를 예측할 수 있어야 한다.

탐험가의 주요 목표는 문제의 전후 상황을 파악하고 기회를 찾는 것이다. 그들은 모험심과 멀리 볼 수 있는 눈을 가져야한다. 그럼 우리는 평상적인 환경과 일상에서 어떻게 탐험가가 될 수 있을까? 탐험가적인 자세는 사고 기술과 태도를 개발하고 연습하며, 호기심 있는 지속적인 학습자가 되는 것과 관련이 있다. 탐험가로써 우리가 수집한 정보는 우리가 문제를 인식하고, 해결할 수 있도록 준비시킨다. 탐험가들은 미래, 가능성,

장기적 효과 그리고 문제와 관련될 수 있는 다른 넓은 분야에 대한 사고를 한다.

또한 그 문제가 사람들에게 어떻게 영향을 미칠 것인가를 생각한다. 의사소통의 장벽이 그 문제와 관련이 있을까? 사람들은 그 문제를 해결하기 위해 특별한 훈련이 필요할까? 왜 당신은 우리가 탐험가적 마음자세를 노란색과 연관시키려고 한다고 생각하는가? 문제 정의에 있어 특히 문제가 매우 복잡할 경우 수집된 많은 양의 자료가 문제를 감당할 수 없게 보이게 하기 때문에 사람들은 실망할 수 있다.

이것이 탐험가적 마음가짐이 중요한 이유이다. 즉 좁고, 수렴적이고 흔히 부정적 사고의 탐정적인 자세에 균형을 맞추기 위해 발산적 시각과 전후 배경에 대한 전망을 가지는 탐험가적 마음가짐이 필요하다. 만약 당신이 어려운 문제에 봉착했다면 부정적 태도를 방지하기 위한 몇 가지의 조치를 취해야한다.

첫 번째, 당신이 당신 삶의 책임자이고, 당신의 삶을 개선하는 결정을 할 수 있다. 당신은 스스로에게 "내 삶의 목표와 이 문제는 어떤 연관을 가지고 잇는가? 그 문제에 대한 어떤 조치를 행하는 것이 나의 책임인가? 내가 문제를 해결할 수 있는 능력과 재능

[표 4-2] 탐험가적 문제파악에 사용되는 도구

탐험가적 문제파악을 위한 도구	주요 내용
인적 자원에 대한 네트워킹	▪ 관련분야 전문가들과의 관계유지 ▪ 특정 분야 문제에 대한 일반적 경향과 관련 연구개발현황에 대한 포괄적 의견 수립
인터넷 웹 검색	▪ 인터넷 웹을 통한 관련자료 검색 ▪ 다양한 데이터베이스 활용
아이디어 파일	▪ 아이디어 연구노트 작성 ▪ 개인이나 기업의 관심분야에 대한 아이디어를 체계적으로 관리
문제의 모형 만들기	▪ 모형을 통한 전체 문제 구조 파악
특허 검색	▪ 특허 검색을 통한 관련 분야 특허 출원 현황 파악 ▪ 이미 개발된 기술의 재활용을 통한 신제품 개발 기간 단축 ▪ 향후 발생될 수 있는 특허 분재의 조기 해결

을 가졌는가?" 라고 질문할 수 있다. 때론 그것에 대한 답이 "아니오"일 수 있다. 그럼 당신은 그 문제를 해결할 수 있는 사람에게 넘겨야 할 것이다. 예로, 당신이 자포자기 생태인 친구의 문제를 해결할 수 없다면, 다른 사람의 도움을 받아야한다.

그러나 당신은 자신이 생각하는 것보다 더 많은 것을 할 수 있다는 것을 자주 발견할 것이다. 그것을 향해 전진하라. 긍정적인 사고는 당신을 창의적으로 만들 것이다. 이러한 탐험적인 습관은 우리를 정신적으로 건강하게 유지시켜 많은 정신적 이득을 줄 것이다. 왜냐하면 학습자로써 우리가 만드는 뇌의 활동은 늙어가면서 발생하는 뇌의 기능 저하를 방지할 수 있기 때문이다.

탐험가들은 다음의 두 가지 과정을 통해 지식 창출 과정을 만들고 있다. 첫째로 토론과 공유를 통해 문제를 가진 사람들의 심적 모델을 발견한다. 둘째, 그들은 문제를 더 넓은 관점에서 이해하게 하는 은유나 개념을 개발하고 또한 탐정적인 활동의 방향을 제공한다. 특히 이것은 부실하고 정의가 잘 되지 않는 문제를 다루는데 중요하다. 이 과정에서 탐험가들이 활용할 수 있는 몇 가지 도구를 표 4-2에 나타내었다.

먼저 다양한 분야의 전문가들과 인적 네트워킹이 있는 경우 새로운 영역의 문제를 고려할 때, 그 분야의 전문가의 조언은 시행착오를 줄일 수 있는 매우 중요한 항목이며, 이미 공개된 문제해결 방안 등에 대해서도 쉽게 자료를 수집할 수 있는 방법을 제공받을 수 있다.

웹을 통한 관련 지식 검색은 많은 웹의 정보 중에서 가장 정확하고 중요한 정보가 어떤 것인가를 잘 골라내는 능력이 필요하다.

또한 문제 관련 정보들을 바탕으로 아이디어 파일을 잘 정리하여 연구노트를 작성하는 것이 좋다. 좋은 아이디어가 생각 날 때마다 기록해 둠으로써 아이디어들을 체계적으로 활용할 수 있도록 준비해 두는 것은 중요하다.

모형 만들기는 주어진 하나의 큰 문제를 종합적으로 파악하기 위하여 흔히 사용되는 기법으로 가능한 주어진 문제의 여러 특성들이 잘 나타날 수 있도록 모형을 만들고, 이를 통하여 전체 문제 구조를 쉽게 파악하여, 해결방안은 쉽게 찾을 수 있도록 도와준다.

특허 검색은 해당 문제 영역에 대하여 이미 등록된 해결 방안들을 살펴볼 수 있는 좋은 방안이다.

4.1.3 탐정 역할로 문제점 찾기

탐정의 역할은 이미 존재하고 있는 문제를 잘 분석하여 왜 그 문제가 발생하였는지를 밝혀내는 것이다. 즉, 탐정은 이미 잘 알고 있던 사람에게 어떤 문제가 발생하였을 때 왜 그 문제가 발생하였는지를 밝혀낸다. 문제 정의 과정의 활동을 이끄는 가장 중요한 목표는 가능한 한 문제와 관련된 많은 정보를 수집하는 것이다. 탐정으로서 당신은 문제가 무엇인지 당신이 이미 알고 있다고 생각하거나 중요하지 않다고 생각하는 자료라도 수집하여야 한다. 초기에 당신은 판단을 하지 말아야하고, 그래서 무엇이 중요한지에 대한 것을 조급히 결정하지 않아야한다. 모든 종류의 방법들이 문제의 유형, 조직의 문제 해결 문화, 경험과 관련하여 자료를 수집하는데 사용될 수 있다.

탐정은 어떤 자세를 가져야 할까? 그들은 숨겨진 정보를 찾아야하고, 이를 찾기 위해서 원하는 정보나 실마리를 어디서 어떻게 찾을 수 있는지를 논리적으로 생각하고 끈질겨야 한다. 탐정은 조직적이고 분석적인 사고의 결합이 요구되며, 문제에 대한 외형적인 사실뿐만 아니라 잠재적인 사실을 살펴보아야한다. 이는 지식 전문가와 지식 운용자의 두 다른 그룹의 신중한 질문이 요구되어 진다.

따라서 탐정의 역할로 문제점을 찾아내기 위해서는 우선 주어진 문제가 가지고 있는 여러 가지 제한점을 정확하게 파악하고, 해결방안에 대한 제약(예를 들어 문제해결에 허용되는 시간 한도, 사용할 수 있는 비용 한도, 투입 가능한 인력, 기타 사용이 허용된 자원들)을 고려하여 최선의 방안을 찾아야 한다. 또한, 문제를 해결할 때, 주로 기존에 잘 아려지고 신뢰성이 있는 도구나 방법을 사용하며, 분석적인 사고를 기반으로 순차적인 방법과 절차에 따라 문제의 근본 원인을 찾고, 이를 해결하기 위한 방안을 찾는다.

(1) 탐정을 위한 도구와 기술

탐정은 문제의 근본 원인을 정의하는데 필요한 실제적인 수단을 가지고 있다. 여기서는 이러한 수단에 대해 간략히 살펴보고, 추가적인 정보는 부록이나 본장의 마지막 부분의 참고 문헌에서 찾아볼 수 있다. 이러한 기술들은 전통적인 공학 교육에는 거의 포함되어 있지 않기 때문에 공학도들은 제조 회사에서 업무를 시작하는 거의 동시에 이러한 기술을 습득하기 위하여 학교로 돌아가야 될지도 모른다는 것을 알아야한다.

가) 육하원칙에 따른 질문하기

탐정들은 누가, 무엇을, 어디서, 왜, 어떻게, 얼마나 등에 대한 질문을 한다. 이러한 질문에 대해 가능한 한 자세히 답변함으로써 당신은 진짜 문제를 정의하기 위한 신뢰성 있는 자료를 수집할 수 있다. 과거의 만족스러운 상태에서 현재의 불만족스러운 상태의 변화된 차이를 문제로 정의하고, 그 차이의 원인은 찾는 것이 문제 해결의 도움이 된다고 한다. 또한 무엇이 그렇지 않은가를 살펴보는 것도 문제 설명에 도움을 준다. 그래서 이 방법은 문제의 경계를 확인할 수 있는 좋은 방법 중의 하나이다. 문제에 대한 자료나 정보를 수집할 때 무엇이 아닌 것인지, 무엇이 이미 시도되었고 실패한 것인가를 반드시 포함시켜야 한다. 아래에서 문제 정의에 유용한 질문 유형을 살펴보도록 하자.

※ 질문 목록

- 문제의 원인이 무엇인가? 얼마나 큰 문제인가? 문제가 얼마나 오래 있어 왔는가?
- 무엇이 이 문제를 다른 문제와 다르게 만드는가?
- 어떤 사건이 문제를 야기 시켰는가? 문제가 어떻게 시작되었고, 어떻게 발견되었나?
- 누가 왜 어떤 방식으로 문제에 관련되었는가? 어디에 문제가 있는가?
- 문제가 얼마나 복잡한가? 다른 부분들과 어떻게 관련되어있나?

나) 설문조사(자료수집)

제조회사나 서비스 업체는 고객의 목소리에 관한 정보를 수집하기 위해 설문조사(자료수집)를 사용한다. 수집된 정보는 파레토도를 통해 분석하고 시각화한다. 이러한 접근 방식은 설문조사를 통해 학생들이 진짜 문제라고 생각했던 것과는 놀라울 정도로 다른 결과를 보여주기 때문에 학생들에게 매우 흥미로운 연습이 된다. 예로, 자전거 자물쇠의 가장 큰 문제에 대해 설문조사 결과는 자전거 절도에 대한 것이 아니라 자전거 주인이 열쇠를 잘 열 수 없다는 것이다. 이런 특정한 통찰은 문제 해결의 방향을 바꾸기도 한다. 토스터에 관한 설문조사에서 토스터가 주방 화재의 원인이 될 수 있다는 알 수 있다. 흔한 경우는 아니지만 그것이 가격과 잠재 위험이 있음으로 인해 화재 방지가 토스터 설계에 있어 중요한 설계 기준이 된다.

다) 통계적 자료분석

제조회사들은 문제에 대한 특정 자료를 수집하기 위해 몇 가지의 분석적 방법을 사용한다. 그 중 한 가지가 통계적인 자료 분석이다. 통계적 자료 분석은 검사표, 원인결과도, 히스토그램, 파레토도, 산포도, 공정 관리차트 및 부가적인 문서 등의 7가지 다른 수단을 사용한다. 일본 회사는 최고 관리자에서부터 공장 근로자까지 모든 직원에게 통계적 공정 관리에 대해 교육시킨다. 이러한 수단은 자료에 대한 그래프를 만들고 그 결과를 분석함으로써 문제의 원인을 찾는 방법으로 이용되고 있다.

라) FMEA(Failure Mode Effects Analysis)

포드 자동차 회사에서는 실패의 원인을 분석하기 위해 두 가지 특별한 방법을 사용한다. 실패 유형과 영향 분석(FMEA)은 제품과 공정의 모든 가능한 실패 유형을 조사하는 반면 FTA는 하나의 특정 실패로 이끌수 있거나 이끈 시스템의 요소 및 사건을 확인하는데 제한되어있다. FMEA를 통해 엔지니어는 실패의 가능성과 영향을 알 수 있다. 잠재적인 문제의 영역을 확인함으로써 FMEA를 초기 디자인 과정에 적용하여 실패를 방지하고 적절한 시험 프로그램을 계획 할 수 있다. 확인된 실패의 원인들은 발생 빈도, 심각성, 탐지의 수월성 등에 따라 등급을 매긴다. FMEA은 이러한 분석적 방법을 어떻게 하면 항공사가 가방을 잃어버리는 것을 막을 수 있을까를 생각할 때 사용할 수도 있다. 당신은 가방 바깥에 견고한 태그를 부착할 뿐 아니라 가방 안에도 자신의 이름을 표시해야 하고, 탑승 수속을 할 때 목적지를 표시한 항공사 태그를 가방에 부착해야 한다. 그러나 당신이 반드시 가방을 목적지까지 가져가야하고, 약간의 실패 확률도 허용되지 않는다면, 직접 가방을 가볍게 하여 가지고 탑승해야 할 것이다. FMEA분석은 실패의 주요원인을 제거하는데 이용되는 것이다.

마) FTA(Failure Tree Analysis)

벨연구소의 H.A. Watson 미니츠만(Minuteman)발사 통제 장치의 안전성을 증가시키기 위해 FTA를 고안하였다. 이 추론 분석은 시스템에 대한 상당한 정보를 요구한다.

이는 특정한 시스템 고장의 진전과 연관된 불리언 논리를 그래프로 나타낸 것이다.

FTA는 하나의 고장만을 고려하고, 그 고장을 제거할 수 있는 모든 요소를 제어함으로써 고장을 제거하는 활동을 제시한다. 간단하게 생각해서 당신의 집에 자주 정전이 된다고 하자. 먼저 당신은 당신 집에만 정전이 되었는지 아니면 마을 전체가 정전인가를 확인해야 한다. 만약 당신의 집만 정전이라면, 먼저 차단기 고장이나 집으로 들어오는 전선의 불량 등의 원인들을 조사해야 한다. 만약 퓨즈에서 문제를 발견한다면, 그것이 타 버린 원인이 무엇인지 누전이 되는 제품이 있는지를 조사해야 한다. FTA는 해야 할 올바른 행동과 충고를 해 줄 것이다. FMEA와 FTA는 원인과 결과를 분별하고 확인하게 하는 것으로 문제를 정의하는데 매우 도움이 될 수 있다.

바) 실험과 와이불(Weibull) 분석

가끔 정확하게 문제를 정의하고, 여러 질문에 대한 답을 얻기 위한 필요한 자료를 수집하기위해 실험을 수행한다. 이러한 실험은 시행착오 방식이 아니라 통계적 수단과 특별한 기술을 사용하여 신중하게 계획해야 한다. 와이불 분석은 제조회사에서 사용하는 기술로 대수 용지에 제품의 내구성 결과를 표시하는 것이다. 백분율로 표시된 누적 된 고장은 운행거리나 동작 시간과 같은 제품 수명 요소들에 대한 그래프로 주어진다.

사) 벤치마킹(benchmarking)

품질보증의 불만 혹은 생산품에 대한 불평을 분석하거나, 경재사와 제품 및 서비스를 평가할 때 벤치마킹 기술을 사용한다. 자료를 수집하거나 경쟁사와의 제품 품질 특성을 비교할 때 사용되는 매우 유용한 수단으로, 그 목적은 지속적인 개선 작업을 위해 그 분야에서 가장 우수한 경쟁사의 제품보다 한 단계 높게 제품의 품질을 개선하는 것이다. 벤치마킹의 다른 방법으로 개념을 평가하고 최적의 설계를 위한 방법도 있다. 벤치마킹을 통해 필요한 자료를 수집하는 것은 탐정으로서 도전적이고 때론 많은 시간을 요하는 일이다.

아) 자아성찰

자료를 수집하고 분석하기에 시간이 너무 짧을 때 팀은 몇 분간 조용한 성찰을 할 수 있다. 팀이 모여 문제 정의 작업을 하거나 브레인스토밍으로 들어가기 전에, 우리는 우리의 기억 속에 깊이 들어가 자신이 이미 알고 있는 정보를 끄집어내고, 팀원들과 공유해야 할 정보를 기술해 놓아야한다.

4.1.4 문제 정의 완성을 위한 과정

탐험가와 탐정 역할을 통해 문제를 찾아내었다고 하면 찾아낸 문제를 해결해야할 문제로 정의하는 단계가 필요하다. 찾아낸 문제들의 해결 목표와 해결 방법을 정량적이고 체계적으로 구체화하는 과정이 그것이다.

앞에서 탐험가와 탐정 역할을 통해 문제를 찾아 내는 단계는 자료수집, 자료분류, 중요도 설정, 기술적 언어로 전환과 같은 과정을 적용한다면 좀 더 막연한 요구사항으로부터 해결이 필요한 문제를 잘 찾아낼 수 있을 것이다. 그러면 찾아낸 문제를 해결해야 하는 문제로 정의하는 단계는 어떠한 과정이 필요할까? 이에 대한 다양한 문제 정의 과정이 있을 수 있으나 본 교재에서는 2가지의 과정을 소개한다.

(1) 첫 번째 문제 정의 방법

첫 번째 방법은 문제를 찾아내는 과정과 문제를 정의하는 과정을 혼합하여 문제정의를 하는 것으로 자원의 평가, 브리핑, 긍정적 문제정의와 보육기간 등의 4가지 요소로 구성되어 브레인스토밍을 통한 문제 도출과 문제정의 과정으로 이루어 진다.

가) 자원평가

아래의 요소들은 문제 정의 과정에서 적절해야하고 고려해야할 것들이다.

① 시간 : 문제가 긴급한 것인가? 아니면 문제의 원인과 좋은 해결책을 찾을 충분한 시간이 있는 것인가?

② 사람 : 이 문제는 혼자 해결해야 하는 것인가? 아니면 당신과 당신 팀이 문제를 해결할 수 있도록 도움을 줄 수 있는 사람을 찾을 수 있는가?

③ 자원 : 재정은 어떠한가? 문제 해결에 많은 자금이 필요한가? 그런 자금을 가지고 있는가? 만약 그 정도의 자금이 없다면 그 정도의 자금이 필요하지 않는 방법으로 문제를 해결하는 방법을 찾거나 문제의 한 부분으로 자금을 모집하는 것을 포함해야한다.

자원의 평가는 역학 분석 형태로 행하여 질 수 있다. 여기서 문제나 상황은 만족된 상태나 해결책을 얻는 것을 지원하거나 방해하는 힘으로 분석된다. 창의적 문제 해결의 다음단계인 아이디어 창출 단계에서 방해를 제거하거나 최소화 시키고 지원을 강화하는 방법을 찾아야한다.

나) 브리핑

문제 해결을 위해 문제에 대해 수집된 정보는 문제 해결 팀을 위해 아래의 브리핑 문서에 요약된다. 만약 팀에 촉진자가 있으면, 그가 이일을 하도록 한다. 수집된 정보가 본질적인 것이라도 매우 복잡한 문제가 아니면 이는 한두 페이지로 간략히 요약되어야한다.

※ 브리핑 문서에 포함될 사항들

- 경향 혹은 응용관점에서 본 문제의 배경과 상황
- 문제에 관해 수집된 특정 자료 및 자료 분석 결과
- 시도해 보았거나 실패한 것들
- 머릿속에 떠오른 가능한 문제해결 방안에 대한 사고(첨부)
- 결론 : 무엇이 진짜 문제인가?
- 긍정적 목표로 표현된 문제 정의문

다) 문제 정의문

문제 정의문은 브레인스토밍을 하는 팀의 사고를 해결 방안으로 이끌기 때문에 매우 중요하다. 이 목표는 매우 특별하거나 불가능한 커다란 꿈이나 소망이 될 수 도 있다. 어떻게 우리가 고객들에게 더 나은 서비스를 할 수 있을까? 라는 문제는 평범한 아이디어로 결론 날 수 있으나, 어떻게 즉각적인 서비스를 제공할 수 있을까? 라는 문제는 목적을 달성하기 위해 특별하고 혁신적인 방법을 찾게 만든다. 당신 팀이나 혹은 혼자서 최상의 하나를 선택하기 전에 여러 형태의 서술을 시도해 보자. 단어의 의미를 간결하게 혹은 다르게 하거나 유의어를 찾으려면 사전이나 시소러스를 사용하자.

브레인스토밍 전에 팀에게 브리핑하는 것이 중요하다. 그렇지 않으면 진행 중에 이런 활동은 겉돌게 되고 창의적 하고 과정을 방해하게 된다. 브리핑 동안 팀원들은 문제의 이해를 위해 질문을 할 수 있다. 그들은 문제에 대한 부가적인 통찰을 공유하여야한다. 또한 문제 정의문은 팀원들이 명확하게 문제 해결의 목표를 이해하고 시각화 할 수 있을 때까지 여러 형태로 바꾸어 서술해 보아야한다. 팀은 문제 정의가 팀의 역할과 목적에 깊이 관련이 있는지 확인해야 한다. 그렇지 않으면 팀은 진짜 문제를 해결하지 못할 것이다.

라) 보육기간

본격적인 활동 전에 혁신적인 아이디어를 제공할 수 있도록 준비하는 시간적 여유가 요하다. 밤 시간이 휴식에 매우 적절한 시간이다. 그렇지 않다면 긴장을 풀어주거나 창의인 활동을 통해 재충전의 시간을 가져라. 당신이 문제에 대해 의식적으로 생각을 한다면 잠재의식은 활동을 하지 않게 된다. 아인슈타인과 에디슨은 문제에 봉착하게 되면 악기를 연주했다고 한다. 당신이 다른 일로 매우 바쁠 때 문제에 대한 해결방안이 잠재의식 속에서 나온 적이 있는가? 당신에게 프로젝트가 맡겨지면 시작하는 순간까지 기다리지 말고, 문제를 보육할 수 있는 충분한 시간을 남겨두라.

때로는 우리의 잠재의식 속에서 예상치 않게 문제에 대한 아이디어가 갑자기 떠오를 수도 있다. 문제에 대한 이런 번뜩이는 생각은 팀의 브레인스토밍을 통해 공유할 수 있도록 기록해야한다. 이러한 "아하" 라는 창의적 생각은 적어 두지 않으면 쉽게 잊혀 진다. 만약 잘 알려진 아이디어를 생각하더라도 기록해 두라. 이런 과정은 정화라고 한다. 이러한 과정은 보육 기간 동안 빠지지 않게 해야 하는데, 이는 진실로 좋은 아이디어를 얻기 전에 마음속에 평범한 아이디어들을 제거하게 하기 위해서이다. 수집 노트 방법은 몇 주간의 보육기간 동안 개별적으로 팀원들의 아이디어를 수집하기 위해 고안되었다. 브리핑에서 팀원들에게 문제에 대해 떠오르는 생각과 아이디어를 매일 모두 적게 한다. 그 노트들은 팀 리더가 모아서, 다음 탐구나 브레인스토밍을 위한 가장 흥미로운 아이디어를 선택하고 결과를 요약하는 것을 준비한다. 만약 당신이 어떻게 다룰지 모르는 성가신 문제에 부딪힌다면, 혼자나 혹은 가족과 친구들과 함께 노트 접근방식을 시도해 보라.

마) 연습 문제

※10분 활동 :정의문제

긍정적 문제 정의문을 만들고 이를 몇 번 바꾸어 표현하라. 다른 표현들이 원래 정의문을 개선하는 효과가 있는가? 사전의 정의를 사용하여 사용된 명사나 동사의 정확한 의미를 살펴보라.

(2) 두 번째 문제 정의 방법

두 번째 방법은 해결해야할 문제를 찾아내고 난 다음의 문제를 정의하는 과정만으로 이루어진다. 이 방법은 문제를 서술하고, 성공지표를 결정하고, 해결 일정을 수립하는 과정으로 구성된다.

가) 문제 서술하기

문제 찾아내기에서 나타낸 포괄적인 과제 목표가 새로 정의된 구체적인 문제 제안으로 파악될 수 있다. 예를 들면 초기에 '기기의 휴대성 개선'이라는 포괄적인 문제가 제시되었다면, 중요도 결정 및 기술적 용어로의 변환을 통하여 다음과 같은 문제들로 서술되어 질 수 있다. 다만, 이때 사용하게 되는 용어나 정의문을 작성할 때는 앞서 소개한 방법에서의 문제 정의문을 작성하는 요령 및 지침을 참고하는 것이 좋다.

① 기기의 무게를 가볍게 하고, 표면 거칠기를 감소시켜서 사용하기 쉽게 한다.

② 외장 재료의 강도를 높여서 파손을 방지한다.

③ 전력 소모를 줄여서 재충전의 불편함을 감소시킨다.

나) 성공지표 결정하기

문제의 서술이 정리되면, 측정을 통한 검증 가능한, 상세한 세부적인 달성 목표를 제시하여 각 요구조건을 만족시키는지 여부의 검증이 필요하다. 이러한 검증을 위하여 정량적인 지표가 필요하며, 기술적 수준에 밀접한 연관성의 존재를 위한 세부 목표의 정량적인 값이 필요하다. 이를 통하여 앞에서 제시된 기기의 무게, 거칠기, 강도 및 전력소모에 있어서 구체적인 수치가 산정될 수 있도록 해야 한다.

다) 해결 일정 수립

문제의 원활한 해결을 위해서는 문제해결 진행방법과 일정에 대한 상세한 계획을 세우는 일이 필요하다. 이렇게 정해진 일정에 따라 중요한 사항들은 정해진 시간에 정확하게 문제를 해결하는 것이 좋다. 팀이 가진 역량과 자원을 정확히 판단하여 문제해결 일정을 수립하도록 해야 한다.

이러한 해결 일정을 수립하는 데 있어서는 다양한 기법들이 사용되어 질 수 있다. 실제로 엔지니어링 현장에서 자주 사용되고 있는 기법인 PERT 다이어그램이나 간트 차트를 활용한다면 해결 일정을 수립하는데 많은 도움을 받을 수 있을 것이다. 특히 이러한 일정 수립을 위해 널리 사용되고 있는 Microsoft사의 Project는 이러한 일정 수립에 큰 도움을 줄 수 있는 도구이다.

4.1.5 문제 정의를 위한 실제 활동

이 단원의 내재적인 내용을 공부하기 위해 창의적 문제 해결 과정의 처음 단계를 연습하도록 해주는 것을 수행해야 한다. 다음 두 페이지에서 우리는 한 가지 사례에 대한 요약을 제시한다. 그리고 어떻게 프로젝트의 문제정의를 수행하고 계획할 것인지에 대한 단계별 지침을 제시한다.

(1) 사례연구 - 수렴적/발산적 연쇄질문(Squeeze/Stretch)

가) 수렴적 연쇄 질문

"왜"라는 단어로 시작되는 질문을 연쇄적으로 해서 "이유"를 알아낸다. 다섯 번의 "왜" 정도면 원인을 파악하는데 충분하다(5 WHY)

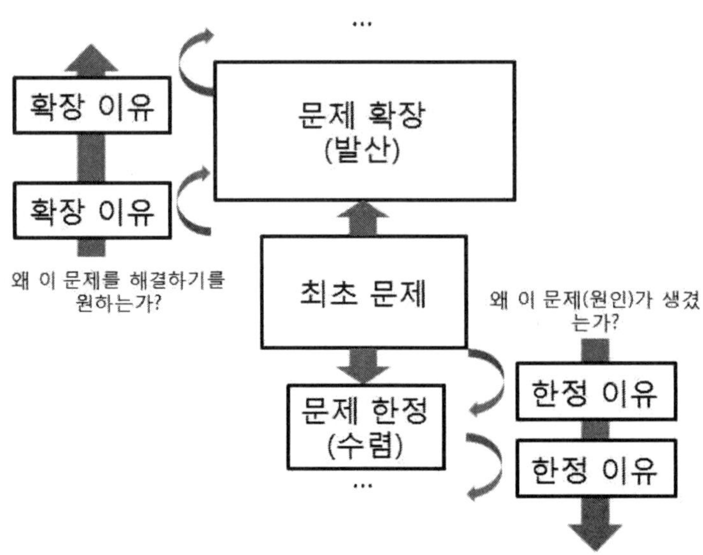

<그림 4-1> 수렴적, 발산적 연쇄 질문

나) 발산적 연쇄 질문

"이것이 무엇에 관한 것인가?"라는 질문으로 "목적"을 알아낸다. "왜 내가 이 문제를 해결하기를 원하는가?"와 같이 목적의 의미가 있는 "왜"가 있다.

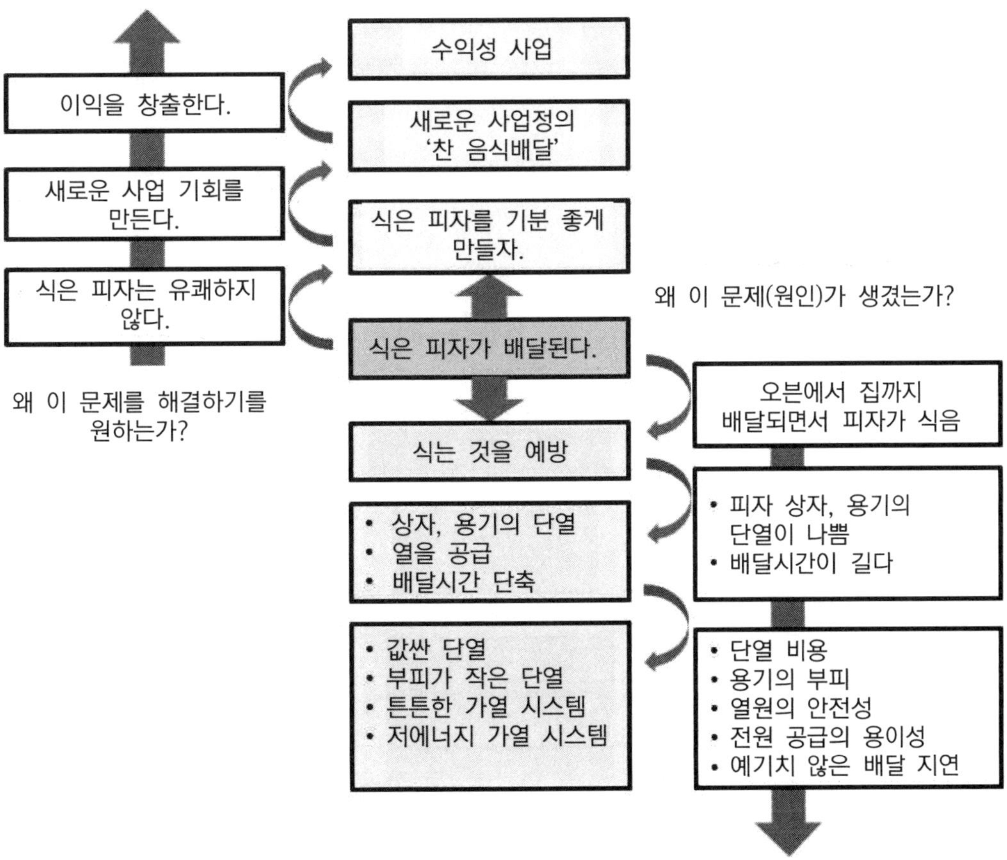

<그림 4-2> 식은 피자가 배달되는 문제 정의 과정 사례

4.1.6 간단한 설계 과제를 위한 지침

(1) 팀을 선정하라

가능한 분야가 다른 다양한 구성원들로 팀을 구현하라. 모든 구성원이 문제 분야의 전문가일 필요는 없다. 공대생 팀이 만약 다른 분야의 학생을 포함시킬 수 있다면 그 팀은 유리할 것이다. 긍정적 태도를 가지고 잘할 수 있다고 기대하라. 팀 리더와 기록자, 관찰자를 선정하라. 팀의 이런 활동 촉진은 리더십 기술을 익히고 팀에 활기를 불어 넣어 줄 것이다.

(2) 문제주제를 정하라

이 책의 2부 각 단원에서 공부한 창의 문제 해결 과정 전체를 사용해 볼 수 있는 문제를 선택하라. 문제 주제 선정에 대한 몇 가지 방법이 있다. 팀원들과 수업의 내용과 관련된 문제를 브레인스토밍 한다. 최종 선정을 위해서는 비밀 투표를 한다.

① 잘 되지 않거나 재설계가 필요한 것에 대해 일주일 정도 직장이나 학교, 집에서 관심을 기우려라. "이런 일을 할 수 있는 기계를 다른 사람이 발명했으면 좋겠다."거나, "왜 아무도 더 나은 방법으로 이일을 할 수 있는 방법을 생각 못했을까?" 하는 생각은 좋은 설계 주제로 이끄는 힌트가 된다.

② 주어진 주제를 수행하라.(이런 방식은 경험이 없는 팀이나 너무 다양한 사람들로 구성된 팀이 주제 선정에 많은 시간을 허비하거나 논쟁하는 것을 피할 때 좋다.) 사람들은 더 많은 문제 해결 과정을 배우기 위해 어떤 문제에 너무 깊이 빠지지 않는 것이 좋다. 그렇지 않으면 결과에 너무 치중하여 과정을 배우는 측면을 잃어버리게 된다.

③ 지원을 받고 있는 설계 프로젝트나 설계 대회에 참여한다.

(3) 문제 주제에 집중하라.

처음 프로젝트로 너무 큰 문제를 선택하지 말라. 또한 초기 단계에서 문제의 주제를 너무 좁히지 마라. 이를 경우 문제 해결 방안의 창의적 가능성에 재한 할 수 있다. 만약 좋은 주제가 있고 단지 문제를 넓히기를 원한다면 "이것이 무엇에 관한 문제인가?"라는 연속적 질문을 해보라. 이런 기술은 발산적이고 상황적인 사고를 요하게 된다.

가) 발산적 연속 질문의 예

① 이것은 무엇에 관한 문제인가? "주택 공급"

② 주택공급은 무엇을 위한 문제인가? "따듯하고 안락함을 위해"

③ 따뜻하고 안락함은 무엇에 관한 문제인가? "사랑받고 보호 받고 안전함을 위해"

이러한 연속적 질문은 문제가 육체적인 필요뿐만 아니라 감성적인 필요를 포함한다는 것을 보여준다는 것을 주목하라. 이는 우리에게 더 큰 그림을 보여주고 있다. 우리는 그 문제와 관련된 우리의 고객이나 다른 사람들이 때론 표현하지 않는 그러나 중요한 요구나 꿈을 나타내도록 해야 한다. 또 다른 경우, 문제 해결을 위해 우리는 수렴적 사고를 통해 문제를 작은 부분으로 나누어야만 할 수도 있다. 만약 문제를 압축하기를 원한다면, 우리는 "왜" 라는 연쇄적 질문을 하여야 한다. 그런 질문을 통해 사람들은 문제를 가지고 있는 진짜 이유와 문제의 중요한 점이 무엇인지를 알 수 있다.

나) 수렴적 연속 질문의 예

① 왜 당신은 청구서 처리 업무를 개선시키려고 합니까?
"나는 항상 청구서 처리 기간을 넘기기 때문입니다."

② 왜 항상 늦습니까?
"나는 꾸물대는 버릇이 있기 때문입니다."

③ 왜 꾸물댑니까?
"나는 서류처리를 싫어하기 때문입니다."

④ 왜 서류 처리를 싫어합니까?
"그것은 내가 싫어하는 B사분면 사고가 필요하기 때문입니다."

연속적 질문은 우리가 문제를 합리화 시키는 것을 막아준다. 이를 통해 우리는 문제의 근본 원인을 찾을 수 있다. 여기서 진짜 문제는 청구서 처리 과정이나 꾸물대는 습관이 아니라, 일과 당사자의 사고방식 간의 불일치이다.

당신의 문제는 팀이 문제정의를 어떻게 하는가에 따라 확장 될 수도 있고, 축약될 수도 있다. 외벽에 너무 집착하지 말라. 만약 문제가 너무 협소하다면, 브레인스토밍 과정에서 발산적 아이디어를 첨가할 수 있다. 만약 문제가 너무 광범위하다면, 아이디어 평가 단계에서 좀 더 협소한 소주제를 선택할 수 있다. 그러나 팀 프로젝트를 위해 요구되는 시간과 일의 양을 줄이기 위해, 합리적으로 좁은 주제를 선택하라. 4~5가지의 주요 설계 개념을 만들 수 있는 40개 정도의 브레인스토밍 아이디어를 창출하는 주제가 적당하다.

(4) 정보 및 고객 자료수집

여기에서는 노트에 기록하는 방법이 매우 유용하다. 도서관, 특허 및 웹 검색으로 시작한 다음, 이러한 초기 자료에 대한 감각을 얻을 수 있다. 이런 설문조사는 순전히 수적인 정보 혹은 가중치적 정보 등의 다른 형태의 정보를 수집하게 되는데, 여기서 가중치적 정보는 사람들이 어떤 문제를 가지고 있다는 것뿐만 아니라 문제의 심각성도 표현해준다. 문제가 없는 경우 "0", 작은 문제일 경우 "1"을 중간정도의 문제는 "2"를 심각한 문제의 경우 "3"으로 표시된다. 이 경우 응답들을 총점으로 표현할 수도 있고, 각 범주 내에세 응답들을 숫자로 환상하여 계층화 할 수도 있다. 통찰력 면에서는 계층화 된 자료 수집이 유리하다. 팀은 설문조사에서 어떤 질문을 포함할 것이지, 모아진 자료를 어떻게 효과적으로 집계할 것인지 그리고 어떻게 분석하고 해석 할 것인가에 대해 논의하여야 한다.

(5) 자료 분석 : 파레토도 만들기, 브리핑 준비

설문조사에서 수집된 자료를 요약하라. 확인된 문제와 원인의 빈도수에 따라 파레토도 형태로 그려서 표현하라. 팀은 다이어그램을 큰 차트에 그려서 눈에 잘 띄는 곳에 붙여두고, 창의적 문제 해결의 모든 어구를 나타내는 고객의 요구를 항상 마음에 되새겨야한다. 이제 팀은 그들이 생각한 진짜 문제가 무엇인지에 대한 요약문이나 브리핑을 준비한다. 그런 후 이를 출력하여 모든 팀원들에게 나누어 주어 프로젝트 노트에 보관하게 한다.

(6) 문제 정의문 개발

팀원 각자는 브리핑을 바탕으로 긍정적인 목적과 목표로 문제 정의문을 제안할 수 있다. 그룹으로 문제 정의문에 대한 다양한 아이디어를 약 10분 정도 논의한 다음 팀원들의 동의로 가장 훌륭한 하나의 합성된 정의를 선정하게 된다. 이제 팀원들은 각자 진짜 문제가 무엇인가에 대한 명확한 이해를 가져야 한다. 최종적인 문제 정의문을 플립차트에 적어 전시하고 각 팀원들의 노트에 문제 정의문을 기록하게 한 다음 회의를 종결한다. 팀원들은 각자의 노트를 항상 휴대하여 팀의 브레인스토밍 회의 전에 문제에 대해 떠오르는 아이디어나 해결방안을 적어두어야 한다는 것을 명심해야한다.

4.1.7 연습 과제

(1) 토스터 조사

더 나은 토스터의 디자인을 생각해보자. 토스터에 무엇이 문제일까? 토스터가 되었다고 상상해 보자. “난 내 안에 빵을 넣어야 해” “난 태우지 않고 빵을 골고루 가열해야 해.” “난 적당한 시간에 방을 밖으로 내보내야 하고, 그런 다음 꺼져야 해.” “난 표면을 뜨겁지 않게 유지해야 해.” 등의 문장을 만들어 보자. 위의 다섯 문장을 통하여 문제를 확인해 보자.

(2) 온실 효과

많은 과학자들은 기후가 점점 더워질 것이라고 예측하고 있다. 그것에 긍정적인 결과나 기회에 대해 브레인스토밍을 해 보라. 예를 들어 프레온 가스를 사용하지 않는다면 에어컨의 수요가 증가할 것이다. 태양으로부터 피부를 더 잘 보호할 수 있는 새로운 화장품이 필요할 것이다. 온실 효과로 인해 생각할 수 있는 다른 시장이나 상품 혹은 패러다임은 어떤 것들이 있을까?

(3) 쓰레기 매립

만약 쓰레기 재생을 아직 하고 있지 않다면 우리는 10년 안에 중대한 변화를 만들 필요가 있을 것이다. 왜냐하면 이런 산업화된 세계에서 쓰레기 매립지가 부족하게 될 것이기 때문이다. 정부의 규제 사업상의 기회 그리고 개인적 책임을 져야할 많은 사람들 등에서 어떤 경향을 예측할 수 있을까?

(4) 전문 지식

우리가 현재 알고 있는 모든 지식은 2050년까지 밝혀질 지식의 양에 약 1%에 지나지 않을 것이라는 예측이 있다. 이것은 교육과 학교, 직장 도서 출판업자 작가 사업가 혹은 인터넷에 있어서 어떤 의미를 가지고 있는가? 이들 주제들 중 하나를 브레인스토밍하고, 당신이나 당신 그룹에서 발전시킬만한 어떤 기회를 찾을 수 있는지 토론해보라.

(5) 시간사용 분석

사흘을 주기로 하여 15분 단위로 시간을 어떻게 사용하였는지 자세히 기록해 보자. 그리고 어떤 활동이 시간을 가장 많이 허비하였는지 찾아서 분석해 보자. 80%의 문제를 일으키는 20%의 원인을 파레토도를 이용해 찾아보자. 한 번에 하나씩 상위 3개의 시간 허비 활동을 없애는 계획을 세워보자.

(6) 원인 결과 분석

당신의 일상생활에서 제대로 작동하지 않는 물건을 하나 선택하자. 예를 들어, 바람이 10 mph이상이면 정문에서 소리가 난다, 자전거 받침대가 한쪽으로 고정되어 있다거나 당신의 알람시계가 일주일에 한번은 울리지 않는다, 당신의 컴퓨터가 이상한 현상을 보인다거나 혹은 당신의 차가 직선 길을 주행할 때 오른쪽으로 쏠린다거나 하는 것이 될 수 있다. 원인 결과도를 만들어 문제를 일으키는데 관련이 될 가능성이 있는 모든 요소들을 확인해 보라.

(7) 자료 수집과 분석에 대한 심화 학습

QFD, SPC, FMEA, FTA 혹은 벤치마킹 등과 같이 문제 도출 수단 중 하나를 선택하고 수업이나, 그룹에 보고할 요약 보고서를 준비하자. 모든 부가 자료를 사용하고, 가능하다면 산업 현장에서 실제나 예를 얻어라.

4.2 공학설계절차

4.2.1 공학설계의 필요성

훌륭한 학부의 공학 교과과정에서라면 모든 교과목이라는 직물은 설계 교과과정이라는 씨실과 날실을 이용하여 짜여 지는 것이다. 설계과목에 접하게 되는 1학년 때부터 4학년 때 종합설계 프로젝트에 맞는 성숙성을 얻게 될 때까지 점진적으로 설계 능력을 키워나가야 할 것이다. 이렇게 함으로써 학부에서 받는 정규 설계교육이 완성되는 것이다. 학부과정의 가장 중요한 교육적인 경험 중의 하나는 창의적 사고에 초점을 맞춘 공학설계라고 말할 수 있다.

공학설계과목은 개방형 문제의 해를 찾기 위해서 다른 모든 과목에서 배운 지식과 과학적 지식을 적용하는, 지적인 능력을 사용하는 교육적 경험을 제공해 준다. 이러한 목표가 달성되기 위해서는 다음과 같은 일들을 수행해야 한다.

- 문제를 정의한다.
- 계획을 수립한다.
- 창의적이어야 한다.
- 분야를 통합한다.
- 수학적 모델을 개발한다.
- 경제성 분석을 수행한다.
- 타인과 의사소통한다.
- 학문적인 경험을 공학실습으로 변환시킨다.

(1) 프로젝트 계획

설계과목 프로젝트를 완성하려면 몇 주 또는 한 학기가 걸리는 수가 있다. 마지막 시간에 총정리 보고서나 가능하다면 구두 발표, 혹은 작동되는 설계의 모델을 요구할 수도 있다. 어떤 경우에는 중간보고서나 중간발표를 정해진 날짜에 하도록 한다. 시간에 맞추어 목표를 달성하기 위해서는 한 프로젝트를 수행하기 위한 계획을 세워야만 한다. 이런 프로젝트에서는 인생의 많은 일면과 마찬가지로 시간을 주의하여 관리하여야만 한다.

이제 당신을 프로젝트 수행을 위해 할당된 시간에 부과된 업무를 수행할 계획을 가지게 되었다. 주의해서 당신의 일을 계획하지 못하면, 틀림없이 마감일이 가까워지면 할 일이 너무 많아지고 더 나아가서는 시간 내에 과제를 완수하기 어려워질 것이다.

성공적으로 프로젝트를 수행하기 위해서는 계획을 세우고 일정을 잡는 것이 필요하다. 계획을 잡는 것과 일정을 잡는 것을 돕기 위해 여러 가지 방법이 개발되었다.

가장 간단한 방법은 간트 차트(Gantt chart)로 일종의 수평 막대그래프이다. 수평축은 시간의 흐름을 나타내며 수직의 축은 수행하여야 할 업무를 나타내고 있다. 업무들은 수평으로 놓여진 블록으로 표현되어 어떤 업무는 동시에 수행될 수도 있는 반면, 어떤 업무는 반드시 순차적으로 진행되어야 한다는 것을 보여준다. 이러한 간트 차트는 엑셀의 차트 그리기 기능을 이용하여 누적 가로 막대형으로 지정하면 다음과 같은 간단한 간트 차트를 만들 수 있다. 관련된 작성 방법은 온라인 상에서 쉽게 접할 수 있으므로 독자들에게 맡기도록 하겠다.

복잡한 프로젝트는 임계경로분석(critical path analysis; CPA)이나 프로그램 평가기술(program evaluation review technique; PERT) 같은 논리네트워크법(logic network method)을 이용하여 가장 좋은 일정을 잡아야 한다. 이러한 방법에서 개개의 활동의 기간을 추정하는 방법은 다르지만, 기간, 업무의 흐름 방향, 프로젝트의 활동과 사건의 연결성을 표현하기 위하여 화살표와 원형절점이 서로 연결되어 있는

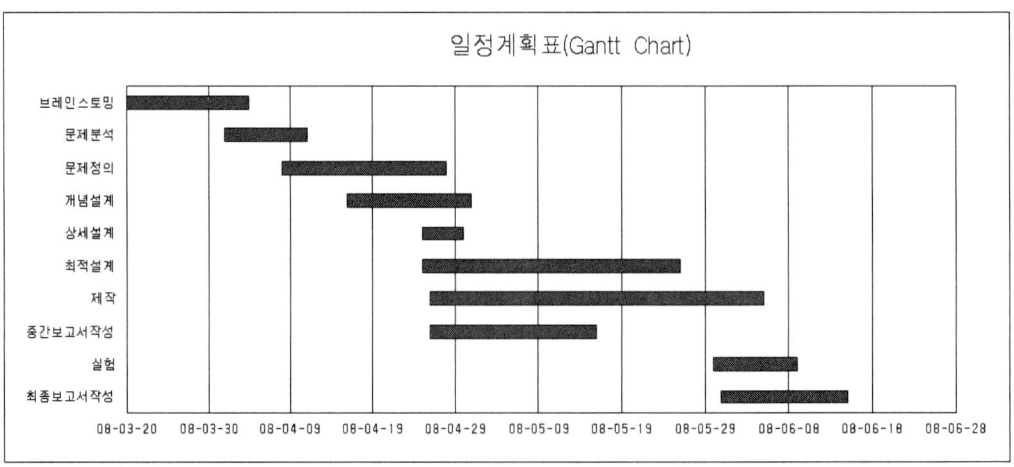

<그림 4-3> 간트 차트

네트워크를 사용한다. 활동(activity)이란 프로젝트의 일부분으로 프로젝트가 완성되기 위해 꼭 수행되어야 하는, 많은 시간이 소요되는 업무를 의미하며, 사건(event)이란 한 활동이 끝나고 다른 활동이 시작되는 것을 의미한다. 즉, 의사결정을 해야 하거나 한 업무의 종료를 의미한다.

CPA나 PERT 도표를 작성하기 위해서는 행해져야 하는 모든 업무의 목록을 먼저 작성하여야 한다. 그리고 각 활동을 시작하기 전에 행해야 할 것을 결정하여 업무들의 연결성을 정해야 한다. 마지막으로 각 업무가 성공적으로 끝났음을 알려주는 사건이 규정되어야 한다. 이러한 정보가 도표를 그리는 기초가 되는 것이다. CPA나 PERT 도표는 다음 업무를 시작하기 전에 먼저 끝내야 하는 업무가 무엇인지를 설명해 준다. 그림 4-4에서 보면 활동 B는 활동 D나 H가 시작되기 전에 반드시 끝나야 함을 보여준다. 마찬가지로 활동 K는 활동 I나 J가 끝나기 전에는 시작될 수 없다.

임계경로는 네트워크에서 제일 긴 경로이다. 이 경로로 프로젝트를 끝낼 수 있는 최단의 시간을 결정할 수 있다. 이 경로 상에 있는 어떤 활동을 늦추게 되면 프로젝트 완성기간에 영향을 미친다. 그림 4-4에서는 B, D, H, J, K의 사건들로 이어지는 경로가 임계경로가 된다. A, C, G, J, K로 나타낸 다른 경로는 약간의 여유시간을 갖고 있다.

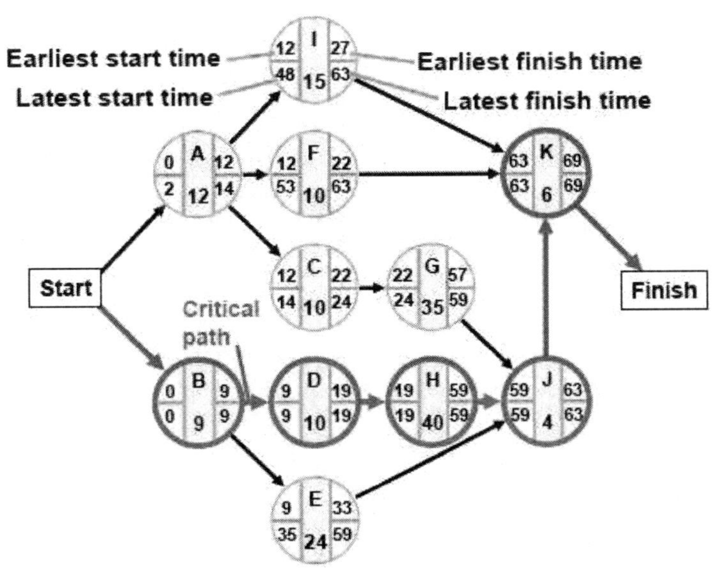

<그림 4-4> PERT 네트워크도

(2) 문제의 정의

보험에 가입한다든지, 직장을 선택한다든지 혹은 공학설계 과제에 의해 주어진 문제이든지 간에 문제에 대해 정확한 정의를 내릴 수 있는 능력은 살아가는 데 있어 매우 귀중한 자산이다. 문제에 대한 명쾌한 분석은 실제적 해를 얻기 위해 중요한 첫 걸음이다. 문제를 잘못 정의하게 되면, 해 역시 틀리게 될 것이다. 고객의 요구가 정확히 식별되고 적합한 공학 용어로 전환 되어져야 하는 공학설계의 문제에서는 더욱 그렇다.

공학설계의 문제는 대개가 개방형문제 혹은 제대로 정의되지 않은 문제이다. 이 문제들은 보통 풀어오던 해석문제와는 달리, 애매하고 정확히 설명되어 있지 않고 명확한 제한조건도 제시되어 있지 않다. 더구나 정확한 해가 있는 것이 아니고, 가능한 해가 여러 개일 수도 있다. 이러한 공학설계 프로젝트 과목은 학생과 그 프로젝트 그룹이 훗날 전문 엔지니어로서 흔히 부딪치게 될 문제를 정의하고 다루어보는 기회를 제공할 것이다. 문제의 골격만을 제공받은 뒤, 학생들은 먼저 그 문제를 제조, 서비스 및 경제성 등과 같은 모든 분야를 망라하여 정의하여야 할 것이다.

해가 하나가 아닌 문제를 푸는 경험은 학부의 다른 교과목에서 풀었던 실제 세계에서는 찾기 어려운 단순화된, 그래서 정확한 해가 가능한 문제를 푸는 것과 비교된다. 이렇게 분명한 목적을 가지고 정확히 설명된 폐쇄형 문제들은 하나의 분명한 목표가 있으며 해를 찾는 방법까지도 이미 정해져 있다. 이러한 문제들은 강체, 등온과 비점성 유동 혹은 스프링-질량-감쇠기 모델과 같은 용어들로 특징지어지는 이상화된 조건을 전제하고 있다. 이러한 용어들은 다른 분야와는 독립적으로 분명히 구분된 분야에만 초점을 맞춘 공학과학 과목에서 쓰이는 용어들이다.

물론 분석 또한 설계의 필수요건이므로 이런 종류의 과목들도 설계 엔지니어의 교육에 필요하다. 그러나 수학적 모델에 적용된 가정과 그 적용의 한계 및 설계문제에 응용시킬 때 어떤 결과가 나올지를 신중히 고려해 보아야만 한다. 실제 문제는 언제나 여러 분야 사이에 걸쳐 있다.

(3) 종합 및 창의성

대부분 대학의 공학설계 프로젝트에서 여러분은 일련의 강의와 보강 프로젝트를 통해 창의성과 혁신성을 향상시키는 기술을 처음으로 접하게 된다. 문제에 대한 윤곽을 잡는 것에서부터 프로젝트 교과목은 시작된다.

다음으로 몇 개의 가능성 있는 해를 만들어낸다. 이러한 개념들을 만들어가는 것은 전체 설계과정에서 매우 중요한 단계가 된다. 치열한 기술경쟁사회에서 혁신적인 독창성을 가지고, 경제적 효율성이 높은 제품을 생산해내는 기초가 되는 제품 개념 창조의 능력은 분석적 능력보다도 훨씬 중요하다. 이러한 창조의 과정이야말로 완제품의 성공과 최종 원가에 가장 지대한 영향을 미치게 된다.

(4) 분야 통합

공학설계 프로젝트에서는 같은 학기에 배우는 다른 과목의 개념이거나 이전 학기에 배웠던 것이건 간에 공학교과에서 배우는 모든 분야의 개념을 총망라하게 된다. 열전달(heat transfer), 진동(vibration) 혹은 고체역학(solid mechanics)이라 이름 지어 인위적으로 나누어 놓았던 학문의 경계가 설계의 학습에서는 적용이 되지 않는다. 어떤 것이 중요한지, 혹은 어떤 수학적 가정이 적절한지를 결정하는 사람은 바로 당신 자신이다. 설계자는 해방된 자유인이라고 생각해야 한다. 주어진 상황을 분석하기 위해서 어느 정도의 복잡한 수학적 모델이 적절한가를 설계자 자신이 판단하여야 한다. 이론적 예측이 실용적으로 의미가 없는 간단한 공식을 사용할지 또는 수학적으로 어려운 좀 더 정교한 모델을 개발하여야 하는지를 결정하여야 한다.

예를 들어 열이 단순히 강제대류에 의해 전달되는 것으로 할 것인지, 아니면 열전달의 3가지 기본 모두를 적용시켜 보아야 할지를 결정해야 된다는 것이다. 하나의 현상을 모델링하는 데 선형이론이면 적당한지, 아니면 복잡한 비선형 모델을 채택해야 하는지를 결정해야 된다. 설계 프로젝트의 경험을 통해 모든 공학과학과 순수과학 그리고 예술 분야의 개념을 통합하여야 한다. 이러한 자극을 통해 복잡한 실제 체계에서 창의적 사고를 위한 도구와 경험을 얻을 수 있다.

(5) 경제성 분석

대개의 설계 프로젝트에서는 경제성 분석을 해야만 한다. 왜냐하면 시장에 있어 성공의 결정적 영향을 미치는 것은 제품의 최종 가격이기 때문이다. 원가분석은 다른 공학 교과목에서는 자주 행해지고 있지 않지만, 실제로는 어느 산업체에서나 중요한 활동이다. 기술적인 것과 상업적인 것이 만나는 영역에서 원가에 대한 경험은 전문인으로서의 삶에 값진 경험을 제공할 것이다. 원가분석은 한 기업에 의해 행해진 설계과정의 성패를 가늠할 수 있게 해주는 척도를 제공해 준다. 제품의 최종 원가는 반복적이며 다분야를 통합하는 설계과정의 특성 때문에 제품설계, 개념설계, 제조, 재료의 4가지 요소에 의해 결정된다.

(6) 의사소통

분석과 창조의 기술이 공학에 있어서 필수요건이었다면, 의사소통 기술의 중요성도 곧 발견하게 될 것이다. 이들은 모두 어떤 산업체에서든지 간에 공학적 활동의 필수 분야이다. 의사소통이라 함은, 읽기, 기술문서 작성, 말하기, 듣기뿐만 아니라 도면 및 기타 도식을 만드는 것과 대인관계를 포함한다. 산업체 조직이 효과적으로 운용되기 위해서는 모든 생각과 정보가 사람들 사이 그리고 각 부서 사이에서 용이하게 흘러 다녀야 한다. 이것은 특히 공학설계과정에 매우 중요하다. 설계과목은 말하고 쓰는 능력을 개발시켜 줄 것이다. 정보를 분석하고 답변을 정리하는 것뿐 아니라, 명확하고 확실한 프로젝트 보고서 또한 작성해야 한다.

이것은 훗날에 상사에게나 고객을 위하여 전문적 기술보고서를 작성하는 것과 똑같은 일이다. 보고서 자체가 개방형 문제에 대한 해이다. 적당한 보고서 형식을 먼저 정하고 주요주제에 관한 개요를 잡는다. 초고를 작성한 후에는 잠시 시간을 둔 후 분석하고 평가하여 고쳐 나가도록 한다. 이렇게 쓰고 분석하고 평가해 보고 교정해 나가는 것을 만족할 만한 수준이 될 때까지 계속 반복하여야 한다.

또한 설계 프로젝트 과목은 발표력을 길러주는 기회도 된다. 기말에 설계 프로젝트에 대하여 반의 학생들과 기업의 후원자들 앞에서 발표해야 할 경우가 있다. 의사소통 능력을 충분히 키우지 못한 학생설계자는 후에 전공실무에 있어서 최고의 가능성을 얻기 어려울 것이다.

의사소통 기술은 제품의 개발과정에서 정기적으로 갖는 업무회의인 프로그램 검토나 설계 검토(design review)에 특히 관계가 갚다. 이러한 회의를 통해 설계자들은 회사의 중견간부들에게 그 동안에 무엇을 달성하였는지를 보고한다. 그러면 경영진은 프로그램에 대해 의사결정을 할 수 있다. 이러한 회의에서는 제안된 해결책에서 인식된 약점을 찾아내고, 설계팀은 앞으로 프로그램이 다음 단계에서 수행할 일에 대해 세부적 계획을 발표하게 된다. 이러한 발표는 매우 중요한데 이는 설계팀이 아무리 혁신적이고 창의적이라 해도 설계자들이 의사결정권자인 경영진들과 접촉하여 일의 진전을 설명하고 제안된 해의 가치를 정확히 전달 인식시키지 못한다면 그 동안의 노력은 헛된 것이 되기 때문이다.

이러한 상황은 산업과 정부의 사업장에 만연되어 있는 NIH(Not-Invented-Here) 증후군에 의해 더 악화되는 경우가 많다. "여기서 개발된 일이 아닌 경우에는 받아들일 수 없다." 라는 말인 NIH란 많은 사람이 다른 사람의 생각 개념 원칙을 받아들이기를 꺼려하는 태도를 의미하는 말이다. 그러므로 설계 발표회의는 아주 신중하게 계획되어야 한다. 이 NIH 증후군은 1513년 Niccolo Machiavelli에 의해 다음과 같이 지적되었듯이, 인류 발전 역사를 통해 증명된 인간 내면에 자리잡은 본성이다.

“새로운 제도를 창조하는 것보다 더 계획하기 어렵고, 성공하기 힘들고, 경영해 나가기 힘든 것은 없다는 것을 명심해야 한다. 새로운 제도의 창시자는 옛 제도가 보존됨으로 이득을 보는 부류와 적으로 그리고 새로운 제도에 의해 덕을 볼지도 모르는 부류와도 적으로 대면해야 한다.”

(7) 공학실습으로의 전환

설계과목에서 프로젝트는 학생들이 팀을 이루어 작업을 하게 되므로, 전문적인 실무를 모방한 팀 활동에 참여할 수 있는 기회를 갖게 된다. 산업체에서는 보통 팀을 구성하여 일하며 팀 구성원과 함께 일할 수 있는 능력은 전문성을 높이는 데 중요한 기술이다.

팀을 이루어 일하기 때문에 익숙하지 않은 새로운 주제를 연구할 수 있는 도구를 개발할 수 있을 것이다. 의심할 여지없이 이러한 도구는 정보를 검색하고, 찾아내고 중요한 것을 가려내고, 유사한 것을 모으며, 궁극적으로 분석과 종합을 통해 받아들이는 능력을 포함한다.

만약 그룹 프로젝트가 산업체에 의해 후원되었다면 모의적 산업 환경에서 정해진 시간과 예산 안에서 예정된 목표를 달성해야만 한다. 이러한 목표들을 달성하기 위해서 궁극적으로 매우 유용한 관리능력을 개발할 필요가 있다.

더욱이 이러한 목표들이 달성될 수 있는 시간뿐만 아니라 장기, 단기의 목표들이 반영된 작업일정을 짜야만 한다. 시간 관리는 몇 주에 걸친 프로젝트를 수행하기 위해서는 특히 중요하다. 일주일 간격의 프로젝트 검토회의의 시간은 학생설계그룹에 의해 미리 정해 놓아야 한다. 이 회의의 안건은 진척도(Progress), 문제(Problems), 제안(Proposals)의 ‘3P 원칙’에 바탕을 두어야한다. 따라서 매 회의마다 그 전 회의에서 정해 놓았던 목표가 얼마만큼 진행되어졌는가를 점검하고 그 과정에서 발생된 새로운 문제는 무엇인가를 분석해 보며, 이러한 문제를 해결하기 위한 제안사항들을 만들어야 한다. 최종적으로 다음 회의 때까지 팀원 각자가 꼭 하여야 할 과제를 명확하게 알려줘야 한다.

설계 프로젝트 과목은 공학에 대한 보다 폭넓은 이해를 개발시키고, 흥미를 유발시키고, 책임감을 키워주며, 인간 관리능력과 갈등해결 기술 그리고 의사소통 기술을 개발하게 해준다. 이러한 자질들은 매우 바람직한 것들로 다음의 속담도 그런 점을 지적하고 있다.

들으면, 잊어버린다.
보면, 기억한다.
행하면, 이해한다.

4.2.2 체계적 설계의 필요성

제품을 개발하는데 있어서 직면하게 되는 문제와 과제가 다양하기 때문에 설계 활동도 여러 가지 특성을 지닌다. 무엇보다도 먼저 기초과학과 공학 지식에 의존해야 하며, 특수한 제품 분야에 대한 경험을 필요로 한다. 하지만 이러한 설계에 관하여 요즘은 설계과학과 설계방법론을 구분하기도 한다.

먼저 설계과학에서는 기술 시스템의 구조나 그 구조와 환경 사이의 관계를 분석하기 위해 과학적 방법을 사용한다. 설계과학의 목표는 시스템 구성요소와 그들 사이의 관계로부터 시스템을 개발하기 위한 규칙을 유도하는 것이다.

반면에 설계방법론은 설계과학과 인지심리학 및 상이한 분야들에서의 실제적인 경험으로부터 얻어지는 지식에 의해 기술 시스템을 설계하는 구체적인 활동 과정이다. 이러한 설계방법론은 내용과 조직에 따라 작업 순서와 설계 단계들을 연결시키기 위한 활동계획, 일반적인 목표와 특수한 목표들을 달성하기 위한 전략, 규칙 및 원칙들, 개별 설계 문제나 부분 과제를 해결하기 위한 방법 등을 포함한다.

이와 같은 설계방법론은 설계자가 가능한 해결안에 보다 빨리 그리고 직접 도달할 수 있게 한다. 직관이나 경험의 중요성과 함께 체계적 해결 과정은 설계 과정에 있어 조화를 이루어야 한다. 체계적 설계는 설계과정과 생산과정을 합리화하는 효과적인 방법을 제공한다. 고유 설계에 있어서 순서적이고 단계적인 방법은, 그것이 비록 약간 추상적이라 할지라도, 반복해서 이용 가능한 해결안을 제공한다. 또한 문제와 과제를 구조화 하면, 과거 해결안을 응용 가능한지 판단하기도 쉽다. 그리고 합리적 접근 방법은 가격과 품질 관리면에서도 응용 가능하다. 이러한 이유들로 인해 설계는 체계적으로 이루어질 필요가 있다.

(1) 공학설계 절차의 단계

가) 체계적 설계 절차의 단계

앞서 설명한 설계방법론은 개념설계와 제품설계라는 두 개의 주요한 단계로 구성된 복합과정을 통해 완성된다. 개념설계는 문제에 대한 많은 가능성 있는 해(간단한 노트나 개략적인 스케치로서 시작되는 해)의 창안으로 특징지어 질 수 있다. 이 개념들을 분석하고 평가하여 가장 좋은 가능성 있는 해를 정하게 된다.

가장 좋은 가능성 있는 해는 설계과정의 제품설계 단계에 자료를 제공한다. 이 과정에서 가장 좋은 개념의 스케치와 도면은 개선되어 실제의 제품에 관한 계획으로 변환된다. 이 변환은 창의성과 수학적 모델 및 컴퓨터 시뮬레이션 과정을 포함하는 분석의 유기적인 결합에 의하여 완성된다. 제품은 부품과 조립품으로 구성될 수 있으며, 조립품은 주조, 단조 및 용접 구조물, 볼트, 베어링, 밸브 및 다른 기성 품목 등을 포함할 수도 있다.

일반적으로 체계적 설계 절차는 다음과 같은 단계를 포함하고 있다.

① 문제 정의

② 가능성 있는 해의 창안

③ 각 개념의 분석 및 평가

④ 가장 좋은 개념의 선정

⑤ 가장 좋은 개념의 반복적인 개선

⑥ 이 개념의 제품 계획으로의 변환

Thomson(1997)은 위의 과정을 종이 비행기의 개발에 관한 예로써 설명하고 있다.

톰슨의 종이 비행기 개발 그림에서 왼쪽의 세 만화는 개념설계 단계를 묘사하고 있고, 오른쪽 세 만화는 제품설계 단계를 나타내고 있다. 비행기가 어떤 일을 할 것인가를 결정하기 위한 문제의 정의가 이루어지고 그에 맞는 다양한 가능성 있는 해를 생각하게 된다.

이후 단계에서는 개발에 가장 적합한 것을 선정하기 위하여 이 다양한 개념들을 분석하고 평가하여야 한다. 이 개발과정을 제품설계(product design)라고 하며, 이 개발과정에서 선택된 개념이 제품을 생산하기 위한 상세계획으로 바뀌게 된다.

일반적으로 설계가 완성되기 직전의 마지막 제품설계 단계에서 비행기의 물리적 모델, 즉 프로토타입(prototype, 시작품)을 제작하고 시험한다. 이 프로토타입으로써

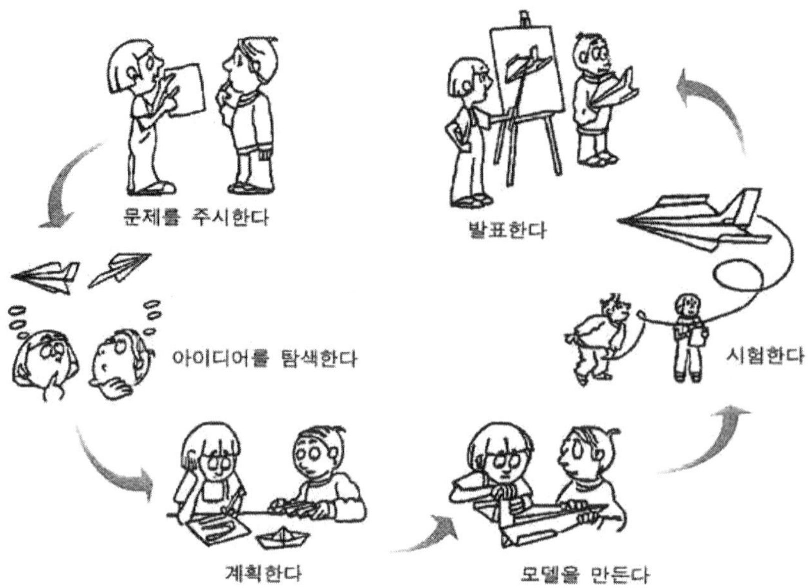

<그림 4-5> 종이 비행기의 개발(Brian S. Thomson, 1997)

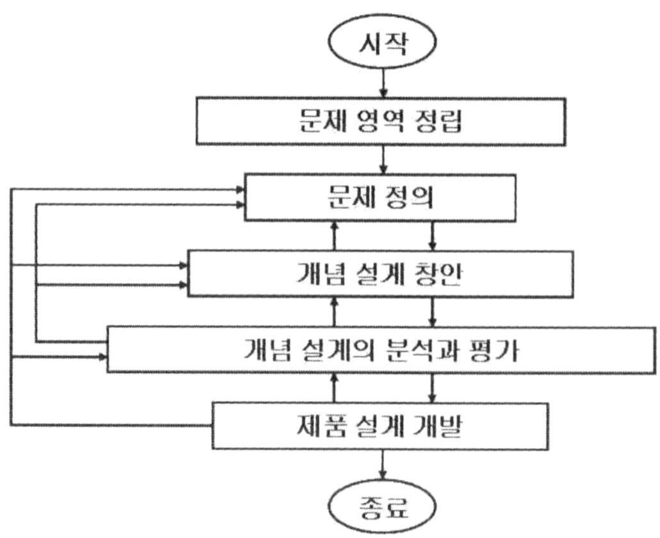

<그림 4-6> 체계적 설계과정(Brian S. Thomson, 1997)

설계가 완전하게 평가받게 된다. 제품이 생산되기 전에 실험적으로 성능특성을 정하고, 설계사양에 규정된 조건들과 비교한다. 보통 제품을 개선하기 위해 이 과정은 반복적으로 이루어진다. 이러한 체계적 설계 과정을 그림으로 나타내면 다음과 같다.

나) 체계적 설계 과정의 핵심 요소

체계적 설계과정은 문제 영역 정립, 문제 정의, 개념 설계 창안, 개념 설계의 분석과 평가, 제품 설계 개발과 같이 다섯 가지의 핵심 과정으로 이루어져 있다.

① 문제 영역 정립

- 시장을 조사하고 고객의 요구를 파악한다. 만들어질 제품의 특성을 확인한다. 주요 경쟁사들의 제품을 벤치마킹한다.
- 제품에 영향을 주는 법규, 산업표준 및 환경규제 같은 제한조건을 고려한다

② 문제 정의

- 문제에 매우 정통하여야 한다.
- 해결과정을 향상시킬 수 있는 적절한 모든 자료를 수집하고 분석한다.
- 문제가 정확하게 정의되어 있지 않으면 해결방법이 부적절하여 많은 자원이 낭비될 수 있으므로, 문제의 정의는 설계과정에서 아주 중요한 단계이다.
- 제품의 설계규격을 만든다. 이 설계규격은 기술적 또는 비기술적 요구조건을 모두 포함하여야 한다. 기술적 요구 조건은 소비동력 및 유지관리 등과 같은 것을 포함하며 비기술적 요구조건은 경제적 고려 또는 심미성 등을 포함한다.
- 제품의 특징이 되는 변수의 상대적인 중요성을 결정한다.

③ 개념설계 창안

- 개념화는 창의성과 밀접한 관계가 있다. 설계규격을 만족하는 제품의 토대를 만들기 위해 많은 개념설계가 이루어진다. 보통 이 가능성 있는 해는 기계작동의 주된 특성 및 원리만을 보여주는 프리핸드 스케치이다. 실용성이 주된 관심사이다.
- 브레인스토밍(brainstorming), 특허문헌의 검색, 표준 건축 구성요소들을 담고 있는 참

- 고서 검토 및 생체모방적(biomimetic) 접근방식에 의하여 개념설계가 이루어질 수 있다.

④ 개념설계 분석 및 평가

- 개념설계를 분석하고 평가하는 데 있어서 비용과 성능의 개략적인 예측을 하기 위하여 수학적인 모델이 주로 사용된다.
- 개념설계를 설계규격의 기준과 비교한다. 보통 여러 가지 속성에 수치를 대입함으로써
- 이 단계가 수행된다. 추후의 정밀조사, 분석 및 제품설계단계에서의 개발을 위하여 가장 유망한 개념설계를 하나 선정한다.
- 일반적으로 개념설계가 처음으로 평가될 때에는 최고의 설계라고 명백하게 생각되는 현저한 개념설계가 없는 것이 보통이다. 따라서 가장 좋은 것이 명백해질 때까지 다양한 여러 가지 개념설계가 더 개선되어야 한다. 아무리 제품설계 및 제조가 뛰어나더라도 열악한 개념을 수정할 수는 없기 때문에 개념설계의 평가가 중요하다.

⑤ 제품설계 개발

- 조립품 및 개별 부품의 설계에 의하여 개념설계(미숙한 제품)가 점차적으로 공학적인하드웨어로 변환된다. 제품설계 단계라고 하는 이 과정은 분석 및 종합(analysis and synthesis) 과정을 수반한다.
- 주 조립품, 부 조립품 및 개별부품에 관한 설계사양을 개발하여야 한다.
- 각 부품에 대하여 재질, 형상, 열처리, 표면마무리, 공차 및 채택해야 할 생산공정 등에 관한 사양을 개발하여야 한다.
- 각 부품이 경제적으로 생산될 수 있도록 하기 위하여 복잡한 계산이 필요할 수도 있다.
- 공급자로부터 구매하여야 할 부품과 조립품을 정한다.
- 생산과 검사를 용이하게 하기 위하여 모든 부품, 조립품 및 부조립품에 대한 상세도를 만들어야 하며, CAD/CAM 소프트웨어가 자주 사용된다.
- 부적절한 제품설계는 훌륭한 개념설계를 망칠 수 있다.
- 제품설계는 제품생산의 기초가 된다. 생산이 시작되기 전에 대부분의 제품에 대해서 프로토타입을 만들어 시험한다.

- 제품속성과 제조공정 속성 사이의 상호과정을 주의 깊게 고려하여 효율적인 생산에 관한 계획을 세운다. 이것을 제조고려설계(design-for-manufacture)라고 한다.

4.2.3 개념 설계

(1) 개요

과학 등과 같은 다른 학문과 비교해서 볼 때 공학의 가장 두드러진 특징은 공학 설계에 있다. 제품 개발의 일반적인 과정은 문제 정의 → 개념 설계 → 제품 설계 → 시제품 개발 → 생산 준비를 거치게 된다. 이 과정에서 개념 설계(conceptual design)는 개발 과정에서 첫 단계 문제 정의가 이루어진 다음에 시행 하는 과정이다. 개념 설계에서는 정의된 문제와 관련해서 가능성이 있는 해결방법을 창안하기, 각각의 해결방법을 분석하고 평가하기, 가장 좋은 개념을 선정하기 등의 업무를 수행한다.

※ 개념 설계 예시

① 자동차의 예

어느 계층이 주로 타게 될 차인가? 배기량은 얼마가 되어야 할까? 승차 인원은 몇 사람이 타면 좋을까? 차의 크기는? 엔진의 성능은? 등에 대하여 개략적인 개념을 잡는다.

② 선박 설계의 예

선주로부터 제시된 요구사항은 무엇인가? 선박의 종류, 화물의 종류와 적재능력, 크기, 선속, 선체 구조강도, 예상 항로 등을 만족시키는 최적 선박의 개념을 도출한다.

비용의 관점에서 개념 설계를 살펴보자. 제품 개발에 있어서 제조비용의 대부분은 개념 설계 단계의 의사결정 과정에서 결정된다. 설계비용(개념 설계와 제품 설계 과정)은 총 비용의 5% 정도에 불과하지만, 설계 결정이 제품 비용에 미치는 영향은 전체 비용의 70% 정도를 차지한다는 통계가 있다. 개념 설계가 잘못되었다면 다음 단계에서 이를 적절히 시정하거나 보완하기에는 한계가 있다는 측면에서라도 개념 설계의 역할을 가볍게 여길 수가 없다.

창의성의 관점에서 개념 설계 활동을 보자. 개념 설계의 활동은 세 가지로 구분할 수 있는데 첫째, 완전히 새로운 제품이나 개념을 창조하는 고유 설계, 둘째, 기존 제품의 작동원리나 기능은 변동 없이 크기나 구성을 변화시키는 변형 설계, 셋째, 원래의 작동원리는 변동 없이, 제품을 변화시키는 적응 설계이다. 이때 개념 설계 활동 중에서 창의성이 크게 요구되는 고유 설계의 비중은 1/4 정도이며, 무엇보다도 제품 개발, 특히 개념 설계 단계에서는 창의적 사고가 필히 요구된다. 그러므로 제품의 품질을 향상시키기 위해서는 개념 설계 단계에서 창의적 사고를 활용해야 한다. 이러한 공학 설계의 창의성을 달성하는 실용적인 방법을 구체적으로 논의한다.

개념설계를 3가지로 구분하면 다음과 같다

- 고유 설계(original design) : 완전히 새로운 제품이나 개념의 창조
- 변형 설계(variant design) : 크기나 형상은 바뀌나 작동 원리는 바뀌지 않음
- 적응 설계(adaptive design) : 달라진 사양을 만족시키기 위해 제품에 변화를 줌

위 3가지의 설계 종류를 독일 기계 엔지니어링 회사조합 자료를 근거로 구분해 보면 고유설계는 25%, 변형설계는 20%, 적응설계는 55%로 나타난다. 대부분 완전히 새로운 개념의 제품을 창조하기 보다는 달라진 사양을 만족시키기 위해 제품에 변화를 주는 적응설계가 사용됨을 알 수 있다.

(2) 시스템적 사고 : 이상성 향상

미로 탈출 문제는 출구로부터 거꾸로 탈출로를 찾는 방법을 자주 사용한다. 이와 마찬가지로, 시스템의 혁신을 달성하기 위해서 이상적인 상태로부터 거꾸로 내려오는 방법을 사용할 수 있다. 시스템의 “이상성(ideality)"을 그것이 완전한 시스템에 얼마나 근접되어 있는가에 관한 척도로 사용해 보자.

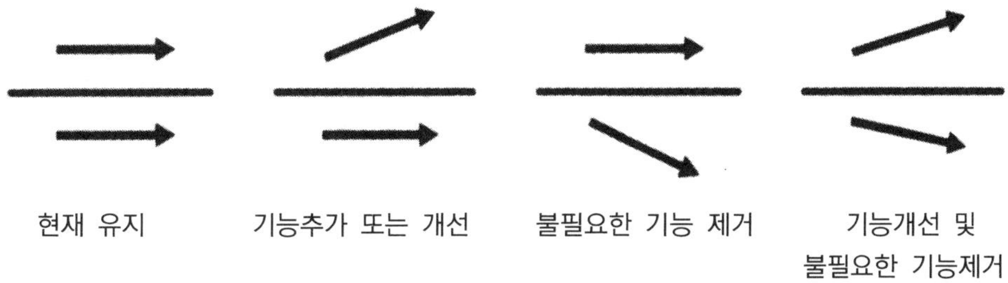

<그림 4-7> 이상성 개선 방법

시스템에서 유익한 기능은 가치 있는 것으로 가정하고, 해로운 기능으로는 비용, 공간, 소요 에너지, 소음 등으로 정의하고, 이상성은 Σ(유익한 기능)/Σ(해로운 기능)이라고 정의하자. 이상적 시스템(이상적 최종 결과)은 비용이 들지 않고, 유해한 효과가 없이 고객이 원하는 모든 기능을 갖는 시스템이다. 이것은 어떤 타협도 없이 모순을 해결할 때 달성된다. 시스템은 우리가 원하는 기능이 더해지거나 또는 원하지 않는 기능이 줄어 들거나, 원가가 절감 되고, 복잡도가 줄어드는 경우에 이상성이 증가한다. 이상적 시스템은 궁극적으로, 시스템이 존재하지 않으면서도 그 기능은 보장되는 시스템을 말한다.

이상적 시스템의 한 예로는 가상 키보드가 있다. 레이저를 이용해서 투사된 키보드 자판에서 손 동작은 키보드 치는 동작으로 바뀐다. 투사된 키보드 자체는 빛으로 구성되므로 존재하지 않으면서 키보드 입력 기능은 보장된다. 이상적 최종결과(IFR; Ideal Final Result)로서, 시스템에서 분자인 Σ(유익한 기능)이 극대화되고 분모인 Σ(해로운 기능)이 극소화되는 경우로, 즉 해로운 기능이 거의 없이, 존재하지 않으면서도 그 기능이 보장되는 시스템이라고 볼 수 있다.

이상성의 정의에서 분모, 분자의 상대적인 증감에 따라 설계의 이상성을 증대시킬 수 있으며, 이는 다음 그림과 같은 설계 개선 방안이 나올 수 있다. 즉, 현재의 설계를 그대로 유지하는 방안이 있으며, 새로운 기능을 추가하거나 일부 기능을 개선하는 방안, 불필요한 기능을 제거하는 방안, 일부 기능을 개선하고 동시에 불필요한 기능을 제거하는 방안 등이 있다.

터빈 발전기를 예로 들어보자. 1950년대의 발전기는 10만 kW이고 무게가 200톤이었고, 1970년대의 발전기는 50만 kW이고 무게가 400톤이라면 이 경우에는 분자가 5배, 분모가 2배가 되어서 이상성의 값, 즉 개선은 2.5배가 된 것으로 볼 수 있다.

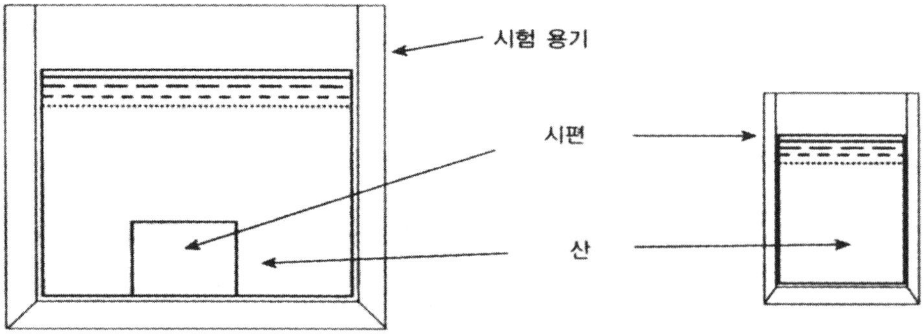

<그림 4-8> 산과 시편 문제와 해결 방안

이상성의 개념은 문제해결에서 심리적 타성을 탈피하는 데 도움이 된다. 이상성을 이용한 문제해결 사례를 들어보자. 산에 대한 여러 가지 합금의 내성을 비교하는 실험이 있다. 산을 담은 용기 속에 여러 합금 시편들을 넣어서 일정 시간이 경과된 다음에 해당 시편에 대한 산의 효과를 알아보는 실험인데, 문제는 산이 용기를 손상시킨다는 점이다.

그러나 용기 내벽을 유리 또는 내산성 재질로 코팅하는 방법은 비용 문제가 커서 비경제적이므로 이상성을 이용해 보자. 이상적 최종해는 시험 용기가 없이 산과 시편을 접촉시키는 것이다. 해결 과제가 변형되었다. 즉, 시험 용기 없이 산과 시편을 접촉 시키는 방법을 도출하자. 이용 가능한 자원은 시편, 공기, 중력, 부착력 등이다. 해결책은 시편으로 산을 담는 용기를 만드는 방안이다.

4.2.4 제품 설계

제품설계란 개념설계로부터 도출된 아이디어를 제품으로 구현해 나가는 과정이다. 여기서 제품설계란 용어는 상세설계라는 용어와 대체하여 사용하여도 무방하다. 따라서 본 설명에서 사용하는 제품설계의 용어는 상세설계라고 대체하여 읽어도 문제가 없다. 전체적인 일련의 활동을 살펴보면, “문제 정의 - 아이디어 창출 - 개념 설계 - 제품 설계 - 시제품 제작 - 시험 평가 - 수정 보완 - 제품 출시”의 단계를 거치게 된다. 제품의 설계에서는 재료, 공정, 형상, 비용, 품질 등이 결정되어야 하며, 재료와 제조에 대한 창의적, 연역적 사고를 필요로 한다. 또한 회사에 있어서는 재무, 영업, 연구개발, 설계, 제조, 판매, 일정관리문서 등에 대한 계획과 전략을 필요로 한다.

제품설계란 여러 개의 개념설계로부터 도출된 최적의 구체적인 설계 안으로 세부적인 분석이 필요하다. 예를 들면, 제품의 성능, 특성, 제작 및 원료의 비용, 주요 부품의 형상, 크기 등(컴퓨터 CAD/CAM 및 경제성에 대한 소프트웨어 활용, 상세도면 및 설계 사양의 작성)에 대한 고려가 필요하다. 제품 설계의 주요 안건으로는 개념 설계, 조립품과 부품, 재료 선정, 제조 공정의 고안, 경제성, 환경 규제 등이 있다.

최적의 제품 설계를 위해서는 여러 가지 제한 조건을 만족시켜야 한다. 개념설계에서 도출도니 아이디어를 제품으로 구체화하기 위해서는 설계 자체에 대한 문제점과 한계를 극복해야 할 뿐만 아니라, 제품화를 위한 소재, 제조 방식에서의 여러 가지 문제점과 한계를 극복해야 할 뿐만 아니라, 제품화를 위한 소재, 제조 방식에서의 여러 가지 문제점과 한계를 극복해야 한다. 따라서 제품설계 단계의 핵심은 "설계", "재료", "제조와 경제성" 간의 복잡한 관계에 있다.

제품설계 시 필요한 원리에는 공시공학(concurrent engineering)과 순차공학(sequential engineering)이 있으며, 설계 고려사항과 제조과정의 제한조건을 통합하는 전략으로 제조고려설계(design-for-manufacture)가 있다. 이것은 제품의 기능과 수명 비용을 최소화함에 그 목적이 있다.

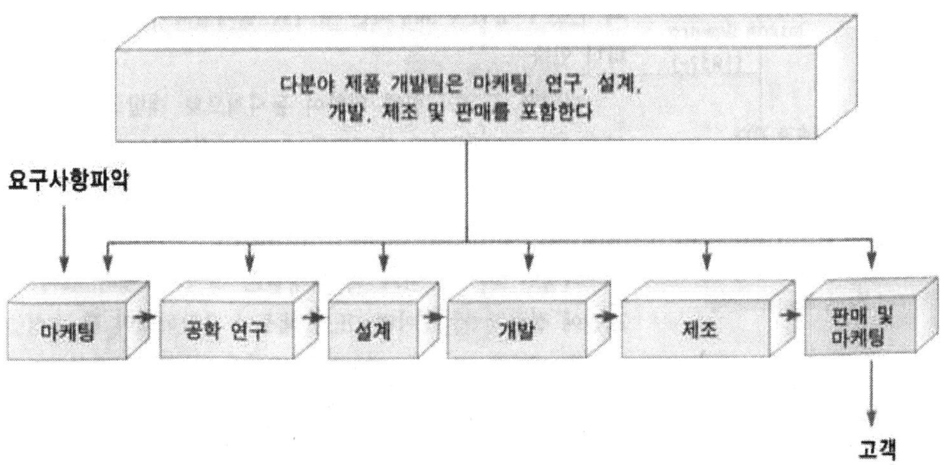

<그림 4-9> 동시공학에 의한 제품 개발

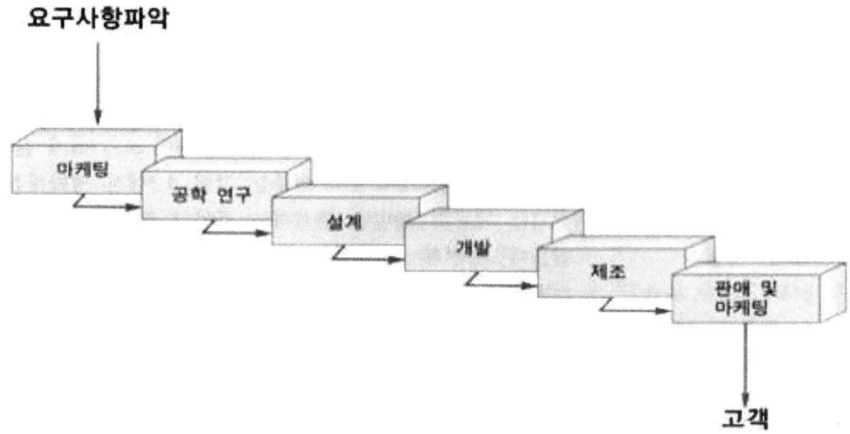

<그림 4-10> 순차공학에 의한 제품 개발

동시공학의 특징으로는 초기 설계 단계에서 아이디어 및 개념 설계에 대한 많은 수정이 요구되나, 실계 제조단계에서는 최소한의 변경만 이루어져서 제품의 개발에 가속이 붙게 된다. 동시공학의 장점으로는 개념에서 제품 출시까지 짧은 시간, 빠른 손익 분기점, 제품에 사용되는 부품 수 감소, 제품조립의 신속성, 단순하고 값싼 제조, 최종 단계에서 수정사항 감소, 낮은 비용과 우수한 신뢰성 등을 들 수 있다. 동시공학의 단점으로는 수많은 고려사항과 제한조건들에 대한 이해가 필요하며, 정교하고 좋은 품질의 생산 업무에 부적합하다는 점을 들 수 있다.

순차공학의 경우 최종의 제품생산이나 공정에 대한 고려가 포함되어 있지 않으므로, 초기에는 설계 변경 횟수나 이에 따른 재정적, 시간적, 인적 소모가 적지만 최종 단계에서의 잦은 설계 변경으로 인해 여러 가지 측면에서 손실이 발생할 수 있다.

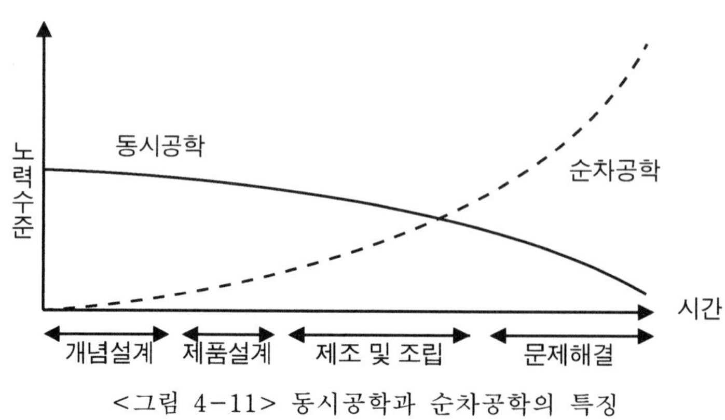

<그림 4-11> 동시공학과 순차공학의 특징

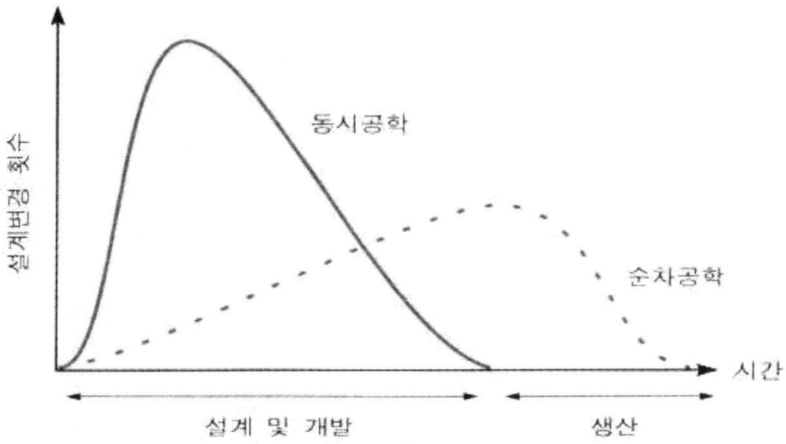

<그림 4-12> 동시공학과 순차공학의 비교

물론 이러한 예는 소품종 대량생산 시스템에서 흔히 나타날 수 있는 문제점 중 하나이다. 이러한 동시 공학의 장점을 활용하여 최근 제품설계를 위한 제품구현 가정의 예로 폴라로이드 회사를 택해 정리해 보면 다음과 같다.

- 사업, 마케팅, 기술분야, 향후 전망에 대한 탐색
- 고객의 요구사항을 정의, 제품구현 과정의 지속적인 개선 시도
- 장기적인 고객 중심의 제품 라인 정의, 미래 제품의 계보를 정의
- 포괄적인 제품 성능사량의 개발(공학, 재무, 제조 및 마케팅 포함)
- 제품의 사양이 새로운 발명을 요구하지 않도록 설계
- 제품의 사양변경은 오직 고객의 요구에 부응
- 지속적인 개선이 이루어지도록 벤치마킹 확립
- 미래 제품을 위한 핵심기술 역량의 동시적 개발
- 적절한 CAD, CAM 등의 도구 활용(다양한 전공분야의 엔지니어와 디자이너 필요)
- 설계과정과 제조공정의 동시 설계
- 제품 기술에 대한 재사용이 가능한 수학적 모델 개발 및 시뮬레이션 분석
- 성공적인 포괄적 설계과정 공유(회사, 대학)

4.2.5 최적 설계

최적화(optimization)는 "최고"란 의미의 라틴어 "optimus"로부터 유래되었다. 공학에서 최적설계는 가능하면 짧은 시간에 최고 성능을 갖는 제품을 가장 값싸게 생산할 수 있는 설계로 정의한다. 제 2차 세계대전 이후 가볍고 성능이 우수한 항공기 구조물의 설계를 위하여 시작한 현대 최적설계 기법은 컴퓨터 계산능력의 발전과 함께 실용범위를 점차 확대하고 있다.

(1) 최적설계 정식화

일반적으로 설계문제는 소비자의 요구사항으로부터 정의한다. 최적설계문제의 정식화는 소비자의 설계요구를 수학적 표현으로 변환하는 것으로, 설계자가 결정해야 할 모든 변수의 집합인 설계변수(design variables), 최적 설계의 기준이 되는 가격함수(cost function) 또는 목적 함수(objective function)와 설계가 꼭 만족하여야 하는 제한조건(constraint)으로 구성 된다. 정식화의 과정은 일반적으로 설계변수의 정의, 목적함수의 설정, 제한조건의 도출 등 세 단계를 거친다.

가) 설계변수의 정의

설계변수는 제품의 두께, 길이, 재료 물성치, 형상 등 설계자가 결정해야 할 모든 변수를 말한다. 설계변수를 정의할 때는 가능하면 서로 독립적으로 정의하여야 한다. 그리고 설계변수의 개수는 가능한 적게 사용하는 것이 효과적이다.

나) 목적함수의 설정

여러 가지 설계 중 최적의 설계를 결정하기 위한 기준이 되는 함수가 목적함수이다. 목적함수로는 제품의 가격, 이익, 중량, 에너지 소모량, 승차감, 최대응력, 고유진동수 등이 사용된다. 일반적으로 설계는 같은 성능이라면 가격이 저렴한 설계가 좋은 설계이므로 목적함수는 많은 경우 가격함수이다. 또한, 어떤 경우에는 2개 이상의 목적함수가 있을 수 있는데, 예를 들면 구조물의 중량을 최소화하는 동시에 이윤을 최대화하고 싶은 경우 등인데, 이렇게 목적함수가 여러 개 존재하는 경우를 다중목적함수라 한다.

다) 제한조건의 도출

설계가 꼭 만족해야 하는 모든 조건을 제한 조건이라고 한다. 예를 들면 "최대 변형량은 허용 변형량보다 작아야 한다" 등이며, 가격 또는 성능 등도 제한조건이 될 수 있다. 제한조건은 일반적으로 부등식으로 표현되며 이런 제한조건을 부등식 제한조건(inequality constraints)이라고 한다. 등식으로 표현되는 제한조건도 취급할 수 있다.

(2) 도해 최적화

설계변수가 2개인 경우는 2차원 평면에 설계 영역을 도해하여 최적점을 찾을 수 있다. 설계 제한조건과 설계변수의 상·하한값을 그림으로 도식하여 설계영역을 정의하고 여기에 등가격선을 그려 가격이 최소인 점을 찾을 수 있는데 이런 방법을 도해 최적화라 한다. 다음의 예제를 도해 최적화를 적용하여 해를 구해보자.

예제 1) 머그컵 설계 도해 최적화 :

머그컵 최적설계 문제는 3개의 제한조건이 있으며 이를 지름과 높이 평면에 표현하면 〈그림 4-13〉과 같다. 우측 상단의 ABC로 둘러싸인 영역이 모든 설계제한조건을 만족하는 가용 영역이 된다. 가용영역에서 목적함수의 값이 가장 작은 곳은 용량 제한 조건선과 지름 상한값 제한조건이 만나는 점 A가 되며, 이 점이 최적설계가 된다. 따라서 최적 설계는 d=9 cm, h=14.2 cm에서 표면적은 463 ㎤이 된다.

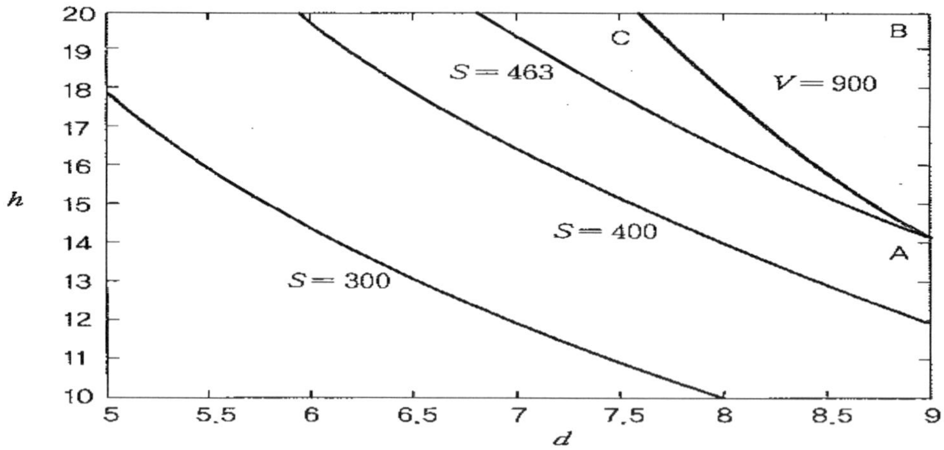

<그림 4-13> 머그컵 최적설계 문제의 제한조건과 목적함수

(3) 엑셀에 의한 최적설계의 해법

부등식 제한조건과 등식 제한조건을 모두 만족하면서 목적함수를 최소화하는 설계변수를 정하는 최적화 문제에 대해 해석적으로 해를 구하기 위한 연구는 오래전부터 시작되었다. 어떤 함수의 최소값 또는 최대값을 구하기 위해서는 함수를 변수에 대하여 미분을 취하고 이 미분값이 영이 되는 변수값에서 함수가 극값을 갖는다. 이 극값 중 함수의 제 2차 미분이 양수인가 또는 음수인가에 따라서 최소값 또는 최대값을 정한다.

이와 같이 미분을 이용하여 최적화 문제를 해석적으로 해를 구하는 연구는 1847년 프랑스 수학자 코쉬(Cauchy)에 의해 시작되었다. 특히 제2차 세계대전 직후 최적화 문제를 수치적으로 해를 구하기 위한 연구가 활발히 진행되어 오늘의 최적설계의 수치적 해법의 기초를 확립하였다. 최적설계의 수치적 해법은 사용자가 정의한 최적화 문제 정식의 초기값으로부터 출발하여 순차적으로 최적값을 찾는 순차적 기법을 주로 사용한다. 가능하면 초기값은 모든 제한조건을 만족하는 값으로 설정하는 것이 좋다. 어떤 최적화 방법은 제한조건을 만족하지 않는 초기값을 입력하면 최적설계의 해를 제공하지 못할 수도 있다. 이런 최적설계의 해석적 또는 수치적 해법에 대한 내용은 대학교 고학년 또는 대학원에서 공부하기로 한다.

최근에는 최적설계 문제의 해법을 구하기 위한 많은 소프트웨어가 개발되어 실제 업무에 활발히 적용되고 있다. 따라서 이번 절에서는 널리 사용되는 스프레드시트인 엑셀을 이용하여 최적설계 문제의 해를 구하는 방법에 대하여 공부한다.

예제 2) 엑셀을 이용한 머그컵 최적설계 :

엑셀을 이용하여 최적설계의 해를 구하는 방법은 예제 1에서 정식화한 머그컵 최적설계 문제를 이용하여 설명한다.

- 설계변수 정의 : 〈그림 4-14〉와 같이 엑셀시트의 셀 C4와 셀 C5에 이 문제의 설계변수인 지름과 높이의 초기값을 각각 7과 15로 입력한다. 여기서 초기값은 각 설계변수의 상한값과 하한값의 중간 정도 설정하였으며 이 값은 부피 제한조건을 만족함을 확인 할 수 있다.

- 목적함수식의 입력 : 〈그림 4-14〉의 셀 C6과 같이 목적함수를 설계변수(셀)의 함수로 표현한다. 목적함수를 설정할 셀 위치에 커서를 올려놓고 수식입력 창에 표면적에 해당하는 수식을 "=0.25*PI()*C4^2+PI()*C4*C5" 라고 입력한다. 여기서 처음의 등호 "="는 수식 입력을 의미이며, "PI()"는 원주율, "^2"는 제곱, "*" 는 곱하기를 의미한다. 이렇게 입력이 끝나고 입력 키를 누르면 셀 C6에는 현재의 설계변수 값에서 목적함수의 값이 계산되어 나타난다.

- 제한조건 수식의 입력 : 제한조건도 목적함수의 입력과 같은 방법으로 설계변수의 함수로 정의한다. 따라서 셀 C7에 머그컵의 부피수식을 "=0.25*PI()*C4^2*C5" 라고 입력하면 된다.

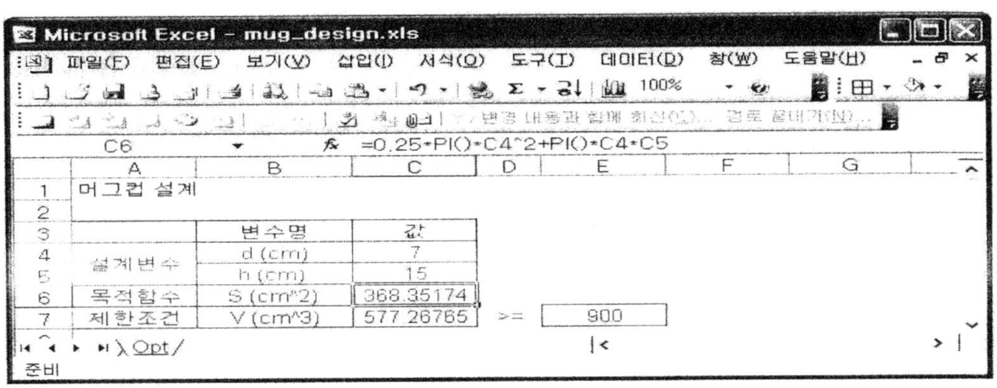

<그림 4-14> 머그컵 설계를 위한 목적함수 정의

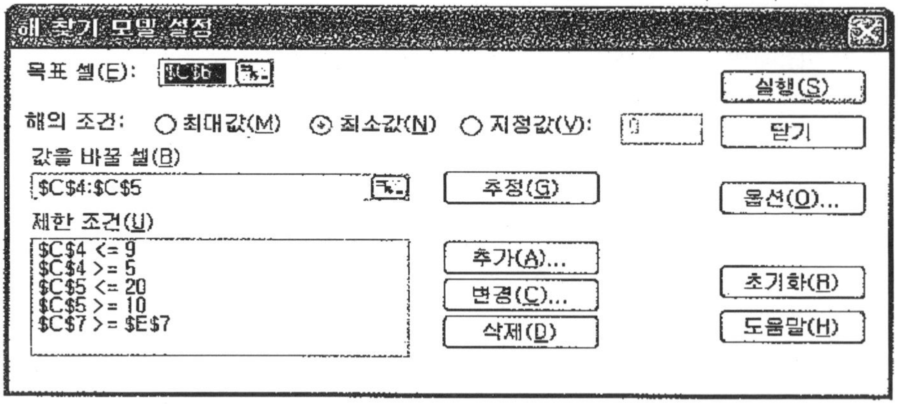

<그림 4-15> 해 찾기 모델 설정 창

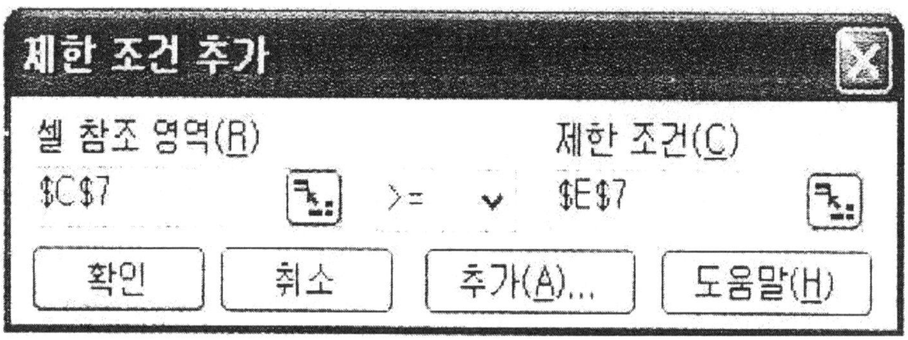

<그림 4-16> 제한조건 추가 창

- 최적화 수행 : 엑셀의 "도구" 메뉴에서 "해 찾기" 단추를 클릭하면 〈그림 4-15〉와 같이 해 찾기 모델 설정 창이 나타난다. 해 찾기 창에서 목표 셀은 목적함수가 정의된 셀(C6)을 선택하며, 목적함수의 성질에 따라서 최대값, 최소값 또는 지정 값을 선택한다. 여기서는 목적함수의 최소값을 구하는 문제이므로 최소값 단추를 선택한다. 값을 바꿀 셀은 설계변수(C4 : C5)를 선택한다. 다음은 제한조건을 추가메뉴를 이용하여 입력한다. 먼저 추가 단추를 누르면 〈그림 4-16〉과 같이 제한조건 추가 창이 나타난다. 여기서 셀 참조영역에는 제한조건 수식이 있는 셀을 입력한다.

- 다음은 부등호 방향이나 등호 등을 제한조건식의 정의에 맞게 선택하고 제한조건에는 제한조건의 값을 입력하거나 그 값이 입력된 셀을 지정하면 된다. 〈그림 4-15〉에서는 부피 제한조건을 입력한 경우로 부등호 방향은 "〉 =" 을 제한조건은 셀 E7을 참조하였다. 모든 제한조건을 입력하면 〈그림 4-16〉의 제한조건 창과 같이 표현된다. 목적함수, 설계변수, 제한조건의 설정이 완성되면 〈그림 4-15〉의 실행 단추를 클릭한다.이때 〈그림 4-16〉과 같이 해 찾기 결과 창이 나타나며, 적절한 선택사항을 입력한 후 확인 단추를 클릭하면 최적화 수행 결과가 나타난다. 만족하는 해를 구하지 못한 경우는 문제의 정의를 다시 검토하거나 초기값을 변경하여 재수행을 하여야 한다.

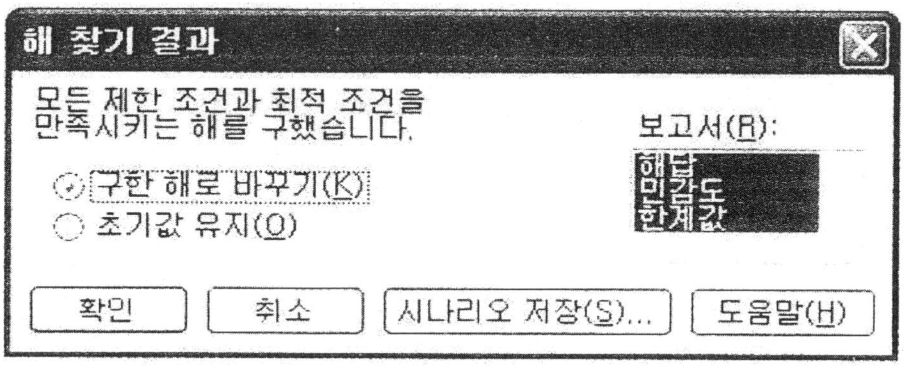

<그림 4-17> 해 찾기 결과 창

	A	B	C	D	E	
1						
2	머그컵 설계					
3						
4		변수명	값			
5	설계변수	d(cm)	9			
6		h(cm)	14,147,106			
7	목적함수	S(cm^2)	163,617,725			
8	제한조건	V(cm^3)	900	> =	900	
9						

<그림 4-18> 머그컵 최적설계의 결과

Microsoft Excel 11.0 해답 보고서
워크시트 이름: [mug_design.xls]Opt
보고서 작성일: 2006-03-28 오전 12:35:04

목표 셀 (최소값)

셀	이름	계산 전의 값	계산 값
C7	S (cm^2) 값	463.6172513	463.6172513

값을 바꿀 셀

셀	이름	계산 전의 값	계산 값
C5	d (cm) 값	9	9
C6	h (cm) 값	14.14710605	14.14710605

제한 조건

셀	이름	셀의 값	수식	만족 정도	조건과의 차
C8	V (cm^3) 값	900.0000001	C8>=E8	만족	0
C5	d (cm) 값	9	C5>=5	부분적 만족	4
C5	d (cm) 값	9	C5<=9	만족	0
C6	h (cm) 값	14.14710605	C6>=10	부분적 만족	4.147106054
C6	h (cm) 값	14.14710605	C6<=20	부분적 만족	5.852893946

<그림 4-19> 해답 보고서

머그컵 설계 의 경우 지름이 9.0 cm, 높이가 14.15 cm인 설계를 〈그림 4-18〉와 같이 구할 수 있었으며 이 때 컵의 용량은 900 ㎤가 되어 설계제한조건을 모두 만족한다. 〈그림 4-19〉는 해답 보고서로서, 목적함수의 초기값 및 최적값, 설계변수의 초기값, 최적값, 제한조건식의 초기값, 최적값, 만족여부 등을 정리하여 제공한다.

(4) 요약

최적설계란 설계의 요구사항을 정리하여 수학적 문제로 정식화하고 이를 최적화 기법을 적용하여 설계요구조건을 모두 만족하면서 가장 값싼 설계를 찾는 방법이다. 실제로 당면하는 문제들을 설계하기 위해서는 다양한 최적설계이론이 필요하다. 실제 설계문제에서 최적 설계의 정식화와 이의 해를 구하고 해의 물리적 의미를 부여하는 것은 많은 경험과 지식이 요청되므로 전문가에게 의뢰하는 것이 바람직하다.

최적화 문제의 해법은 매우 다양한 방법이 다수 개발되어 있다. 이런 방법은 문제의 유형에 따라서 다른 방법을 적용하여야 한다. 이런 여러 가지 방법 중 나의 설계문제에 가장 적절한 문제해법을 찾기 위해서는 최적화 문제의 특징과 최적화 문제해법의 특성을 잘 이해하여야 한다. 최근 들어 이용하기 편리한 최적화 소프트웨어가 개발되고 있다.

여러분의 설계에 최적설계 기법을 도입하여 체계적이고 최적화된 설계를 도출하면 반드시 이 설계가 모든 요구조건을 만족하며 설계자가 원하는 최적의 설계인가를 분석하여야 한다.

즉, 수학적 해에 물리적 의미를 부여하여 보고 우리가 구한 해의 타당성을 항상 검토하여야 한다. 한편, 최적화 문제의 올바른 정의는 아무리 강조하여도 지나치지 않다. 잘못 정의된 문제를 정확히 풀면 그 결과는 잘못된 결과이기 때문이다. 여러분의 문제해결에 최적화 기법을 적용하여 짧은 시간 내에 최선의 결과를 도출하길 바란다.

참고문헌

1. Cross, N. Engineering Design Methods. New York: John Wiley & Sons. 1989
2. Dieter, G. Eηgineering Design. New York: McGraw-Hill, 1983.
3. Fleming, Q. W., J. W. Bronn, and G. C. Humphreys. Project and Production Scheduling. Chicago: Probus Publishing Company, 1987
4. Katzenbach, J. R., and D. K. Smith. The Wisdom of Teams. New York: Harper Collins, 1993.
5. Kerzner, H. Product Management: A Systems Approach to Planning, Scheduling, and Controlling. New York: Van Nostrand Reinhold Company, 1979.
6. Mears, P., and F. Voehl. Team Building. Boca Raton, FL: St. Lucie Press. 1997
7. Pahl, G., and W. Beitz. Engineering Design. English edition edited by K. Wallace. London: The Design Council, 1984.
8. Pugh, S. Total Design: Integrated Methods for Successful Product Engineering. Reading, MA: Addison-Wesley, 1991.
9. Suh, N. P. The Principles of Design. Oxford: Oxford University Press. 1990
10. Whitehouse, G. E. Systems Analysis and Design Using Network Techniques. Englewood Cliffs, NJ: Prentice Hall, 1973.
11. Ullman, D. G. The Mechanical Design Process. New York: McGraw-Hill. 1992
12. G. I. 브라운 (이충호 역), 2000, 발명의 역사, 세종서적
13. 겐리흐 알트슐러 (박성균 역), 2006, 이노베이션 알고리듬, 인터비젼
14. 김익철, 2001, 발명특허의 정석, 현실과 미래
15. 데이비드 피트 (김광태, 조혁 역), 1992, 혼돈의 과학, 존 브리그스, 범양사 출판부
16. Arora, J. S., Introduction to Optimum Design, Elsevier Academic Press, Amsterdam, 2004
17. 경북대학교 공학교육혁신거점센터, 2010, 입문설계교재

18. 이용재, 김노원, 김삼열, 김형석, 김창규, 김창호, 이문노, 최병윤 공저, 2010, 공학설계입문, GS인터비전

19. 김대석, 박성균, 유철중 공저, 2010, 잠자는 생각을 깨우는 창의적 공학설계, GS인터비전

20. 이창훈, 김기수, 2008, 공학입문자를 위한 창의공학설계, 한티미디어

21. 김진욱, 박근호, 송태권, 신병록, 어윤, 이수현, 임형철, 한종대 공저, 2011, 창의 공학 설계, GS인터비전

22. 송동주, 김영탁, 박진호, 심재진, 이문용, 이화조, 형원길 공저, 2008, 공학입문설계, 도서출판YOUNG

23. 박강, 김병재, 장혁수, 김영욱, 박용원 공저, 2009, 공학 문제 해결의 길라잡이 창의 공학, 교보문고

5
CHAPTER

문제해결 방법론

5.1 TRIZ란 무엇인가?

<그림 5-1> 알트슐러

트리즈라는 명칭은 '발명 문제 해결 이론'을 의미하는 러시아어 **Теорня**(째오리야: 이론), **Решення**(레셰니야: 해결), **Изобретательскнх**(이조브레따쩰스키흐: 발명), **Задач**(자다취: 문제) 의 머리글자를 영어식으로 읽은 것이며, 영어로는 Theory Inventive Problem Solving으로 번역할 수 있다.

TRIZ는 1946년 러시아 해군에서 특허를 담당하던 겐리흐 알트슐러(Genrich Altshuller)에 의해 연구되기 시작하였다. 카스피해 해군에서 특허와 관련된 기술적 문제를 해결하던 알트슐러는 서로 다른 분야의 문제들이 동일한 원리로 해결되는 것을 자주 목격하고 창의적인 해결에 어떤 공통된 원리가 존재할 것이라고 가정하고 이를 찾아내기 위하여 수십만 건의 특허를 조사하였다.

이 연구에서 알트슐러가 얻은 성과는 발명을 정의하고, 발명의 수준을 나누었으며, 발명의 유형과 진화의 유형을 파악한 것이었다. 알트슐러는 발명을 "모순(시스템의 한 특성이 좋아지면 다른 특성이 나빠지는 현상)을 해결하는 것"이라 정의하였다(한국 TRIZ 연구회, 2002). 모순의 예는 아래와 같다.

① 예 1. 면도날은 수염을 잘 자르기 위해 날카로워야 하며 동시에 피부 손상을 방지하기 위해 무뎌야 한다.

② 예 2. 비행기 날개는 이착륙 시에 양력을 받기 위해 넓어야 하지만 이륙 후에는 공기저항을 줄이기 위해 작아야 한다.

③ 예 3. 비행기 랜딩 기어는 이착륙 시에 필요하지만 이륙 후에는 공기 저항을 줄이기 위해 없어야 한다.

대부분의 문제에서는 이러한 모순이 존재하는데, 기존의 해결법은 대부분의 모순을 타협해서 해결하는 것이다. 예를 들어 [예 1]의 면도날의 경우 적당히 날카롭게 면도날을 만들어 모순과 타협하며, [예 2]의 경우 날개의 면적을 중간 정도로 만들어 문제를 해결하는 식의 문제해결이 대부분의 해결책이다. 하지만 창의적인 해결책은 타협에 의

[표 5-1] 특허 분류를 통한 발명의 정의

수준	발명 수준	점유율(%)	필요한 지식	고려해야할 해결책의 수	예
1	자명한 해결책	32	개인적 지식	10	수송효율을 높이기 위한 대형트럭
2	작은 개선	45	사내 지식	100	용접장치에 부착된 소화용 도구
3	획기적인 개선	18	산업내 지식	1,000	컴퓨터의 마우스
4	신개념	3	산업외 지식	100,000	현미경, 내연기관
5	발견	1	모든 지식	1,000,000	현재 과학지식의 범위를 뛰어넘는 단계 레이저, DNA

해 문제를 해결하는 것이 아니라 모순 자체를 제거함으로써 문제를 해결하는 것이다. 이러한 모순을 해결하기 위한 TRIZ는 몇 가지 도구를 제시하는 데 모순행렬, 표준해, 4가지 분리원리 등이 그것이다. 또한 창의적인 특허를 발명의 난이도에 따라 5단계로 나누었는데, [표 5-1]과 같다.

발명의 수준 중 1수준과 2수준의 문제는 자명한 해결책으로 특별한 어려움 없이 해결될 수 있는 문제이며, 5수준의 문제는 현재 과학지식의 범위를 뛰어넘는 단계이기 때문에 TRIZ가 목표로 하는 문제 해결의 단계는 주로 3, 4 수준의 문제 해결에 초점이 맞추어져 있다. 이렇게 발명의 수준을 분류한 이유는 수많은 특허를 자세히 검토하는 것은 시간적으로 불가능한 일이기도 하지만 수준의 분류를 통해서 창의적인 해결책의 범위와 공통점을 찾을 수 있기 때문이다.

발명 수준에 따른 분류에서 한 가지 유의할 사실은 발명의 수준이 높은 문제일수록 문제의 해결책이 다른 산업에서 찾을 수 있는 경우가 많았다는 것이다. 이는 대부분의 사람들이 자신의 경험에 의해서 문제를 해결하려 들지만 발명의 수준이 높을 경우 그런 방법으로 해결하기 힘들다는 것을 의미한다. 이것을 도식적으로 나타내면 〈그림 5-2〉와 같다. 즉, 사람들은 어떤 문제를 접했을 때 심리적 타성(Psychological Inertia) 때문에 자신의 경험에 비춘 방법으로 개념(Concept 1)을 잡고 진행하지만 거기에서 답을 못 찾을 경우, 또 다른 개념(Concept 2)을 떠올리면서 해결책을 찾으려 한다.

하지만 자신의 경험에서 벗어나 있는 해(Solution)에는 결국 접근하지 못하는 것이다. 이러한 시행착오적 방법은 시간을 많이 소모할 뿐만 아니라 우연에 의해 해결책에 접근하는 방법이기 때문에 효율적이지 못하다. TRIZ에서 이러한 해결책으로 가는 방향을 이상적인 결과(IFR, Ideal Final Result)라는 개념을 도입하여 제시하고 있다.

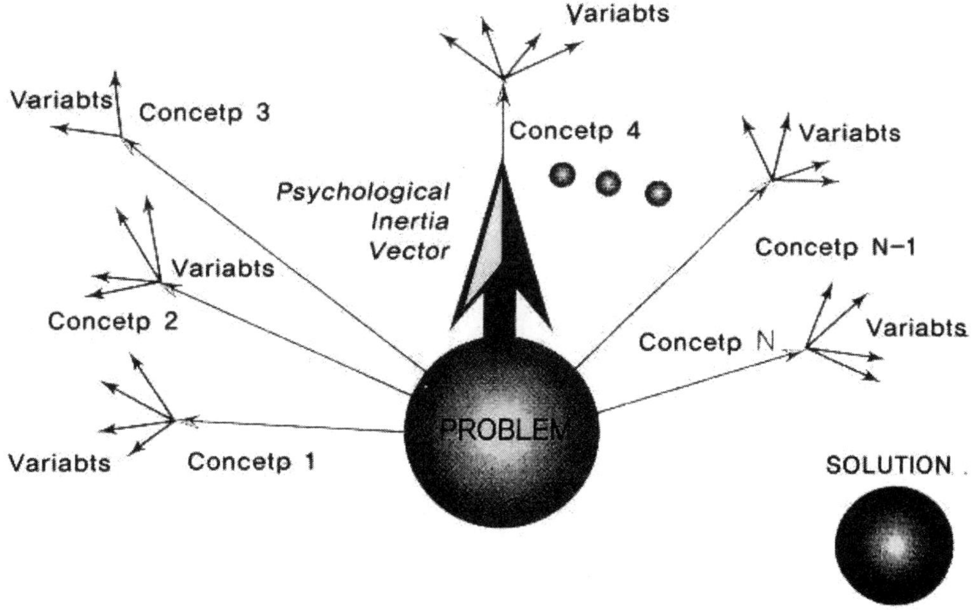

<그림 5-2> 심리적 타성의 개념(Psychological Inertia Vector)

특허 분석을 통해 얻은 또 하나의 중요한 사실은 발명의 유형이 존재한다는 것이다. 즉, 다른 분야의 문제이더라도 동일한 원리로 해결되는 경우가 많이 존재한다는 것이다. 예를 들어 보면 다음과 같다.

문제 상황 : 인공 다이아몬드의 가공

수정을 원재료로 사용하여 인공 다이아몬드를 가공하는 공장이 있다. 수정을 인공 다이아몬드로 가공하기 위해서는 수정의 균열이 간 부분을 쪼개야 한다. 그러나 불행하게도 이 공정은 종종 수정에 새로운 균열을 만들어서 수정을 못 쓰게 만든다. 어떻게 하면 수정을 새로운 균열을 발생시키지 않고 쪼갤 수 있을까?

대부분의 쉽게 할 수 있는 답은 "주의해서 가공한다", "세심한 공구를 사용하다" 등의 답이 되기 쉽다. 하지만 이문제의 해결책은 이미 다른 곳에서 사용되고 있었다.

위의 문제를 해결하기 위한 해결책으로는 다음과 같은 원리들이 사용될 수 있다.

[해결책 1] 피망의 꼬투리 제거(John Terninko et al, 1998)

피망을 밀폐된 용기에 넣고 압력을 8기압으로 점차 높인다. 그러면 피망은 쭈그러들어서 가장 약한 꼭지 부분에 균열이 생긴다. 압축된 공기는 이 균열을 통하여 피망 속으로 들어가서 피망의 내부압력과 외부압력이 같아지게 된다. 이때 용기의 압력을 감소시키면 피망의 가장 약한 부분인 꼭지 부분이 터지면서 꼬투리가 씨와 함께 제거된다.

[해결책 2] 도토리의 껍질 제거(John Terninko et al, 1998)

도토리의 껍질을 제거하는 방법은 도토리를 봉합된 벙커의 물속에 넣고, 벙커의 압력을 어느 정도 압력에 도달할 때까지 열을 가한 후 갑자기 압력을 낮추는 것이다. 그렇게 하면 고압의 가열된 물이 도토리에 침투하다가 갑자기 낮아진 압력으로 인하여 도토리의 껍질이 갈라지면서 껍질이 제거된다.

[해결책 3] 필터의 먼지 제거(John Terninko et al, 1998)

공기가 필터를 통과할 때 먼지가 구멍에 끼게 된다. 이러한 필터를 청소하는 것은 어렵다. 그러나 다음과 같은 방법을 이용하면 아주 쉽게 구멍에 낀 먼지를 제거할 수 있다. 필터를 꺼내서 봉한 후 5~10기압 정도의 압력을 가한 다음, 갑자기 압력을 떨어뜨린다. 급격한 압력의 변화는 공기를 먼지와 함께 구멍에서 빠져 나오게 한다.

<그림 5-3> 피망의 꼬투리 제거(박영택, 박수동, 1999)

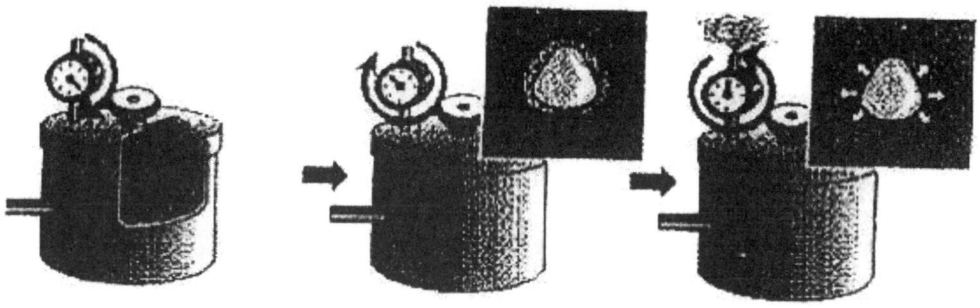

<그림 5-4> 도토리 껍질 제거(박영택, 박수동, 1999)

이상의 세 가지 해결책의 공통점은 “어떤 물질을 밀폐된 용기에 넣고, 점차 압력을 증가시킨 후 갑자기 압력을 떨어뜨린다.” 이다. 즉, 급격한 압력의 변화는 물질을 쪼갤 수 있는 폭발을 만들어 낸다는 공통적 원리를 사용한다는 것이다.

다시 수정을 쪼개는 문제로 돌아가서 해결책을 생각해 보면 간단히 문제를 해결할 수 있다. 즉, 수정을 고압용기에 넣는다. 그리고 용기의 압력을 수천 기압까지 높인 뒤 갑자기 압력을 떨어뜨린다. 갑작스런 압력의 변화로 인하여 균열이 간 수정은 쪼개지게 된다. 일반적으로 수정이라는 용어를 접하게 되면 수정에서 연상되는 개인적인 경험에 의해 이러한 해결책을 떠올리지 못하는 것이 보통이지만, TRIZ에서는 이런 용어를 일반화함으로써 개인의 심리적 관성을 제거한다.

TRIZ에서 추구하고자 하는 문제 해결 방법을 도식화하면 〈그림 5-5〉와 같다.

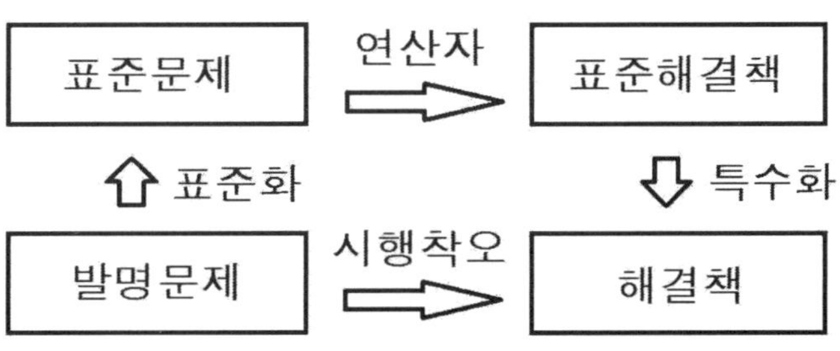

<그림 5-5> TRIZ에서의 문제 해결 방법
(박영택, 박수동, 1999)

일반적인 문제를 시행착오를 통해서 해결책을 찾아내는 것이 아니라 표준문제로 바꾸고 이 문제의 표준해결책을 TRIZ의 도구(Tool)를 통해서 찾아낸 다음 일반적인 해결책으로 도출하는 것이다.

이것은 마치 2차방정식의 해를 시행착오를 통해 구하는 것이 아닌 근의 공식으로부터 구하는 것과 동일한 원리이다(그림 5-6 참조).

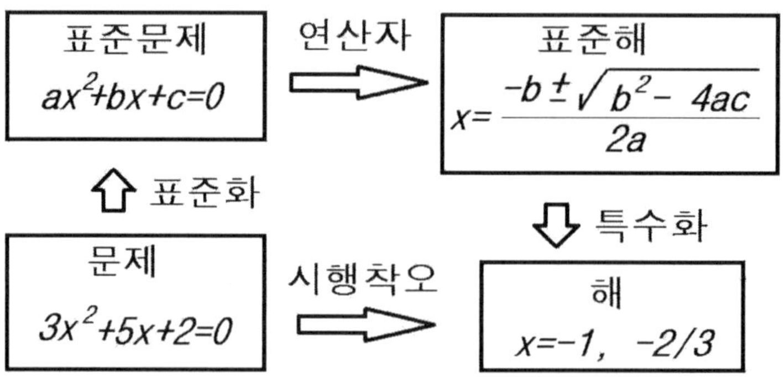

<그림 5-6> 2차 방정식 문제 해결 방법의 도식화
(박영택, 박수동, 1999)

발명과 특허의 분류를 통해 얻은 네 번째 결과는 진화의 유형을 찾아냈다는 것이다. 기계적인 시스템이든 사회적인 시스템이든 일정한 발전 방향과 유형이 존재한다는 것이다. 진화의 유형이 중요한 의미를 지니는 것은 지금 당장 문제가 되지는 않더라도 앞으로 발전해 나갈 기술의 진화 방향 예측에 도움을 준다는 것이다(황희수, 2003). 진화의 유형을 요약하면 [표 5-2]와 같다.

[표 5-2] 발명의 진화 유형

진화의 유형	설 명
1	진화의 4단계(유아기, 성장기, 성숙기, 쇠퇴기)를 거치면서 진화한다.
2	이상을 증가시키는 방향으로 진화한다.
3	시스템 요소들이 불균등하게 발전하면서 진화한다.
4	역동성과 조종성을 증가시키는 방향으로 진화한다.
5	복잡성을 증가시키는 방향에서 단순화를 통하여 증가한다.
6	조화와 부조화를 거치면서 진화한다.
7	마이크로 레벨과 장(field)의 사용을 증가시키는 방향으로 진화한다.
8	인간의 개입을 줄이는 방향으로 진화한다.

5.2 모순과 모순 행렬

5.2.1 모순

알트슐러의 연구에 의하면 많은 기술문제는 한 가지 이상의 모순을 포함하고 있다. 여기서 모순은 하나의 요소를 개선하려는 시도가 다른 것을 손상시키는 상황을 말한다. 트리즈의 핵심은 문제를 일으키는 모순을 찾아 해결하면 혁신적인 실제 문제의 해결책이 될 수 있다는 것이다. 문제를 일으킨 모순을 이용하여 문제를 본질적으로 해결하는 적극적 방법론이 바로 트리즈이다. 알트슐러는 모순을 두 가지로 새롭게 요약 정의하였다. 기술모순과 물리모순이다.

(1) 기술모순

기술모순은 문제 속에 들어있는 두 요소가 기능을 수행하는 과정에서 서로 충돌하여 발생하는 모순이다. 시소에서 한쪽이 올라가면 다른 쪽이 내려가는 것과 같은 모순이다. 예를 들면 큰 우산은 비를 잘 막아주지만 너무 무겁기 때문에 들고 있기에 어렵다. 어느 하나의 기술변수가 좋아지면 다른 기술변수가 나빠지는 것이 기술모순이다.

(2) 물리모순

물리 모순은 한 요소의 물리량이 기능을 수행하는 과정에서 충돌하여 생기는 모순이다. 기술모순에 비하여 물리모순이 압도적으로 실제 문제 해결에 유용하다. 물리모순의 예를 들면 자전거의 체인은 동력을 전달하기 위하여 충분히 단단해야 한다. 하지만 둥근 페달과 둥근 뒷바퀴를 움직이기 위해서 유연해야 한다. 즉 단단하기도 하지만 유연해야 하는 것이다. 다른 예로 비행기의 바퀴는 이륙과 착륙을 위하여 반드시 있어야 하지만, 비행 중에는 공기 저항을 줄이기 위해 없어야 한다. 칫솔의 솔의 직경은 아주 가늘어야 이빨 사이에 끼어있는 음식물을 잘 제거하지만, 너무 가는 솔은 휘어지게 되어 솔의 역할을 하지 못한다.

물리모순은 분리 원리를 해결책으로 사용하고 있다. 즉 시간에 의한 분리, 공간에 의한 분리, 전체와 부분에 의한 분리 및 조건에 의한 분리이다.

5.2.2 모순 행렬

모순 행렬은 TRIZ에서 중요한 영역을 차지하는 도구이다. 이 행렬은 40가지 발명 원리와 39가지 일반화된 특성 항목으로 구성되어 있는 행렬이다. 앞 절에서도 간단히 설명했듯이 구체적인 용어는 심리적 타성을 발생시키고, 이는 우리의 창의성을 제한하기 때문에 TRIZ에서는 문제를 일반화시키는 작업을 한다. 39가지 특성 항목은 수십만 건의 특허를 분석하여 기술적으로 모순이 되는 요소를 일반화하여 나타낸 값이다. [표 5-3]에 39가지 표준 특성을 나타내었다.

[표 5-3] 39가지 표준 특성(John Terninko et al, 1998)

1. 움직이는 물체의 무게 2. 고정된 물체의 무게 3. 움직이는 물체의 길이 4. 고정된 물체의 길이 5. 움직이는 물체의 면적 6. 고정된 물체의 면적 7. 움직이는 물체의 부피 8. 고정된 물체의 부피	9. 속도 10. 힘 11. 압력 12. 모양 13. 물체의 안정성 14. 강도 15. 움직이는 물체의 내구력 16. 고정된 물체의 내구력
17. 온도 18. 밝기 19. 움직이는 물체가 소모한 에너지 20. 고정된 물체가 소모한 에너지 21. 동력 22. 에너지의 낭비 23. 물질의 낭비 24. 정보의 손실 25. 시간의 낭비 26. 물질의 양 27. 신뢰성 28. 측정의 정밀도	29. 제조의 정밀도 30. 물체에 작용하는 유해한 요인 31. 유해한 부작용 32. 제조의 용이성 33. 조작의 용이성, 단순함 34. 보수 유지의 용이함 35. 적응성, 융통성, 다기능성 36. 장치의 복잡성 37. 조절의 복잡성 38. 자동화의 정도 39. 생산성

모순 행렬은 〈그림 5-7〉과 같이 표준 특성 중 개선이 필요한 특성과 악화되는 특성으로 행과 열이 구성되어 있다. 예를 들어 악화되는 특성이 힘(force)이고 개선이 필요한 특성이 움직이는 물체의 무게라면 8, 10, 18, 37의 발명 원리를 이용하여 문제를 해결할 수 있다는 것을 알 수 있다. 발명 원리는 창의적인 특허들을 분석하여 각각의 문제를 해결할 때 주로 사용되는 원리를 일반화하고 데이터베이스화하여 만든 것이다. 모순 행렬을 살펴보면 발명 원리가 정확한 답을 주는 것은 아니라는 것을 알 수 있다.

예를 들어 8번 발명 원리인 평형추(Counterweight)는 한 물체에 작용하는 힘을 줄이기 위한 반대되는 힘(부력이나 양력 등)을 가하는 원리인데, 이것 자체가 구체적인 해결책을 주는 것은 아니지만 이런 유형의 문제들은 평행추라는 원리를 이용하여 창의적으로 해결되었기 때문에 주어진 문제 해결의 힌트와 방향을 얻을 수 있는 것이다.

Undesired Result (Degraded Feature) / Feature in need of improvement	1 Weight of a Moving object		10 Force		39 Productivity
1 Weight of a Moving object			8,10 18,37		
2 Weight of a non Moving object					
39 Productivity					

→

Solution Paths
8. Counterweight
10. Prior Action
18. Mechanical Vibration
37. Thermal Expansion

개선하고 싶은 특성	악화되는 특성					
		설명	1	2	3	4
	1	움직이는 물체의 무게			15,8,29,34	
	2	고정된 물체의 무게				10,1,29,35
	3	움직이는 물체의 길이	15,8,29,34			
	4	고정된 물체의 길이		35,28,40,29		
	5	움직이는 물체의 면적	2,17,29,4		14,15,18,4	
	6	고정된 물체의 면적		30,2,14,18		26,7,9,39
	7	움직이는 물체의 체적	2,26,29,40		1,7,35,4	
	8	고정된 물체의 체적		35,10,19,14	19,14	35,8,2,14
	9	속도, 속력	2,28,13,38		13,14,8	
	10	힘	8,1,37,18	18,13,1,28	17,19,9,36	28,10
	11	응력, 압력	10,36,37,40	13,2910,18	35,10,36	35,1,14,16
	12	모양, 형상	8,10,29,40	15,10,26,3	29,34,5,4	13,14,10,7
	13	물질, 물체의 구서의 안정성	21,35,2,39	26,39,1,40	13,15,1,28,	37
	14	지구력 또는 강도	1,8,40,15	40,26,27,1	1,15,8,35	15,4,28,26
	15	움직이는 물체 내구성 작용시간	19,5,34,31		2,19,9	
	16	정지물체의 내구성 작용시간		6,27,19,16		1,40,35
	17	온도	36,22,6,38	22,35,32	15,19,9	3,35,39,18
	18	밝기	19,1,32	2,35,32	19,32,16	
	19	움직이는 물체의 에너지소비	12,18,28,31		12,28,	
	20	고정된 물체의 에너지 소비		19,9,6,27		
	21	동력	8,36,38,31	19,26,17,27	1,10,35,37	
	22	에너지 낭비	15,6,19,28	19,6,18,9	7,2,6,13	6,38,7
	23	물질의 낭비	35,6,23,40	35,6,22,32	14,29,10,39	10,28,24
	24	정보의 손실	10,24,35	10,35,5	1,26	26
	25	시간의 낭비	10,20,37,35	10,20,26,5	15,2,29	30,24,14,5
	26	물질의 양	35,6,18,31	27,26,18,35	29,14,35,18	
	27	신뢰성	3,8,10,40	3,10,8,28	15,9,14,4	15,29,28,11
	28	측정 정밀도	32,35,26,28	28,35,25,26	28,26,5,16	32,28,3,16
	29	제조 정밀도	28,32,13,18	28,35,27,9	10,28,29,37	2,32,10
	30	물체에 작용하는 외부의 유해한요인	22,21,27,39	2,22,13,24	17,1,39,4	1,18
	31	유해한 부작용	19,22,15,39	35,22,1,39	17,15,16,22	
	32	제조의 용이성	28,29,15,16	1,27,36,13	1,29,13,17	15,17,27
	33	조작의 용이성, 단순함	25,2,13,15	6,13,1,25	1,17,13,12	
	34	보수 유지의 용이함	2,27,35,11	2,27,35,11	1,28,10,25	3,18,31
	35	적응성, 융동성, 다기능성	1,6,15,8	19,15,29,16	35,1,29,2	1,35,16
	36	장치의 복잡성	26,30,34,36	2,26,35,39	1,19,26,24	26
	37	조절의 복잡성	27,26,28,13	6,13,28,1	16,17,26,24	26
	38	자동화의 정도	28,26,18,35	28,26,35,10	14,13,28,17	23
	39	생산성	35,26,24,37	28,27,15,3	18,4,28,38	30,7,14,26

<그림 5-7> 모순 행렬(카와모케이시 외, 2009)

이러한 발명 원리는 40가지가 있으며, TRIZ의 주요한 도구이다. 40가지 발명 원리는 [표 5-4]에 나타냈다.

초기에 40가지 발명 원리는 모순 행렬 안에서 선택하여 이용되었지만, 실제적으로 문제를 해결하는 데는 크게 도움이 되지 못한다는 지적에 따라 현재는 40가지 원리를 개별적으로 적용하여 문제를 해결하고 있다(김효준, 2003).

[표 5-4] 40가지 발명 원리(40 principles)

1. 분할	21. 건너뛰기
2. 분리	22. 유해물 이용
3. 국소 품질	23. 피드백
4. 비대칭	24. 중간 매개물
5. 병합	25. 셀프서비스
6. 범용성	26. 대체 수단
7. 포개기	27. 일회용품
8. 평형추	28. 기계식 시스템의 대체
9. 사전 예방조치	29. 공압 및 수압
10. 사전 준비조치	30. 연한 껍질이나 얇은 막
11. 사전 보호조치	31. 다공성 소재
12. 높이 유지	32. 색상 변화
13. 반전	33. 동질설
14. 타원체	34. 폐기 또는 복구
15. 유연성	35. 상태 변화
16. 초과나 과부족	36. 상전이
17. 다른 차원	37. 열팽창
18. 기계적 진동	38. 강한 산화제의 이용
19. 주기적 조치	39. 불활성 환경
20. 유용한 조치의 지속	40. 복합재료

5.3 40가지 발명 원리(40 principles)

다음은 위의 [표 5-4]에 제시된 40가지의 각각의 발명 원리에 대한 설명이다.

각각의 예에 대한 설명을 이해한 후, 각각의 원리가 적용되어 우리 주변에서 활용되고 있는 것들에 대하여 생각해 보자.

[원리 1] 분할(Segmentation) / 세분화

설명
- 물체를 독립된 부분으로 나눈다.
- 물체를 조립식으로 만든다.
- 물체의 분할 정도를 늘린다.

예
- 모듈로 된 컴퓨터 부품
- 거대한 트럭을 트럭과 트레일러로 나눈다.
- 조립식 가구
- 신속하게 조립할 수 있는 배관의 관절
- 원하는 길이만큼 쉽게 이을 수 있는 정원용 호스

[원리 2] 분리(Extraction) / 추출

설명
- 불필요한 부분이나 성질을 물체로부터 분리하여 제거한다.
- 필요한 부분이나 성질을 물체로부터 추출한다.

예
- 압축 공기가 필요한 건물에서 요란한 소리를 내는 압축기를 건물 밖에 위치시킨다.
- 비행장에서 새들을 쫓아내기 위해 녹음기를 이용해서 새들을 놀라게 하는 소리를 낸다. 이 소리의 주파수는 새들만을 위해서 분리된 것이다.

[원리 3] 국소 품질(Local quality) / 성질의 국소화

설명
- 동일한 구조의 물체나 환경을 이질적인 구조로 변환한다.
- 물체의 각 부분이 운영에 필요한 최적의 상태에 놓이게 한다.
- 물체의 각 부분이 각각 다른 기능을 수행하게 한다.

예
- 일정한 온도, 압력, 밀도 대신에 이들의 변화율을 사용한다.
- 뜨거운 음식과 찬 음식을 구분하기 위한 칸막이가 있는 도시락
- 지우개 달린 연필
- 다기능 공구
- 탄광에서 먼지를 제거하기 위해서 아주 작은 물방울을 착암기와 적재기의 작동 부분에 뿌린다. 물방울이 작을수록 먼지 제거 효과가 크지만 작은 물방울들은 안개와 같아서 작업 자체를 방해한다. 이 문제는 작은 물방울을 주위에 좀 더 큰 물방울 층을 만드는 것으로 해결할 수 있다.
- 속이 빈 새의 뼈, 속이 빈 파이프, H형강

[원리 4] 비대칭(Asymmetry)

설명
- 물체의 구조를 대칭 구조에서 비대칭 구조로 바꾼다.
- 물체가 이미 비대칭이라면 그 정도를 증가시킨다.

예
- 원통형의 축을 손잡이(knop)에 단단히 붙이기 위해서 일부를 납작하게 한다.
- 비대칭 혼합 용기(믹서, 레미콘 트럭)
- 커브 길에서 타이어의 마모를 줄이기 위해서 타이어의 바깥쪽을 안쪽보다 강하게 만든다.
- 봉합을 개선하기 위해서 원형 대신 타원형의 횡단면을 이용한다.

[원리 5] 병합(Merging)/ 조합 - 시간과 공간

설명
- 동일하거나 비슷한 물체들을 가까이 모아 두거나 병합한다(공간).
- 물체들이 연속적 또는 병렬로 작동하게 한다(시간).

예
- 오디오세트
- 네트워크로 연결된 개인용 컴퓨터
- 통풍 시스템에서의 바람개비
- 병렬처리 컴퓨터에 있는 수천 개의 마이크프로세서
- 회로판에 있는 전자칩들
- 여러 가지의 혈액형을 동시에 분석하는 의료분석 기구
- 절삭을 하면서 동시에 절삭공구에 냉각제를 뿌려준다.
- 쌍동이 배 : 동일한 기능을 가진 선체를 2개 붙여서 측면 파도에 대하여 흔들림을 방지한 배

[원리 6] 범용성(Universality)

설명
- 시스템이 여러 기능을 수행하도록 한다. 기능의 다중화.

예
- 치약이 포함된 칫솔 손잡이
- 침대용 소파
- 지우개가 달린 연필
- 유모차로 변환되는 어린이용 자동차 안전 시트

[원리 7] 포개기(Nesting)

설명
- 하나의 물체를 다른 물체 속에 넣는다.
- 하나의 물체가 다른 물체의 구멍을 통과한다.

예
- 러시아 인형(Matreshka)
- 마이크나 스피커가 내장된 휴대용 오디오 시스템
- 신축 가능한 라디오 안테나
- 줌렌즈
- 안전벨트
- 비행기의 착륙장치
- 연필의 심을 내장한 샤프펜슬
- 겹쳐 쌓아 간결하게 격납할 수 있는 의자

[원리 8] 평형추(Counterweight)

설명
- 물체의 무게를 양력을 가진 다른 물체와 연결하여 상쇄한다.
- 물체의 무게를 공기나 물에 의한 주위 환경과 상호 작용하게 한다.

예
- 건설용 기중기
- 통나무 묶음에 거품이 나는 약품을 주입해서 물 위에 잘 뜨게 한다.
- 플래카드를 지지하기 위해서 헬륨 풍선을 이용한다.
- 비행기의 날개 구조는 날개 위의 공기 밀도를 감소시키고 날개 아래의 공기 밀도를 증가시켜 뜨게 한다.
- 비행기 날개의 소용돌이 줄무늬
- 물과의 마찰을 줄이기 위한 수중익선
- 천칭 저울

[원리 9] 사전 예방조치(Preliminary anti-action)

설명
- 어떠한 작용을 해야 할 경우 사전에 이에 대한 반작용을 고려한다.
- 물체에 스트레스를 미리 가한다.

예
- PH가 높은 물질로부터의 해를 막기 위해서 수용액을 이용한다.
- 강철봉을 콘크리트에 넣기 전에 미리 스트레스를 가한다.
- 페인트칠을 하지 않을 곳을 미리 테이프로 싼다.
- X-선에 노출되는 부분을 납으로 된 치마를 사용하여 가린다.

[원리 10] 사전 준비조치(Prior action)

설명
- 물체가 겪게 될 변화를 미리 겪게 한다.
- 이동 시간의 낭비 없이 물체를 바로 사용할 수 있도록 편리한 위치에 배열한다.

예
- 자명종 시계의 알람 설정, 비디오의 녹화 예약
- 미리 풀칠해 둔 벽지
- 수술에 필요한 모든 도구들을 봉합된 쟁반에서 살균한다.
- 무디어진 부분을 잘라내서 사용하는 칼날
- JIT에서의 간판배열

[원리 11] c(Beforehand cushioning)

설명
- 신뢰성이 낮은 물체에 대해서 미리 비상수단을 준비해 둔다.
- 예방 대응책을 실시하여 낮은 신뢰성을 향상시킨다.

예
- 예비 낙하산
- 도난 방지를 위한 상품의 바코드
- 화재 예방용의 스프링클러

[원리 12] 높이 유지(Equipotentiality)

설명
- 같은 높이에서의 작업
- 물체가 올라가거나 내려가지 않도록 작업 조건을 변화시킨다.

예
- 자동차 엔진 오일을 교환하기 위해서 작업자가 구덩이에 들어가서 작업한다.
- 파나마 운하

[원리 13] 반전(Inversion)

설명
- 문제를 해결하기 위해서 반대의 조치를 취한다.
- 움직일 수 있는 부분을 고정시키고, 고정된 부분을 움직일 수 있게 한다.
- 물체나 공정을 거꾸로 뒤집는다.

예
- 딱딱한 부분을 무르게 하기 위해서 바깥쪽을 가열하는 대신 안쪽을 얼린다.
- 풍동: 항공기의 풍력 특성을 통동 내에서 항공기의 모형을 매달아, 역으로 공기를 움직여 측정한다.
- 연마 작업 시 공구 대신에 부품을 회전시킨다.
- 러닝머신
- 컨테이너를 비우기 위해서 컨테이너를 뒤집는다.

[원리 14] 타원체(Spheroidality)

설명
- 직선 대신에 곡선을 이용한다.
- 롤러나 볼, 나선형, 돔을 이용한다.
- 원심력을 이용하여 직선운동을 회전운동으로 바꾼다.

예
- 건축물에서 강도를 높이기 위해서 아크나 돔을 사용한다.
- 물체를 들어 올리는 데 사용하는 나선형 기어
- 잉크 분배를 부드럽게 하기 위해서 볼 포인트나 롤러 포인트를 사용한다.
- 가구를 옮기는 데 원통형 바퀴 대신에 구형 바퀴를 사용한다.
- 컴퓨터 볼 마우스 : 볼 구조를 이용하여, 2축의 직선운동을 대치.
- 원심력에 의하여 우라늄 235와 우라늄 238을 분리 추출(비중 차를 이용).

[원리 15] 유연성(Flexibility)

설명
- 최적 작동조건을 위해 물체나 외부 환경이 변하게 한다.
- 물체의 각 부분이 상대적으로 움직일 수 있도록 나눈다.
- 물체가 만일 유연하지 않다면 유연하게 한다.

예
- 조정가능한 핸들, 의자, 거울
- 버터플라이 키보드

- 엔진 검사를 위한 유연성 borescope
- 의료 검사를 위한 유연한 결장경
- 트레일러 차량

[원리 16] 초과 혹은 과부족(Partial excessive action)

설명
- 주어진 해결방법을 이용하여 목표를 100% 달성할 수 없다면 '조금 덜' 또는 '조금 더' 와 같은 방법을 이용한다.

예
- 페인트칠 할 때 과도하게 뿌린 다음에 초과된 부분만 제거한다.
- 호퍼 내의 깔때기 작용 - 호퍼의 내측에 깔때기를 달고 호퍼에 연속적으로 과잉 주입하면 압력이 거의 일정하게 되어 저장 용기로부터 분말가루 같은 모양으로 빼내는 것이 가능하다.
- 이미지 압축 기술

[원리 17] 다른 차원(Another dimension)

설명
- 물체를 2차원 혹은 3차원 공간으로 옮긴다.
- 단층 배열 대신에 다층 배열을 이용한다.
- 물체를 기울이거나 방향을 전환한다.
- 주어진 영역의 반대쪽을 이용한다.

예
- 프레젠테이션을 위한 적외선 컴퓨터 마우스는 평면이 아니라 공간상에서 움직인다.
- 5축 절단공구
- 여러 장의 CD가 들어가는 CD플레이어
- 컴퓨터의 하드디스크
- 양면이 프린트된 전자회로
- 덤프트럭
- 복합 마이크로 전자회로

[원리 18] 기계적 진동(Mechanical vibration)

설명
- 물체를 진동시킨다.
- 진동이 있다면 진동수를 증가시킨다.
- 전자기장을 초음파로 진동과 함께 이용한다.

예
- 진동하는 날을 가진 전자 조각칼
- 진동을 이용하여 분말을 배분한다.
- 초음파 진동을 이용하여 담석이나 신장 결석을 파괴한다.
- 수정발진 시계
- 유압 해머

[원리 19] 주기적 작용(Periodic action)

설명
- 연속적인 작용 대신에 주기적인 작용을 취한다.
- 작용이 이미 주기적이라면 주기의 정도를 바꾼다.
- 다른 작용을 수행하기 위해서 펄스 사이에 휴지 기간을 사용한다.

예
- 해머로 물체를 반복해서 두드린다.
- 연속적인 사이렌을 주기적으로 사이렌으로 바꾼다.
- 정보를 전달하기 위해서 모스부호 대신에 주파수 변조를 이용한다.
- 경고등의 점멸에 의한 주의 환기.

[원리 20] 유용한 작용의 지속(Continuity of useful action)

설명
- 물체의 모든 부분이 항상 최대한 작동하게 한다.
- 모든 유휴 또는 단속 작업을 제거한다.

예
- 플라이휠은 자동차가 멈출 때 에너지를 저장해서 모터가 최적의 힘으로 작동하도록 유지해 준다.
- 공장에서 병목현상이 발생하는 작업을 최적 페이스에 도달할 때까지 연속적으로 수행한다.
- 프린터 용지를 공급하는 동안 인쇄한다.

[원리 21] 고속 실행(Skipping)

설명
- 유해하거나 위험한 공정을 최고 속도로 수행한다.

예
- 치아를 갈 때 치아 조직이 가열되는 것을 피하기 위해 드릴을 고속으로 회전시킨다.
- 플라스틱 절단 시 변형을 피하기 위해 열이 플라스틱에 퍼지기 전에 빠르게 절단한다.

[원리 22] 유해물 이용(Convert harm into benefit)

설명
- 바람직한 효과를 달성하기 위해서 해로운 요인을 부분적으로 사용한다.
- 유해한 요소를 제거하기 위해서 또 다른 유해한 요소를 첨가한다.
- 유해한 요인이 더 이상 유해하지 않을 때까지 그것을 강화한다.

예
- 폐기물의 열을 사용하여 전기를 발생시킨다.
- 폐기물 재활용
- 부식성 용액에 완충물질을 첨가한다.
- 잠수할 때 공기와 질소 혼합물로부터 질소의 마취 성분과 산소의 독성을 제거하기 위해서 헬륨-산소 혼합물을 사용한다.
- 산불이 났을 때 탈 재료를 제거하기 위해서 반대쪽에 불을 지른다.

[원리 23] 피드백(Feedback)

설명
- 공정을 개선하기 위해서 피드백을 이용한다.
- 기존의 피드백의 본질을 변화시킨다.

예
- 통계적 공정관리(SPC)
- 오디오 회로에서 자동 볼륨 제어
- 항공기가 공항으로부터 5마일 이내에 있을 경우 자동조종장치의 민감도를 변화시킨다.
- 냉방을 할 때 에너지의 효율을 위해서 자동 온도조절 장치의 민감도를 변화시킨다.
- 무게를 소리로 변화시킨다.
- 빛 대신 전기 신호를 이용한 망원경
- 온실 내의 온도 제어: 바이메탈 또는 형상기억합금을 조합한 개폐기에 의하여, 온도변화에 대응하여 창문 개폐

[원리 24] 중개/중간 매개물(Intermediary)

설명
- 중간 매개체 혹은 중간 공정을 사용한다.
- 쉽게 제거될 수 있는 물체를 임시로 물체에 결합한다.

예
- 해머와 못 사이에 사용되는 목수의 못 박는 기구
- 뜨거운 접시를 식탁에 옮기는 데 사용되는 용기 받침

[원리 25] 셀프서비스(Self-service)

설명
- 보조기능을 수행함으로써 물체가 자신에게 서비스하도록 한다.
- 쓰레기 자원, 에너지를 이용한다.

예
- 할로겐램프는 사용하는 동안 필라멘트를 재생한다. 증발된 물질이 다시 부착된다.
- 전기를 발생시키기 위해서 작업과정에서 발생하는 열을 이용한다.
- 엔진의 열을 이용한 난방
- 동물의 배설물을 비료로 사용한다.
- 퇴비를 만들기 위해서 음식물과 잔디 쓰레기를 이용한다.

[원리 26] 대체 수단(Copying)

설명
- 비싸고, 깨지기 쉽고, 이용하기 어려운 물체 대신 간단하고 값싼 복제품을 이용한다.
- 빛의 복사를 사용하여 물체나 공정 등을 관찰한다.
- 빛의 복사 대신 자외선이나 적외선 복사를 이용한다.

예
- 보안 시스템의 침입자나 곡물의 질병 등과 같은 데서 열원을 감지하기 위해 서적외선 이미지를 사용한다.
- 컴퓨터를 통한 가상현실
- 세미나에 참가하는 대신 오디오 테이프를 듣는다.
- 화성 표면의 사진을 조사한다.
- 사진의 크기를 측정함으로써 물체의 크기를 측정한다.
- 태아의 건강을 알아보기 위해서 소노그래프를 이용한다.

[원리 27] 일회용품(Cheap short-living objects)

설명
- 비싼 물체를 값싼 물체로 교환한다.

예
- 기저귀의 세탁 비용을 없애기 위해서 1회용 기저귀를 사용한다.
- 모든 1회용 제품

[원리 28] 기계식 시스템의 대체(Replace a mechanical system)

설명
- 기계적인 방법을 감각(빛, 소리, 냄새)을 이용하여 대체한다.
- 물체와 작용하는 전기, 자기, 전자기장을 이용한다.
- 정적인 장을 동적인 장으로, 비구조적인 장을 구조적인 장으로 변화시킨다.

예
- 개나 고양이의 침입을 막기 위해 물리적 울타리 대신에 음향 울타리로 대체한다.
- 가스 누출을 알 수 있도록 기계나 전자장치를 이용하는 대신에 독한 냄새가 나는 성분을 사용한다.
- 액체의 밀도를 변화시키기 위해서 자성 물질을 사용한다.
- 자기장을 이용한 자기부상열차
- 자기장을 사용하여 강자성 물질을 포함한 물질을 가열한다. 온도가 퀴리점(자기변태가 일어나는 온도)을 초과할 때 그 물질은 상자성 물질이 되어 더 이상 열 을 흡수하지 않는다.

[원리 29] 공압 및 수압(Pneumatics and hydraulics)

설명
- 고체 대신에 기체나 액체를 이용한다.로 변화시킨다.

예
- 겔로 채워진 신발 밑창
- 유체 시스템에서 바퀴를 감속시킬 때 에너지를 저장하여 나중에 가속할 때 재사용 한다.

[원리 30] 유연한 껍질이나 얇은 막(Flexible shells and thin films)

설명
- 3차원 구조 대신에 유연한 셸이나 얇은 필름을 이용한다.
- 물체를 유연한 쉘이나 얇은 필름을 이용하여 외부 환경과 격리시킨다.

예
- 물침대
- 겨울에 테니스코트 보호용으로 부풀릴 수 있는 커버를 이용한다.
- 저수지의 증발을 막기 위해서 양극성 물질(한쪽은 친수성, 다른 한쪽은 소수성)의 필름을 띄운다.
- 식물의 잎으로부터 물이 빠져나가는 것을 방지하기 위해서 중합체를 뿌린다.

[원리 31] 다공성 소재(Porous materials)

설명
- 물체를 다공성으로 만들거나 다공성 물질을 첨가한다.
- 만일 물체에 구멍이 있다면, 더 작은 구멍을 이용한다.

예
- 무게를 줄이기 위해서 구조물에 구멍을 뚫는다.
- 수소를 팔라듐 스펀지의 구멍에 저장한다(수소 자동차의 연료탱크 - 수소가스를 저장하는 것보다 훨씬 안전하다).

[원리 32] 색상 변화(Color changes)

설명
- 물체나 외부 환경의 색을 변화시킨다.
- 물체나 외부 환경의 투명도를 변화시킨다.

예
- 암실에서 붉은 빛을 이용하여 사진을 현상한다.
- 반도체 공정에서 투명한 물질을 고체 마스크로 변화시키기 위해서 석판인쇄를 사용한다.
- 투명한 붕대

[원리 33] 동질성(Homogeneity)

설명
- 똑같은 재료 혹은 동일한 특성을 갖는 물체와 상호 작용하는 물체를 만든다.

예
- 용기와 내용물이 반응하는 것을 방지하기 위해서 내용물과 같은 재료의 용기를 사용한다.
- 다이아몬드는 다이아몬드로 만든 절단 도구를 이용하여 자른다.

[원리 34] 폐기 또는 복구(Discarding and recovering)

설명
- 기능을 수행했거나 더 이상 필요하지 않는 물체는 증발되거나 용해되어 없어진다.
- 물체의 소모되는 부분을 작동 시에 회복한다.

예
- 녹는 알약 캡슐

- 얼음 구조 : 임시 둑과 같이 땅을 임시로 다지기 위해서 얼음이나 드라이아이스를 이용한다. 땅을 채우고 나면, 나중에는 얼음이 녹거나 승화하여 없어진다.
- 저절로 날이 갈리는 잔디 깎기
- 탄환의 케이싱 : 발사 후에 배출한다.
- 가축의 분뇨를 비료로 이용.
- 주행 중에 스스로 튠업되는 자동차 엔진

[원리 35] 상태 변화(Parameter changes)

설명

- 물체의 물리적 상태를 변화시킨다(고체, 액체, 기체)
- 농도를 변화시킨다.
- 유연성의 정도를 변화시킨다.
- 온도를 변화시킨다.

예

- 시럽이 들어있는 초콜릿 사탕의 제조 - 시럽을 얼린 후 액체 초콜릿에 잠시 담근다.
- 산소, 질소 등을 수송할 때 부피를 줄이기 위해서 액체 상태로 운반한다.
- 액체 비누는 덩어리 비누보다 농도가 진하고 점도가 높다. 또한 여러 사람이 사용할 때 좀 더 위생적이고 적정량을 따르기가 쉽다.
- 유연성과 내구성을 증가시키기 위해서 퀴리점 이상으로 온도를 올린다.
- 음식을 요리하기 위해서 온도를 올린다(맛, 향기, 구조 등의 변화)
- 의학용 표본을 낮은 온도에서 보관한다.

[원리 36] 상전이(相轉移, Phase transitions)

설명

- 상전이 시 발생하는 현상을 이용한다(부피 변화, 열손실 또는 흡수)

예

- 물은 다른 액체와는 달리 얼면 부피가 팽창한다.
- 파이프 내에 물을 가두고 얼리면 파이프 확관이 가능하다.
- 폐쇄 열역학 사이클의 기화열과 응고열을 이용한 열펌프
- 형상기억합금 - 저온 상과 고온 상이 다른 것을 이용.

[원리 37] 열팽창(Thermal expansion)

설명
- 물질의 열팽창을 이용한다.
- 열팽창이 사용되고 있다면 다른 열팽창 계수를 갖는 여러 개의 물질을 사용한다.

예
- 부품을 단단하게 조립하기 위해서 안에 들어갈 부분은 냉각시키고, 밖에서 싸는 부분은 가열하여 조립한다.
- 자동차의 리프스프링
- 바이메탈

[원리 38] 강한 산화제의 이용(Use strong oxidizers)

설명
- 일반 공기를 산소가 많은 공기로 바꾼다.
- 일반 공기를 순수한 산소로 바꾼다.
- 공기나 산소를 이온화한 방사선에 노출시킨다.
- 이온화된 산소를 사용한다.

예
- 잠수용 산소통
- 산소-아세틸렌 토치를 사용하여 고온으로 철근을 절단한다.
- 환자를 고압산소 환경에서 치료하면 박테리아를 죽일 수 있다.
- 공기청정기에서 오염 물질을 골라내기 위해서 공기를 이온화한다.
- 사용하기 전에 가스를 이온화 함으로써 화학반응 속도를 높인다.

[원리 39] 불활성 환경(Inert environment)

설명
- 정상적인 환경을 불활성 상태로 만든다.
- 공정을 진공 상태에서 진행한다.

예
- 아르곤 기체를 이용하여 뜨거운 금속 필라멘트의 파손을 막는다.
- 창고에서 솜에 불이 붙는 것을 방지하기 위해서 창고로 옮길 때 불활성가스로 처리한다.

[원리 40] 복합재료(Composite materials)

설명 ▪ 복합재료를 이용한다.

예 ▪ 비행기 동체의 복합재료는 가볍고 강하고 유연하다.
▪ 자동차의 타이어 : 고무+직물+강철 와이어
▪ 단열판 유리 : 유리+공기+유리

5.4 ASIT(Advanced Systematic Inventive Thinking)

5.4.1 ASIT의 개요

ASIT은 이스라엘의 호로위츠(Roni Horowitz) 박사가 개발한 창의성 개발 프로그램이다. 트리즈는 페레스트로이카 이후 알트슐러의 많은 제자들에 의해 서방 세계에 알려지게 되었는데, 이때 트리즈 이론이 각 연구자의 생각에 맞게 여러 가지 형태로 변형되어 개발되었다. ASIT는 이러한 변형된 트리즈의 한 형태이다.

이 프로그램의 핵심은 트리즈에서 나오는 많은 원리와 효과들을 주로 사용되는 것 위주로 재편한 것이다. 즉, 트리즈의 이상적 해결책을 한정된 세계의 원리로, 모순이라는 개념을 관계 변화의 원리로 설명했으며, 트리즈의 40가지 원리 중 자주 사용되는 원리를 뽑아 5가지 문제 해결 기법으로 정리한 것이다.

5.4.2 TRIZ에서 ASIT으로

(1) 제1단계 : 이상적인 해결책 → 한정된 세계의 원리

창의적인 해결책에는 전형적으로 나타나는 특징이 있는데, 이것은 창의적인 해결책들이 문제의 세계(Problem world)에 새로운 요소의 추가 없이 문제를 해결한다는 것이다. 이것은 트리즈 이론의 자원이라는 개념과 유사한 개념이다. 트리즈에서도 문제를 해결할 경우 가능하다면 제 3의 요소를 도입하는 것을 권장하지 않고 있다. 만약 어쩔 수 없이 제3의 요소를 도입해야 한다면 문제에 있는 요소를 변형하여 이용하도록 하고 있다.

예를 들어 문제의 요소에 물이 있다면 이것의 변형 요소인 얼음을 이용한다는 것이다. 이러한 트리즈의 개념을 ASIT에서는 한정된 세계의 원리라고 부르며 ASIT의 두 가지 중요한 원리 중 한 가지가 되는 것이다. 따라서 ASIT에서는 현재 있는 문제에서 문제 요소와 주변요소를 구별하여 정리하는 것을 매우 중요하게 생각하며 이것을 정리하는 것이 ASIT의 첫 단계가 된다.

(2) 제2단계 : 모순의 극복 → 관계 변화의 원리

모순이라는 개념은 트리즈에서 가장 중요한 개념 중의 하나로, 트리즈의 중요한 목표가 모순을 극복하는 것이다. 이 모순이라는 개념이 ASIT에서는 관계 변화의 원리로 설명된다. 일반적으로 문제를 일으키는 '악화 요인'과 그로 인해 발생되는 '원하지 않는 결과' 사이에는 비례하는 관계가 성립하는데 이것을 반비례하는 관계로 만들거나 무관한 관계로 만들어 내도록 해결책을 마련하는 것이다.

예를 들어 군중들이 데모를 하는 경우 바리게이트를 설치하여 이를 막는데, 군중이 많으면 많을수록(악화 요인) 바리게이트는 넘어지기 쉽다(원하지 않은 결과). 이런 문제를 해결하기 위해서 바리게이트를 책꽂이 형태로 만들면 군중이 많아도 넘어지지 않게 된다.

(3) 제3단계 : 40가지 발명 원리 → 5가지 기법

호로위츠 박사는 트리즈가 다음과 같은 문제점이 있다고 지적하였다. ASIT에서 지적하는 트리즈의 문제점은 다음과 같다.

- 일반적인 문제 이외에 상당히 특정한 문제에만 적용되는 원리들이 있다.
- 활용빈도 차원에서 볼 때 일부 원리는 매우 자주 쓰이지만 다른 몇 개의 원리는 거의 사용되지 않는다.
- 원리의 수가 너무 많아 40가지 모두를 적용하기 매우 어렵다.

트리즈는 40가지 원리를 '모순 행렬표' 로 조직화하였다. 문제 내에 존재하는 모순의 유형을 찾아내 상호 갈등을 일으키는 물리적 매개 변수로 묶은 뒤, 이 유형들끼리 짝을 지어 몇 개의 소단위 원리로 구성하였다. 이렇게 한 결과 다음과 같은 문제들이 발생하였다.

- 변수를 식별하는 데 시간이 많이 걸리며 해결하지 못할 경우 좌절감을 느끼게 된다.
- 변수들이 공학적인 문제와 관련이 있어 이를 정확히 유추하지 못하는 경우에는 문제 해결이 어렵다.
- 트리즈를 익히는 데 시간이 너무 많이 소요된다.

이러한 트리즈의 문제점을 해결하기 위해서 ASIT에서는 40가지 발명 원리를 용도변경, 복제, 분할, 대칭 파괴, 제거의 다섯 가지로 요약하였다.

가) 용도변경(Unification)

가스라이터에 병따개 기능을 병합하거나 볼펜을 레이저포인터로, 모자를 우산으로 용도변경을 하는 경우와 같이, 기존의 구성요소에 새로운 용도를 부여함으로 문제의 해결책을 찾는다.

나) 복제(Multiplication)

현재 존재하는 구성요소와 같거나 유사한 구성요소를 추가하여 문제를 해결한다. 복제는 용도변경 기법과 비슷하다. 차이점은 복제기법에서 행동을 수행할 구성요소는 외부에서 가져온 같은 유형의 요소라는 점이다.

다) 분할(Division)

하나의 구성요소를 선택하여 그것을 여러 개로 나눈다. 나누어진 부분들을 시공간적으로 새롭게 구성하거나 재배치하여 문제를 해결한다.

라) 대칭파괴(Breaking Symmetry)

안정감을 주는 대칭을 파괴함으로 문제를 해결한다. 대칭에는 사물대칭과 시간대칭 그룹대칭이 있으며 가각의 예는 다음과 같다.

- 사물대칭 : 사물의 모든 위치에서 동일한 특성이 존재할 때
  (예 : 같은 색의 자동차)

- 시간대칭 : 시간이 지나도 사물이 가진 특성이 변하지 않을 때
  (예 : 성인의 키)
- 그룹대칭 : 같은 형태의 사물들 그룹이 동일한 특성을 가질 때
  (예 : 자동차의 4 바퀴)

마) 제거(Removal)

문제요소 중에서 한개 혹은 그 이상의 요소를 제거함으로 해결책을 찾는다. 이와 같은 ASIT 기법의 특성을 요약하면 다음과 같은 4 가지로 정리할 수 있다.

① 유사성(Similarity) : 문제와 해결책의 개념상의 거리가 가깝다.
② 독특성(Uniqueness) : 과거의 비슷한 문제를 해결했던 방식과는 다른 방식, 즉 문제의 독특한 특성을 사용 한다.
③ 이상성(Ideality) : 해결책은 필요한 때에만 존재하고 필요 없을 때에는 사라진다.
④ 문제점이 곧 해결책(Problem is Solution) : 원치 않는 효과를 오히려 해결책으로 이용한다.

이러한 ASIT의 기법이 간단하다는 장점이 있는 반면 트리즈의 일부분만을 보여준다는 비판이 존재하기도 한다. 이 방법의 개발자인 호르위츠 박사도 ASIT은 TRIZ를 대체하는 것이 아닌, TRIZ를 보완하는 것으로 보아야 하며, 사람에 따라 ASIT을 이용한 후 TRIZ를 이용하는 것이 적합한 사람이 있으며 또 반대의 경우도 있다고 한다(김준식, 2003)

5.5 실용 TRIZ(Practical TRIZ)

실용트리즈는 알트슐러의 트리즈를 실용적으로 현업 문제해결에 쉽게 사용하기 위하여 2004년 개발되었다. 실용트리즈의 문제해결은 단계별로 진행된다. 간단한 문제는 제1단계 경계영역의 도식화, 제2단계 모순 도출, 제3단계 모순분석의 단계를 거친다. 복잡한 문제는 제1단계는 경계영역의 도식화, 제2단계는 기능분석, 제3단계 모순 도출, 제4단계 모순분석의 순서로 진행한다.

<그림 5-8> 유리문과 손가락(김호종 외, 2011)

5.5.1 경계영역의 도식화

문제의 실제 상황을 정확하게 이해하고 그림으로 나타내는 것이다. 정확하게는 문제가 발생하는 경계부분을 그림으로 나타내어 모델링하는 것이다. 이 방법을 통하여 문제를 일으키는 본질적인 원인을 쉽게 이해할 수 있고, 문제 속에 숨어있는 물리모순을 쉽게 찾을 수 있다.

예제 : 어린이들이 유리문에서 손가락을 다치는 문제가 자주 발생하고 있다. 이 문제를 경계영역의 도식화로 나타내어 분석하라.

〈그림 5-8〉에서 경계영역의 도식화를 보면 왜 손가락이 다칠 수밖에 없는가를 누구나 쉽게 알 수 있다. 그림으로부터 손가락이 다치는 원인을 찾아보면, 첫째 문이 닫히기 때문이고 둘째 문의 닫히는 힘 때문이기도 하다. 셋째로 교차하는 두 문의 틈이 너무 좁기 때문이기도 하다.

그렇다면 손가락을 다치게 하는 세 가지 원인들을 제거할 수 있는지 검토하여 보자.

그림을 자세히 보면 문제를 일으키는 것은 문의 끝부분이 손가락을 강하게 누르기 때문이다. 해결책은 문의 끝 부분만을 딱딱하지 않은 부드러운 소재로 바꾸면 된다.

5.5.2 모순도출과 모순분석

칫솔의 솔의 직경은 아주 가늘어야 이빨 사이에 끼어있는 음식물을 잘 제거하지만, 너무 가는 솔은 휘어지게 되어 솔의 역할을 하지 못한다.

가는 솔 (a)　　굵은 솔 (b)

<그림 5-9> 칫솔의 모순(김호종 외, 2011)

해결책은 칫솔의 솔의 끝은 가늘고 몸체는 굵게 하면 된다. 이런 칫솔의 솔은 작은 음식물을 잘 제거하는 기능과 휘어지지 않는 기능을 동시에 수행하며, 실제로 미세모라는 이름으로 만들어지고 있다.

많은 물리모순은 분리 원리로 해결할 수 있다. 시간분리, 공간분리, 부분과 전체분리 및 조건분리이다.

☀ (예 1) 비행기의 바퀴:

시간분리로 해결. 착륙 시에는 비행기 동체의 바깥으로 바퀴를 나오게 하고, 비행 중에는 동체에 들어가 있도록 하는 것이다. 즉 필요한 시간에는 있고 불필요한 시간에는 없어지는 구조로 시간에 따라 바퀴를 움직일 수 있게 하면 된다.

☀ (예 2) 비행기의 날개

비행기에는 착륙 시에는 날개의 면적이 넓어야 하지만 비행 중에는 좁아야 좋다. 이것을 물리모순으로 표현하면 '비행기의 날개 면적은 넓어야 하고 좁아야 한다.'이다. 이것은 명백한 모순이다.

이착륙 시에는 속도가 느리기 때문에 날개는 많은 양력을 얻기 위하여 면적이 넓어야 하고, 비행 시에는 공기 저항을 줄이기 위하여 좁아야 한다. 비행기의 보조 날개는 이착륙 시에는 비행기 동체에서 바깥으로 나오면서 면적을 넓혀 많은 양력을 발생시키는 구조가 된다. 3차원 공간을 이용하여 면적이라는 물리량을 크게도 하고 작게도 할 수 있는 구조로 날개를 설계하였다.

☀ (예 3)

건축 기초공사에서 땅 속에 큰 파일을 박고 있다. 파일의 끝이 뾰족하면 쉽게 땅 속으로 들어갈 수 있다. 하지만 이 경우 건물이 완공된 후 파일의 뾰족한 부분이 파괴되어 바닥이 침하되는 문제가 생긴다.

- 모순: 파일의 끝은 뾰족해야 하고, 뾰족하지 않아야 한다.
- 시간 분리: 파일을 박은 후에 끝 부분을 뾰족하지 않게 하면 된다. 예를 들면, 끝 부분에 화약을 넣어 터뜨릴 수 있다.

5.5.3 기능분석

모든 제품이나 부품은 반드시 어떤 기능을 수행하도록 제작된다. 이 기능을 파악하기 위하여 기능분석을 하고 기능분석도라는 형태로 도식화한다.

- 안전모는 머리를 보호한다. ⇒ 안전모는 머리를 향하여 움직이는 물체를 차단한다.
- 칫솔은 치아를 닦는다. ⇒ 칫솔은 치아 사이에 끼어있는 이물질을 제거한다.
- 에어컨은 사람을 시원하게 한다.⇒ 에어컨은 공기를 냉각시키는 것이다.

기능분석도는 시스템 요소들과 목표대상의 기능들을 그림으로 표시한다. 예를 들면, 줄넘기는 손잡이로 줄을 돌리고 사람이 점프하면 줄에 걸리지 않지만 점프를 중지하면 줄에 걸리게 되는데, 그 기능분석도는 〈그림 5-10〉과 같다.

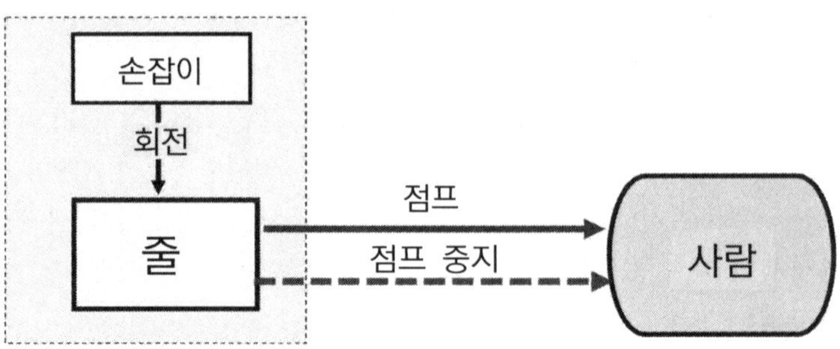

<그림 5-10> 줄넘기의 기능분석도(김호종 외, 2011)

진공청소기는 전원의 전류가 모터를 회전시키면 팬이 공기를 이동시키고 이로 인하여 공기가 이동하게 된다. 이동하는 공기가 진공을 생성하고 이 진공이 먼지를 흡착하게 되어 청소가 된다. 먼지를 흡착하는 것은 좋은 기능이다. 이 진공이 과도하면 카펫트를 흡착하게 되는데 이는 유해한 기능이다. 진공청소기의 기능분석도는 〈그림 5-11〉과 같다.

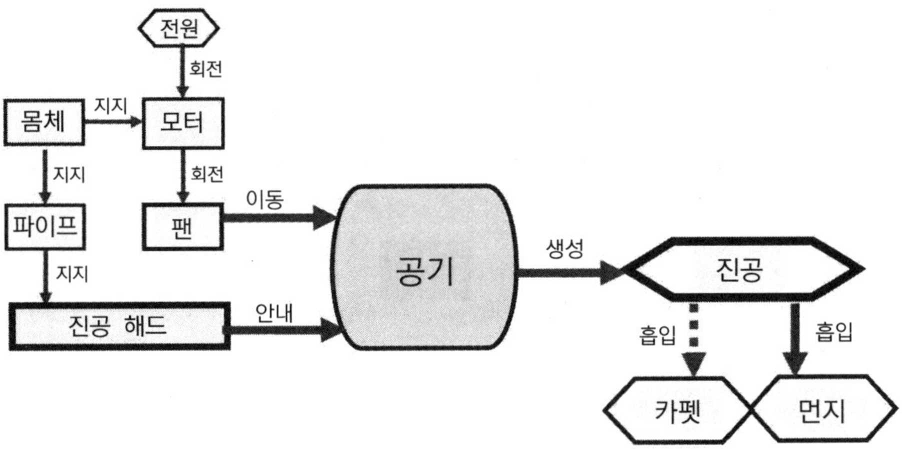

<그림 5-11> 진공청소기의 기능분석도(김호종 외, 2011)

참고문헌

1. 김효준, 정진하, 권정휘. (2004). 생각의 창의성 TRIZ. 수원: 도서출판 지혜.
2. 야마다 이쿠오. (2004). TRIZ로 배우는 창의적 설계 (고준빈, 류시웅, 서영대 역). 서울: 인터비전.
3. Brian S. Thomspson. (2001). 창의적 공학설계(1) (서영성, 박문식, 곽문규, 권오붕, 김영진, 김용환 역). 서울: 피어슨 에듀케이션 코리아. (원저 1998 출판)
4. Brian S. Thomspson. (2002). 창의적 공학설계(2) 제조고려설계 (서영성, 박문식, 곽문규, 권오붕, 김영진, 김용환 역). 서울: 피어슨 에듀케이션 코리아. (원저 1998 출판)
5. Kalevi Rantanen, Ellen Domb. (2005). 알기쉬운 트리즈 (김병채, 박성균 역). 서울: 인터비전.
6. Nigel Cross. (2004). 공학설계 방법론 (개정 3판) (김관배, 차주헌 역). 서울: 범한서적주식회사.
7. Rudolph J. Eggert. (2005). Engineering Design. Pearson Prentice Hall.
8. 김호종, 김기정, 강일찬, 조영덕. (2011). 창의설계 실용트리즈. 진샘미디어.
9. 한국트리즈학회. (2011). 대학교수님을 위한 TRIZ교수법 Workshop, 2011.8.23~24, 서울: 한국경제신문사.
10. 카와모케이시, 스가마사오. (2009). 과학적 방법론에 의한 창의적 공학설계법(오환섭, 원시태, 이원 역). 서울: GS 인터비전 (원저 2003 출판).
11. 정찬근, 정다혜, 이경원. (2011). 창의적 문제해결 TRIZ 100배 활용하기(1). 서울: MJ미디어.

CHAPTER 6

공학윤리와 지식재산권

6.1 공학 윤리
6.2 지식 재산권

6.1 공학윤리

6.1.1 공학자와 공학윤리

공학은 인류의 물질문명 발전을 선도하면서 인류역사상 유례없는 물질적 삶의 질 향상을 이루었다. 그러나 기술의 발달에 따라 사회적 욕구를 충족하기 위하여 개발된 물질이나 시스템이 뜻하지 않은 인간관계의 파괴와 생명, 자유, 재산의 손실 등 사회적 문제를 초래하거나, 심각한 환경파괴로 인한 위기상황을 불러오기도 한다.

공학은 인간에게 유익하게 또는 해롭게도 사용될 수 있는 것으로 그 자체로는 특별한 의미를 갖지 못하며, 오로지 인간의 삶의 질을 높일 수 있는 원리인 윤리를 기반으로 해야만 온전하게 그 역할을 다할 수 있는 것이다. 윤리가 바탕이 되지 않는 공학은 다만 하나의 재능에 불과할 뿐, 오히려 인류를 물질적으로, 정신적으로 해칠 수도 있는 무서운 해악으로 돌변할 수도 있기 때문이다.

더불어 최근 공학 분야의 새로운 윤리문제로 대두되고 있는 것으로서 논문날조와 표절이 있다. 막대한 부와 명예의 유혹에 굴복하여 윤리를 도외시하는 이러한 행위는 공학발전을 저해함은 물론 엄청난 사회적 문제들을 야기하는 것으로 공학인들이 반드시 경계하여야 할 것이다.

공학자는 인류의 복지를 위하여 인류가 살아가는데 필요한 제품을 설계하고 제작한다. 이 제품은 그 고유의 기능을 잘 수행하는 것은 물론 사용자에게 피해를 주지 않도록 안전성이 높아야 한다. 예를 들어 자동차의 경우 충돌사고 시 운전자가 크게 부상을 당하지 않도록 안전성이 확보되어야 한다. 그런데 안전성을 높이면 제품의 가격이 상승하기 때문에 회사의 경영자는 공학자에게 안전성이 낮아도 가격이 저렴한 제품을 설계하고 제작하도록 지시한다. 이때에 공학자는 회사의 정책이나 이익을 따라 행동하여야 하는지, 사용자의 안전성을 최우선으로 하여 행동하여야 하는지를 망설이게 된다. 이때에 개인의 도덕성이나 양심에 따라 행동하는 것은 개인차가 있어 판단결과의 일관성이 결여되게 된다. 따라서 공학자가 속한 전문분야의 객관적 판단기준이 필요하며 이것이 공학윤리(engineering ethics)이다.

공학설계에서는 앞에서 고려한 제품의 안전성 외에도 건강, 친환경성, 지속 가능한 개발 등 기술이 사회에 미치는 영향을 매우 중요하게 고려하여야 한다. 이러한 문제는 일반 대중은 잘 모르기 때문에 전문가의 영향력이 매우 크다. 따라서 전문가인 엔지니어는 올바른 의사결정을 위하여 전문지식에 더하여 책임의식과 윤리의식을 갖추어야 한다. 예를 들어 제품의 안전성을 유지하기 위하여 제품마다 안전규정을 정해 놓고 있는

데 새로운 기술은 계속하여 출현하는 반면 이 안전규정은 시기적으로 적절하게 개정되지 못하여 제품의 안전이 보장되지 못하는 경우가 많다. 따라서 제품을 설계하고 제작하는 공학자의 윤리의식이 매우 중요하다.

6.1.2 공학윤리헌장 및 윤리규정

공학자들은 대학에서 주로 자기 전공과목을 배우고, 졸업한 후에도 대개 자기전공에 파묻혀 일하게 된다. 철학, 역사학 같은 일반교양 과목을 배우기도하고 스스로 독서 등을 통하여 자아를 형성해가기는 하지만, 자기가 하는 일이 사회에 어떤 영향을 미치며 공학자로서 사회적 책임은 무엇인가 고민하고 답을 도출하여 사회적 책임을 다하는 성숙한 소양을 쌓기에는 미흡한 것이 사실이다.

우리 공학인에게 과학기술정보란 무엇이며 어떤 방향으로 나가는 것이 바람직한지, 공학자는 이 사회에서 특수한 신분을 가진 구성원으로서 어떤 권리를 가지고 있으며, 어떠한 책임과 의무를 지고 있는지를 항상 깨우치고 명심하기 위한 사회적 방안의 하나로서 각 공학 분야 별로 공학윤리헌장이 제정되어 예방윤리로서의 그 역할을 하고 있다.

아래에 한국과학기술단체 총연합회가 2004년 11월 11일 제정하여 공포한 과학기술인 헌장과 공학자를 위한 공학윤리헌장의 한 예, 공과대학 공학도를 위한 공학윤리헌장의 한 예를 보인다.

(1) 과학기술인 헌장

과학기술은 인류 공동의 소중한 문화유산이며 합리성과 보편성을 바탕으로 인간의 삶에 큰 영향을 미치는 지식체계이다. 이에 우리 과학기술인은 무한한 탐구심과 창의력으로 삶의 질을 향상시키고 밝은 미래사회를 여는 주체로서의 긍지와 사명감을 가진다.

- 우리는 과학지식을 증진시키고 기술혁신을 추구하여 인류의 행복과 평화를 위해 노력한다.
- 우리는 지속 가능한 과학기술 발전을 통하여 깨끗하고 안전한 자연 환경을 만든다.
- 우리는 탐구의 자율성을 소중히 여기며 과학기술에 대한 사회적 책임과 윤리의식을 갖는다.

- 우리는 과학기술의 발전을 위해 미래세대를 육성하는 데 힘을 기울인다.
- 우리는 과학기술에 대한 국민의 관심과 이해를 높이는 데 앞장선다.
- 우리는 과학기술을 통해 자랑스러운 전통문화의 발전과 민족화합에 이바지 한다.

(2) 공학자 윤리헌장

현대적 국가발전에 미치는 공학자의 역할의 중요성에 비추어 우리들 공학자는 우리들의 행동 지침이 될 윤리요강을 아래와 같이 제정하고 힘써 지킴으로써 조국의 근대화에 이바지할 것을 깊이 명심한다.

- 우리들 공학자는 모든 일을 최대한 성실하고 공정하게 처리하여야 한다.
- 우리들 공학자는 항시 전문가로서 권위를 유지하도록 노력하며, 자기가 소속하는 직장 또는 단체의 명예를 앙양하여야 한다.
- 우리들 공학자는 법률과 공공복리에 반하는 어떠한 직분에도 종사하여서는 안되며, 의아스러운 기업에 자기의 명칭을 빌려주는 것을 거절하여야 한다.
- 우리들 공학자는 의뢰인이나 고용주로부터 취득하거나 또는 그로 인하여 얻어진 기술 자료나 정보에 대하여는 비밀을 지켜야 한다. 또한 타인의 자료 정보를 인용할 때는 그 출처를 밝혀야 한다.
- 우리들 공학자는 과장 및 무한한 비권위적 또는 현혹적 선전을 삼가하여야 하며, 또 이를 제지하여야 한다.
- 우리들 공학자는 어떠한 연구가 그 의뢰자에게 이익이 되지 않음을 아는 경우에는 이를 미리 알리지 아니하고는 어떠한 보수를 위한 연구도 담당하지 않는다.
- 우리들 공학자는 조국의 과학기술의 발전을 위하여 최대한으로 봉사정신을 발휘하여야 하며, 또한 이를 위한 응분의 물질적 협조를 아껴서는 안 된다.

(3) 윤리규정

공학자가 당면하는 윤리적 상황은 셀 수 없이 많기 때문에 이것을 전부 윤리 규정에 담을 수 없다. 따라서 윤리규정(code of ethics)은 전문가의 윤리적 판단을 위한 골격을 제공한다.

[표 6-1]은 미국 전기전자공학회(IEEE)의 이사회에서 승인되어 1990년 8월부터 시행된 윤리규정을 나타낸다. 기술이 사회에 미치는 영향이 매우 크다는 것을 강조하고 이에 의하여 높은 윤리적, 전문적 행위를 요구하고 있다. 윤리적 측면에서 정직하고 공정하며 부정행위를 하지 않도록 한다. 또한 전문성의 유지와 향상에 힘쓰고 과오가 있으면 인정하고 시정하며 자격증이 없으면 타인을 위한 업무에 종사하지 않도록 한다.

[표 6-1] 미국 전기전자공학회(1EEE)의 윤리규정

우리 IEEE 회원은 우리의 기술이 인류 삶의 질에 크게 영향을 미침을 인식하고, 우리의 직업과 그 회원 그리고 우리가 봉사하는 사회에 대하여 개인적인 책임이 있다는 있는 것을 인정하며 이것에 의하여 높은 윤리적, 전문적 행위를 할 것을 선서하고 이하에 동의한다.

1. 대중의 안전, 건강 및 복지와 일치하는 공학적 해결책을 결정함에 있어서 책임이 있음을 인정하고. 대중 혹은 환경을 위험하게 하는 요인은 신속하게 밝힌다.
2. 이해관계의 상충이 존재하든지 예견된 때는 그것을 회피하고 또한, 실제로 존재하는 경우 영향을 입는 당사자에게 그것을 밝힌다.
3. 가용한 자료에 근거한 요구나 견적에 있어 정직하고 사실대로야 한다.
4. 뇌물은 어떠한 형태의 것도 거절한다.
5. 기술의 적절한 응용, 그리고 그것에 의하여 생길 수 있는 결과에 관하여 이해를 증진시킨다.
6. 우리의 기술적 능력을 유지하고, 향상하며, 훈련과 경험에 의한 자격이 획득된 경우 또는 타당한 한계가 있음을 전부 공개한 후에만 타인을 위한 업무에 종사한다.
7. 기술적 업무에 대한 정직한 비평을 찾고 받아들이고 제공하며, 잘못을 인정하고 정정하며 또한 다른 사람의 공헌을 적절하게 인정한다.
8. 인종, 종교, 성별. 장애. 연령 또는 국적과 같은 사항과는 관계없이 모든 사람에게 공평하게 대우한다.
9. 부정행위 또는 악의 있는 행위에 의하여 타인의 신체, 재산, 명성. 또는 고용에 해를 가하지 않는다.
10. 동료나 공동작업자에게 전문직 개발에 도움을 주고 이 윤리규정을 따르도록 지원한다.

6.1.3 공학윤리문제의 설정과 해결

공학 윤리를 윤리공학이라고 말하기도 한다. 이것은 공학윤리문제 해결절차가 공학문제 해결절차와 동일하기 때문이다. 즉 공학윤리문제가 발생하면 문제를 구체적으로 설정하고 이를 여러 기법을 이용하여 분석하고 종합하는 과정이 동일하다. 특히 종합하는 과정은 공학문제든 윤리문제든 모두 정답을 내는 것이 아니라, 여러 가지 적절한 해결안들을 제시하고 이에 대한 우선순위를 부여한 후 최선의 해결책을 선택하는 것이다.

공학윤리문제 해결의 첫 단계인 공학윤리문제를 설정하기 위해서는 우선적으로 문제 자체의 상황을 분명히 이해해야 한다. 이를 위해 공학윤리 문제와 관련된 사실들의 명백성을 점검하는 사실적 쟁점, 문제 상황과 관련된 용어들을 분명히 정의하는 개념적 쟁점, 그리고 도덕적 문제를 해결하기 위한 도덕적 쟁점들이 고려된다. 이어서 공학윤리 문제를 분석, 종합하는 각종 기법을 통해 최선책, 차선책 또는 쌍방의 이해관계를 절충하여 중도입장을 취하는 창조적 중도해결책을 찾아낸다.

(1) 공학윤리문제 설정

- 어떠한 공학윤리문제와 관련된 권리 혹은 의무를 결정할 때, 관련 사실들의 명백성 (진리성)이 요구되는 사실적 쟁점들을 점검해야 한다.
- 가장 기본적인 개념들(예를 들면, 뇌물, 안전, 공공 등)의 의미나 정의를 결정하거나 그것들이 특정한 상황에서 어떻게 적용될 것인가 하는 문제들인 개념적 쟁점들이 점검 되어야 한다.
- 공학윤리문제에 존재하는 도덕적 쟁점들을 설정한다. 도덕적 쟁점의 예로서 뇌물 수수가 비윤리적인 이유, 위험이 수반된 공학적 실험이나 절차에서 준수되었어야 할 원칙들이 불분명하게 결정된 이유 등이다.

(2) 사실적 쟁점

- 고려된 사실들은 누구에게도 분명해야 하며, 문제와 관련된 사실에만 초점이 맞추어 져야 한다.
- 도덕적 쟁점으로 보이는 불일치는 종종 관련된 사실들의 연관성 차이로부터 발생 될 때가 많다.
- 윤리적 문제는 공학적 문제에 비해 주관적이며, 바람직한 해결책을 찾기 위해서는 논쟁이 필요함을 인식해야 한다. 논쟁은 어떠한 윤리적인 가치에 관

한 불일치보다도 주로 사실적 문제를 결정짓는 것에 대해 이루어진다.

(3) 개념적 쟁점

- 공공, 안전, 복지, 이해충돌, 뇌물, 기업비밀 등 공학윤리에 자주 등장하는 핵심용어에 대하여 그 공학적 상황에 적합한 정의가 이루어져야 한다.
- 가치를 명백하고 완전하게 설명할 수 있는 용어는 없다. 따라서 논의를 통해 그 특정한 상황에 기반을 두고 보다 더 적절하게 정의함으로써 개념적 쟁점들에 대해 바람직하게 해결할 수 있다.

(4) 도덕적 쟁점

- 공학적 문제에서 도덕적 문제와 쟁점들을 인식할 수 있으며, 논증들을 이해하고 비판적으로 다룰 수 있는 소양을 갖추어야 한다.
- 쟁점들에 대한 대안적 응답들을 상상해내고 실천적 어려움들을 창조적으로 해결할 수 있는 상상력이 있어야 한다.
- 실제적인 어려움과 미묘함에 대한 민감성이 있어야 한다. 즉 도덕적 판단이나 결정을 행함에 있어 어느 정도의 불확실성을 기꺼이 인내하는 것을 포함한다.
- 본인이 전문직적인 삶과 개인적 확신들의 통일이 중요함을 자각해야 한다. 즉 각 개인의 도덕적 성실성을 유지해야 한다.

(5) 창조적 해결책

- 최선의 해결책 : 의무윤리를 적용하는 경우이다. 예를 들면 공공의 건강과 안전을 보호 하는 것은 고용주에 대한 자신의 의무보다도 우선하는 것이다. 이것은 의무 윤리상 최선책이자 가장 쉬운 선택이다
- 최악의 해결책 : 보통 차선책이라 하나, 사실상 최악이며 모험과 고통을 감당해야 하는 방책이다. 숱한 경고에도 불구하고 챌린저호 발사결정을 내린 경영진의 예에서와 같이 최악의 악수가 될 수도 있다.
- 창조적 중도해결책 : 최선과 최악의 중간에 위치하며 양측의 지지자 모두가 수용 할 수 있는 근거, 화해, 또는 양보가 필요한 창조적 중도 입장을 찾는 것이다. 일반적으로 많은 대화와 인내가 요구되는 대단히 어려운 과정이다.

6.1.4 컴퓨터·정보통신과 공학윤리

컴퓨터의 보편화는 그 편리함에도 불구하고 사람들의 사고를 수평적으로 변화시킴으로써 인간으로서 서로 지켜야 할 예의를 망각하거나 개인주의적으로 흘러 타인에게 손해를 끼치는 행위도 주저하지 않는 경우도 많이 발생하고 있다.

(1) 컴퓨터와 프라이버시

- 컴퓨터에 관련된 프라이버시는 공적인 목적이나 상품거래를 위하여 제공한 정보를 제삼자에게 알릴 것인가의 여부를 정보제공자 스스로 결정할 수 있는 권리를 뜻한다. 그러나 인터넷의 발달로 개인의 정보가 본인의 동의 없이 제삼자에게 쉽게 노출되거나, 아예 윤리의식이 없이 개인정보를 사고파는 경우도 늘고 있다.
- 소비자의 프라이버시 : 소비자로 등록된 개인정보 데이터들이 소비자의 동의 없이 지나치게 다른 사람에게 공유됨을 말한다. 이는 상거래만이 아니라 법률, 의료사회 복지 등 수많은 영역에까지 폭넓게 보호되어야 한다.
- 고용인의 프라이버시 : 고용인의 개인 정보를 지나치게 수집하여 프라이버시를 침해하는 경우이다. 고용인의 작업습관이나 생산 활동을 카메라 등으로 모니터하여 고용주의 이익을 위하여 사용하는 것에 대하여 고용인은 저항할 권리가 있다.

(2) 컴퓨터와 지적소유권

- 컴퓨터관련 소프트웨어 산업은 부가가치가 매우 높은 성장 산업이나, 손쉬운 불법 복제 문제로 인해 많은 타격을 받고 있고, 각종 불법행위에 대응하는 소프트웨어 저작권 보호책들이 속속 나오고 있다.
- 그러나 과도한 정책은 모든 사용자와 온라인서비스 제공자들을 잠재적 지적재산권 침해사범으로 만들 수 있으며, 급속히 발전하는 IT기술 및 콘텐츠 산업과 법제도 간 괴리를 심화시키기도 한다.
- 특히 파일공유 사이트를 통한 불법소프트웨어 복제 문제들을 해결하기 위해서는 단속 위주의 저작권 보호보다는 학교교육 및 사회교육을 통하여 사용자 모두에게 지적재산권에 대한 바른 인식을 확립해야 한다.

(3) 컴퓨터의 남용

- 컴퓨터의 남용은 인터넷을 통해서 사회적으로 비난받을 수 있는 행위를 하는 것으로 해킹과 바이러스 유포, 악성댓글, 음란물 유포 등의 비윤리적인 행위들이 이에 해당한다.
- 악의적인 공격에 의한 서버의 다운 등 심각한 문제를 야기하는 사이버상의 비윤리적 행위도 엄연한 범죄행위로 처벌을 받아 마땅함을 인식해야 한다.

6.1.5 공학자로서 올바른 자세의 핵심

현대 과학기술은 일상생활뿐만 아니라 사고방식까지도 바꾸어 놓을 정도로 인간사회에 지대한 영향을 주고 있다. 인간의 복지를 증진시키기 위해 이루어진 공학적 결정이 사회에 미치는 책임을 무시할 수 없으며, 정직은 공학에서 매우 중요한 소양이다.

(1) 정직의 중요성

- 최근 증가하는 사건들 중에는 가공 식품에 의한 피해, 안전사고, 기술공해, 교통사고, 재산손실 등과 같이 공학과 관련된 것들이 많다. 이러한 점을 고려하여 정직의 중요성을 인간존중의 관점과 공리주의적인 관점에서 살펴서 도덕적 지침을 마련하여야 한다.
- 공학자는 기술적인 결정에 있어서 그 대상이 되는 사람들이 의사결정에 참여하기 어려운 경우가 많다. 따라서 인간존중의 차원에서 공공의 안전이나 건강 및 복지가 위협을 받거나 환경을 저해할 요소가 있는 경우는 그 요소를 공개하거나 고객 또는 고용주에게 알려주어야 한다.
- 공학자들은 각자가 얻은 공학적인 데이터들을 주고받으면서 하나의 종합적인 산물을 완성하게 된다. 여기서 공학자가 정직하게 일하지 않으면 원하는 결과를 얻을 수 없거나 큰 재앙을 초래할 수 있음을 명심해야 한다.

(2) 연구에서의 정직성

- 연구결과를 발표할 때는 얻어진 실험결과의 재현성을 기본으로 생각해야 한다. 그래야 연구자가 제출한 연구결과를 인정받을 수 있다. 즉 연구가 충실

하고 정직하게 이루어져야 한다는 것을 의미한다.

- 탁월한 업적에 대한 욕심과 조급함으로 진실성이 결여된 과학적 부정행위에는 손질, 날조, 변조 및 표절이 있다.

(3) 고객에 대한 정직

- 공학자들도 변호사나 의사와 마찬가지로 고객을 상대로 한 전문직업인으로서의 비밀을 지켜야 할 의무가 있다.
- 공학자가 고객의 비밀을 임의로 유용하게 되는 경우는 비밀을 지키기로 약속되지 않았을 경우와 공공을 위해야 하는 상위의 의무로 인해 필요한 경우 두 가지가 있다.
- 고객이나 고용주의 권익보다 그 위에 공공의 권익이 우선한다는 것이 공학윤리상의 일반적인 견해이다. 그러나 고객이 자기 재산상의 이유로 공공에 피해를 줄 수 있는 비밀의 유지를 요구하는 경우와, 공학자가 개인의 재정적인 이익을 위해 비밀을 지키지 않는 경우처럼 결정이 어려운 상황이 많이 있을 수 있다.

(4) 공공에 대한 정보공개

- 기술적인 정보를 알지 못하여 사람들이 해를 입는다면 그것은 전문공학자들의 무책임이라 할 수 있다.
- 공학자가 가진 기술적인 정보를 공공에게 정직하게 그리고 자세하게 알리지 않는 것은 인간존중의 윤리적 관점에서 볼 때 도덕적 행위에 심각한 결함이 있다고 할 수 있다.
- 경우에 따라서는 기술의 소비자들이 그 기술을 모르는 상태에서는 무리하게 사용하지 못하도록 하는데 적극적 이어야 한다.

(5) 이해충돌과 공학자

- 공적인 이익과 사적인 이익 간의 갈등을 겪는 일, 즉 이해관계 충돌의 상황에서 공학자는 반드시 충직한 대행자 또는 수탁자로서 행동해야 한다.
- 공학자는 자재 공급자나 장비 공급자로부터 자기들의 제품을 써달라고 주는 재정적인 또는 여타의 대가를 받아서는 안 된다.

- 공학자가 고객이나 고용주와 관계하는 다른 사람들로부터 직접이든 간접이든 맡은 일과 관련된 커미션이나 수당을 받아서는 안 된다.

6.1.6 안전과 공학윤리

(1) 위험의 발생

- 공학자가 수행하는 일 중에는 위험이 필연적으로 발생하는 경우가 많지만, 시스템 의 각 요소들이 상호작용으로 인하여 복잡하게 서로 밀접한 관련을 가지므로 위험의 원인요소를 찾아내기가 힘들다.
- 공학적 산물에는 필연적으로 위험요인이 존재하며, 공학자들은 항상 새로운 기술적 도전을 해야 하므로 위험요소는 더욱 증가할 수밖에 없다.

(2) 위험과 안전의 판단

- 위험이란 해의 크기와 가능성을 동시에 고려해야 하는 산물이다. 그러므로 발생 가능성이 높은 비교적 가벼운 해가 발생가능성이 훨씬 적은 비교적 큰 해보다 더 위 험할 수도 있다.
- 안전이란 위험요소가 전혀 없는 경우에 대해서만 국한되는 개념이 아니고 주관적인 개념으로 보아야 한다.
- 공학자가 어떤 장치를 설계할 때 일반적으로 실제 사용할 때의 작동에 대한 예측을 함께 고려한다. 그러나 때로는 이 예측을 벗어나 의도된 관리나 작동과는 다른 변칙적 운용으로 심각한 위험을 초래할 경우도 고려하여야 한다.

(3) 일반인 입장에의 위험

- 일반인은 공학에 관한 전문지식이 부족하기 때문에 공학으로 인한 사망이나 상해의 가능성을 예측하기가 쉽지 않다.
- 위험에 대한 과대평가와 과소평가는 대개 편견이나 고정관념으로 흐를 수 있고 이런 가운데 이루어지는 위험에 대한 최초의 예측은 대체로 틀린 경우가 많다.

◆ 일반인의 입장에서 감수할 만한 위험이란 충분히 제공된 정보를 토대로 하여 자유롭게 동의하거나 적절하게 보상되거나 공평하게 분배되는 위험이다.

(4) 위험에 대한 공학자의 책임

◆ 널리 인정된 공학적 규범에 부합하지 않거나 공공의 건강과 복지에 해가 될 수 있는 계획이나 명세서를 작성하거나 여기에 서명하여서는 안 된다.

◆ 만약 공공의 안전이나 건강, 재산, 복지가 위험에 처하는 상황에서 자신의 전문 직업적 판단이 어떤 권위에 눌리게 되면, 공학자는 고용주나 의뢰인 또는 권위를 가진 적절한 다른 사람들에게 알릴 의무가 있다.

6.1.7 직업 환경과 공학자

공학자는 업무특성상 대체로 조직의 일원으로 활동하고 있으므로 독자적인 판단으로 업무를 수행하지 못하고 상관의 운용방침에 따라 전문적인 역량을 나타내는 직업적 특성이 있다. 따라서 공학자는 공학윤리에 어긋나는 경영자의 지시가 있을 경우에 대하여 어떤 행동을 하여야 할지를 대비할 필요가 있다.

(1) 직업 환경의 법적 변화

◆ 경영자와의 의견충돌에 있어서 고용인이 행할 수 있는 방안에는 내부고발이라는 방법을 사용할 수밖에 없으며, 이때 내부 고발자를 보호하기 위한 법적조치가 강화 되고 있다.

◆ 기업의 이익을 위한 행위에서 불법적인 지시를 강압적으로 따르게 되었더라도 개인이 법적인 책임을 져야 한다는 새로운 사례가 나오고 있다.

(2) 경영자와의 관계

◆ 많은 경영자들은 공학적 경험을 가지지 못하여 공학자의 윤리적인 문제를 구체적으로 알지 못한다. 경영자의 입장에서는 도덕적 원리보다는 편의성을 고려하게 되므로 공학자가 직면하는 윤리적인 쟁점들이 경영자와 충돌하기 쉽고, 대개의 경우 의사결정권을 경영자가 가지게 된다.

- 공학적 고려사항이 우선되어야 하는 상황과 경영적 고려사항이 우선되어야 하는 상황을 구별할 수 있는 방안을 찾기 위해 항상 노력하여야 한다.

(3) 공학적 결정과 경영학적 결정

- 적절한 공학적 결정 : 제품의 안전이나 품질과 같이 공학적 전문지식이 요구되거나 공공의 건강과 안전을 위해서 전문공학자 윤리헌장에서 제시하는 윤리기준에 따라 공학자가 결정하여야 하는 경우이다.
- 적절한 경영학적 결정 : 경영적 고려사항인 비용, 일정, 판매 등이 우선하거나 고용인의 복리 후생과 같이 조직의 부와 관계가 깊은 경우와 공학자의 전문직 윤리헌장이나 윤리적인 기준을 고려하지 않아도 되는 경우에는 경영자가 결정하여야 한다.

6.2 지식재산권

6.2.1 지식재산권의 개요 및 중요성

(1) 지식재산권 개요

가) 지식재산권의 필요성

- 지식 재산권은 사람이 저마다 가지고 있는 지적 창작능력을 발휘할 수 있도록 법률로써 보호함을 말한다. 사람은 자기가 가진 특별한 지적재능을 무척 중요시하고 타인과 구별되는 가장 큰 차이점으로 여긴다.
- 특정 지적 재능을 가진 사람이 창작해낸 결과물을 타인이 그대로 흉내 내어 유포 시킨다면 신뢰감과 창작의욕을 훼손하게 되고 결과적으로 기술, 문화 등의 발전에 국가적 손실을 입게 된다.
- 따라서 국가가 개입하여 새로운 발명을 한 사람에게 그 발명을 공개해주는 대가로 일정기간의 독점권을 부여하는 것이 지식재산권이다.

나) 지식재산권의 성격

- 지식재산권의 특징은 그 권리자에게 배타적 독점권을 인정하고 있다는데 있으며, 그 성격에 대한 많은 논의가 이어져 왔다.
- 지식재산권에 대한 시대적, 국가적 견해는 일치하지 않는 것이 일반적이다. 모든 국가는 자국의 이익을 위해 경제, 사회, 문화 등의 전통을 세워가고 법 규정을 이에 맞추어 가고 있는 실정이다.
- 최근 개인 대 개인, 기업 대 기업 및 국가 간의 이해 대립이 급증하고 있고, 지식 재산권제도에 관한 현대적인 해석을 어떻게 해야 하는가에 대해서도 갈등이 커지고 있다.

(2) 지식재산권의 종류

가) 산업재산권(Industrial Property Right)

- 특허권(Patent) : 보호대상은 발명, 발명의 방법, 물건을 생산하는 방법, 물질의 발명에 대하여 보호한다. 20년간 인정한다.
- 실용신안권(Utility Model) : 보호대상은 고안을 말하며, 10년간 인정한다.
- 상표권(Trademark) :상품의 표지인 상표를 보호한다.
- 디자인권(Design) : 보호대상인 디자인이라 함은 물품의 형상, 모양, 색채 또는 이들을 결합한 것을 말한다.

나) 저작권(Copyright)

- 보호대상은 저작물로서, 인간의 사상 또는 감정을 표현한 창작물을 말한다.
- 저작물의 창작성이란 완전한 의미의 독창성을 말하는 것이 아니며, 저작자 나름의 정신적 노력의 소산으로서의 특성이 부여되어 있고 다른 저작자의 기존작품과 구별될 수 있을 정도를 말한다.

다) 신지식재산권(New Intellectual Right)

산업의 형태가 다양화 되고 발전함에 따라 기존의 산업재산권 및 저작권으로는 보호하기가 애매한 대상에 대하여 별도의 법률로써 보호하고 있는 지식재산권을 의미한다.

(3) 지식재산권의 국제적 동향과 중요성

가) 우루과이라운드(UR)/무역관련지적재산권협정(TRIPs)협정

1990년대 이후 모든 지적재산권 관련 국제무역질서를 규율하는 다자 간 조약이며 저작권, 상표, 지리적 표시, 디자인, 특허, IC, 영업비밀 및 반경쟁적 행위의 통제에 관하여 규정하고 있다.

나) 자유무역협정(FTA)과 지식재산권

FTA의 협상 안건에 지식재산권이 포함되는 것은 이제 일반적이며, 특히 지식재산권이 상대적으로 앞서 있는 국가와의 FTA에 있어서는 지식재산권과 관련된 이해관계의 대립은 첨예하다.

6.2.2 특허 및 실용신안

(1) 개요

가) 특허의 중요성

- 지식정보화사회의 고도화 : 지식재산권은 현대 지식정보화사회의 핵심 콘텐츠가 된다. 기업과 국가의 경쟁력은 전 구성원에게 이러한 지식이 빠르고 정확하게 공유될 수 있도록 해주는 지식공유 인프라와 더불어, 보다 우수한 지식 콘텐츠를 얼마나 많이 보유하고 있느냐에 달려있는 시대가 된 것이다.
- 특허의 경제적 가치

  라이센스 로얄티 : 특허권자는 특허발명을 제3자에게 라이센스해주고 그 대가로 기술 사용료(royalty)를 지불받는다.

  권리침해로 인한 손해배상 : 제3자가 정당한 권리 없이 특허발명의 보호범위에 속하는 실시를 하게 되면 특허침해가 된다. 특허권자는 특허권 침해로 인하여 발생한 손해를 배상 받을 수 있고, 때로는 손해배상액이 상상을 초월하기도 한다.

나) 특허제도의 원리

- 권리주의 : 발명자는 법으로부터 특허를 받는다.
- 심사주의 : 산업상 이용 가능성, 신규성, 진보성 등의 소위 실질적 특허요건의 판단에 대하여 심사가 행해진 후 특허여부가 결정된다.
- 선출원주의 : 동일한 발명에 대한 특허출원이 경합되고 있는 경우 제일 먼저 제출한 발명자에게 권리를 부여하는 제도이다.
- 출원공개주의 : 심사기간이 길어지다 보면 발명의 공포가 늦어짐으로써 동일기술에 대한 중복연구와 중복투자로 인한 손실이 발생할 수 있다. 이를 방지하기 위해 발명내용을 특허출원일로부터 공개하는 제도를 채택하고 있다.
- 등록주의 : 특허원부라고 하는 공적 장부에 특허권의 권리변동사항 등을 등재함과 동시에 외부에 공시시킴으로써 비로소 특허권이 발생한다.

(2) 특허요건

특허출원 발명이 특허를 받을 수 있기 위해서는 일정한 요건을 갖추어야 하며 다음과 같은 판단절차를 거친다.

- 자연법칙을 이용한 기술적 사상인가?
- 산업상 이용할 수 있는 것인가?
- 출원 전에 그 기술사상이 없었는가?
- 기술자 연구자가 용이하게 발명할 수 없는 것인가?
- 불특허 사유에 해당되지 아니한 것인가?
- 명세서에 발명이 구체적으로 기재되고 청구범위는 명확한가?
- 다른 사람보다 먼저 출원 했는가?

(3) 특허출원

가) 특허명세서 구성

- 발명의 명칭
- 발명의 상세한 설명
- 기술 분야

- 배경 기술
- 발명의 내용
- 해결하고자 하는 과제
- 과제 해결 수단
- 효과
- 발명의 실시를 위한 구체적인 내용

나) 특허 명세서 작성 원칙

- 문장의 구성은 간결, 명료하게 할 것
- 표현의 내용은 논리적으로 할 것
- 기술 내용은 명확하고 상세하게 할 것

다) 특허 청구범위의 작성

- 특허 청구범위는 연구개발한 성과(발명)를 공개하는 대가로 발명자가 독점하는 권리범위의 경계를 명확하게 알려주는 역할을 함으로써 권리자와 제3자의 법적 안정성을 도모한다.
- 발명의 보호범위는 청구범위에 기재된 사항을 중심으로 결정해야 한다. 즉 청구범위의 기재와 상세한 설명의 기재가 모순일 경우 청구범위가 우선한다.
- 특허 청구범위의 해석을 위하여 보충적으로 상세한 설명 또는 도면을 참작하여야 한다. 즉 청구범위에 기재되어 있더라도 상세한 설명에 의해 뒷받침되지 않으면 보호되지 않는다.
- 특허소송이 벌어졌을 경우 출원인이 심사과정에서 수행한 행위와 모순되는 주장을 하여서는 안 된다.

라) 실용신안제도

특허제도를 보완할 목적으로 만들어졌으며, 기본발명을 소화, 흡수하는 과정에서 이룩된 소위 개량발명 또는 소 발명을 실용신안으로 출원 등록하여 독점배타적인 권리를 향유할 수 있도록 한 것이다.

6.2.3 디자인권

(1) 개요

가) 디자인의 개념

디자인이란 "물품(물품의 부분 및 글자체를 포함)의 형상, 모양, 색채 또는 이들을 결합한 것으로서 시각을 통하여 미감을 일으키게 하는 것"을 말한다. 즉 디자인은 물품에 구현되는 형상, 모양, 색채 등의 형태로서 소위 "물품의 미적외관"이라 정의할 수 있다.

나) 타 제도와의 비교

- 물품의 불가분성 : 디자인보호법상 디자인은 원칙적으로 물품과 불가분의 관계라 할 수 있다.
- 거래상 특징 : 물품의 미적외관에 대한 권리이므로 특허와 달리 기술적 사상이 아니어서 모방이 용이하고 거래상 수명이 짧은 특성을 가지고 있으며, 도면에 의한 보호 대상 특정의 결과로 그 권리범위가 상대적으로 협소 하다.
- 사익중시 특성 : 특허권은 공익적 성격이 중시되나, 디자인권은 사익을 중시하는 특징이 있다.

(2) 디자인의 성립요건

가) 물품성

- 독립성 : 디자인보호법상 물품은 상거래사회에서 독립하여 거래될 수 있고, 소유권의 객체로서 지배와 이동이 가능한 것이어야 한다.
- 유체성 : 디자인보호법상 물품은 유체물로서 공간상에 일정한 형상을 가지는 존재이어야 한다. 따라서 기체, 액체, 열, 빛과 같이 형체가 없는 무체물은 인정되지 않는다.
- 동산성 : 디자인보호법상 물품은 유체물중에서도 동산이어야 한다. 단 부동산 중에서도 공중전화부스나 조립가옥 등 대량생산 및 운반이 가능한 경우는 예외이다.
- 구체성 : 디자인 보호법상 물품은 일정한 형태를 가지는 구체적인 물품이어야 한다.

나) 형태성

- 형상 : 물품이 공간을 점유하는 윤곽을 말하며 모든 물품은 반드시 형상을 수반하므로 형상이 없는 디자인은 생각할 수 없다.
- 모양 : 물품의 외관을 나타내는 선도, 색 구분 또는 색 흐림을 말한다.
- 색채 : 물체에 반사되는 빛이 망막을 자극하는 물체의 성질로서 디자인 보호법상 색채는 투명색과 금속색을 포함한다.

다) 시각성

시각성이란 물품에 구체화된 형태의 외관을 시각 이외의 오감을 제외하고, 육안으로만 식별할 수 있고 외부에서 파악할 수 있는 것을 말한다. 시각에 의하여 파악되는 것만이 디자인이 될 수 있으므로 시각 이외의 감각을 통한 인식의 경우에는 디자인 보호법의 대상이 되지 아니한다.

라) 심미성

심미성이란 미감을 일으키게 하는 것을 말한다. 디자인의 심미성은 그 판단이 주관적이므로 그 종류나 고저의 문제가 아닌 미적가치의 유무만이 문제가 된다.

(3) 디자인 등록요건

가) 실체적 등록요건

- 공업상 이용가능성 : 공업적 생산방법에 의하여 동일물품이 양산 가능한 것을 말한다. 따라서 자연물, 순수미술품 등 공업적 양산이 불가능하거나, 디자인 표현이 구체적이지 아니하여 공업상 이용이 불가능한 경우는 해당 되지 않는다.
- 신규성 : 디자인이 객관적 창작성을 가지는 것을 말한다. 구체적으로는 공지, 공연 실시, 발표된 간행물 게재 또는 전기통신회선을 통하여 공중이용이 가능하게 된 디자인에 대하여 특정인에게 독점권을 부여하는 것은 디자인보호의 취지에 맞지 않기 때문이다.
- 창작 비용이성 : 그 디자인이 속하는 분야에서 통상적인 지식을 가진 자가 공지된 디자인의 결합에 의하거나 국내 주지형태로부터 용이하게 창작 가능한 디자인에 대하여는 디자인등록을 받을 수 없다는 것을 의미한다.

- 선출원주의 : 동일 또는 유사한 디자인에 대하여 둘 이상의 디자인등록출원이 경합한 경우에는 먼저 출원한 자에게 디자인등록을 인정해 줌을 말한다.

나) 절차적 등록요건

- 1디자인 1출원주의 : 디자인등록출원은 1디자인마다 출원하여야 하며, 1디자인이란 1물품의 1형태를 말한다.
- 물품명의 정당한 기재 : 디자인의 대상이 되는 물품의 명칭은 산업자원부령이 정하는 물품의 구분에 따라 지정하여 출원하여야 한다.
- 복수디자인 등록출원 : 디자인 무심사 등록출원할 수 있는 디자인에 대하여는 20이내의 디자인을 1디자인등록 출원으로 할 수 있다.
- 한 벌 물품의 디자인제도 : 소정의 한 벌의 물품을 구성하는 물품의 디자인이 그 한 벌 물품 전체로서 통일성이 있는 때에 1디자인으로 디자인등록출원을 인정하고 등록 받을 수 있는 제도를 말한다.
- 유사디자인제도 : 자기의 등록디자인이나 디자인등록출원한 디자인에만 유사한 디자인에 대하여, 유사디자인만으로 디자인등록을 받을 수 있는 제도이다. 디자인권은 유사범위까지 미치나 이는 추상적, 관념적 범위이므로 유사디자인제도를 통하여 미리 유사범위를 확인함으로써 침해를 미연에 방지하고 침해 시 신속한 구제를 도모하기 위한 제도이다.
- 무심사등록제도 : 등록요건 중 일부 실체적 요건에 대한 심사 없이 등록시켜주는 제도로서, 유행성이 강한 일부 품목(제조식품, 의류, 사무용품, 직물 등)에 대하여 선행디자인의 검색 없이 신속하게 권리화를 도모하기 위함이다.

(4) 디자인 출원 및 심사

가) 디자인등록 출원 절차

- 출원서 작성
- 도면

  출원디자인의 내용을 일정한 도법에 따라 표현한 필수의 첨부서류이다.

  디자인의 대상이 되는 물품, 디자인의 설명, 창작내용의 요점을 기재한다.

나) 심사절차

- 제출 서류의 중대한 하자를 점검하여 출원일의 인정 및 출원서류 등의 불수리여부를 결정한다.
- 실체심사 중 거절사유가 발견될 때에는 거절이유를 통보하고 기간을 정하여 의견서를 제출할 기회를 준다.

6.2.4 상표권

(1) 개요

가) 상표의 개념

상표는 크게 사회통념에 의거한 상표와 상표법상 보호대상의 상표로 구분되며, 여기서 사회통념에 의거한 상표란 자기의 상품과 타인의 상품을 구분할 수 있는 표지로 상표에 사용되는 일체의 수단을 총칭하는 개념이다.

나) 상표의 기능

상표의 기능이라 함은 상표를 상품에 사용할 때 상표사용자에게 어떻게 작용하고 해당 상표를 접하는 수요자에게 어떻게 인식 되느냐의 문제를 말한다. 상표의 기능은 거래사회에서 상표가 상품에 대해 실제로 사용됨에 따라 발휘되며, 사용기간, 범위, 빈도 등이 증대될수록 강화되는 특징이 있으며, 각 시대의 거래사회 실정에 따라 변화하고 발전한다.

다) 기타 표장

- 서비스표 : 서비스업을 영위하는 자가 자기의 서비스업을 타인의 서비스업과 식별되도록 하기 위하여 사용하는 표장을 말한다. 이는 당해 서비스업의 품질 보증 및 광고기능을 행하므로 거래사회에서 현실적으로 발휘하고 있는 기능을 법적으로 보호해 준다.
- 단체표장 : 상품을 생산, 제조, 가공, 증명 또는 판매 하는 것 등을 업으로 영위 하는 자나 서비스업을 영위하는 자가 공동으로 설립한 법인이 사용하기 위한 표장을 말한다.

- 지리적 표시 : 상품의 특정 품질, 명성 또는 그 밖의 특성이 본질적으로 특성지역에서 비롯된 경우에 그 지역에서 생산, 제조 또는 가공된 상품임을 나타내는 표시를 말하며 단체표장제도에 의하여 보호되고 있다.
- 업무표장 : 영리를 목적으로 하지 아니하는 업무를 영위하는 자가 그 업무를 표상하기 위하여 사용하는 표장을 말한다. YMCA, 한국 보이스카우트 등이며, 등록을 통한 보호를 인정하고 있다.
- 입체상표 : 상품의 형상이나 상품 포장의 형상 등과 같은 입체적 형상을 상표의 구성 요소로 하는 상표를 말한다.
- 색채상표 : 기호, 문자, 도형, 색채, 홀로그램, 동작 또는 이들에 색채를 결합 내지 조합한 상표를 말하며, 과거에는 색채만으로 구성된 상표는 등록을 받을 수 없었으나, 최근에는 색채만으로 구성된 상표도 인정된다.
- 기타상표 : 최근에는 색채뿐만 아니라 소리나 냄새도 상표로 보호하자는 논의가 활발히 진행되고 있으며, 이에 따른 법 개정이 진행 중이다. 예를 들어 인텔사 광고에 나오는 음원이나 MS사의 윈도우 부팅 시에 나오는 음원들은 이미 각 사의 제품을 상징하는 것으로 소비자에게 인식되어 있으며, 이러한 음원을 상표로 보호할 필요가 인정되고 있다.

(2) 상표의 등록요건

가) 등록을 받을 수 없는 상표

- 보통명칭상표 : 그 상품의 보통명칭을 보통으로 사용하는 방법으로 표시한 표장만으로 된 상표는 등록을 받을 수 없다. 예를 들면, 호두과자, 아스피린 등이다.
- 관용상품 : 관용상표는 특정종류의 상품에 관하여 동업자들에 의하여 관용적으로 사용되는 상표로서 특정인을 위한 상표로 등록될 수 없다. 예를 들면, LAN, NET, Napoleon등이다.
- 성질표시표장 : 상품의 산지, 품질, 원재료, 효능, 용도, 형상, 생산방법 등을 보통으로 사용하는 방법으로 표시한 표장만으로는 상표로 등록될 수 없다. 예를 들면, 안경나라, 초당두부 등이다.
- 현저한 지리적 명칭 : 현저한 지리적 명칭, 그 약어 또는 지도만으로 된 상표는 등록 될 수 없다. 예를 들면, 종로학원, 장충동 왕족발, JAVA, 이동막걸리 등이다.

- 흔한 성 또는 명칭 : 흔히 있는 성 또는 명칭을 보통으로 사용하는 방법으로 표시한 표장만으로 된 상표는 등록될 수 없다. 예를 들면, 윤씨농방, LEE, PRESIDENT 등 이다.
- 기타 상품의 식별력이 없는 상표, 일반적인 구호, 표어, 인사말, 유행어, 사람, 동식물, 어떤 업무와 관련된 상품인지 식별이 어려운 표장은 상표로 등록될 수 없다. 예를 들면, CO-LAN, 해동검도 등이다.

6.2.5 저작권

(1) 개요

가) 저작권의 개념

- 저작권이란 인간의 사상 또는 감정을 표현한 창작물에 대하여 주어진 독점적 권리를 말한다.
- 저작권 보호를 받는 저작물은 크게 소설, 연극, 미술, 영화, 음악, 건축 디자인 등 일반 저작물과 특수한 기능 저작물인 프로그램 저작물로 구분된다. 전자는 문화관광부 관할의 "저작권법"에 의해 보호 받으며, 후자는 정보통신부 관할의 "컴퓨터 프로그램보호법"에 의해서 보호받는다.
- 저작권법은 저작자의 권리를 보호하는 것이지만, 동시에 저작물의 원활한 이용을 활성화하고 궁극적으로는 문화의 발전을 지향하고 있다. 이와 같이 저작권은 제한된 권리이며, 저작권의 행사는 반드시 공공정책과 부합하는 방향이어야 한다.

나) 보호대상 제외 저작물

- 아이디어 : 저작권은 "표현(expression)"은 보호하고, "아이디어(idea)"는 보호하지 않는다. 아이디어란 창작활동의 가장 기초역할을 하는 것으로 만인의 공유로 남겨두어 다양한 창작활동을 가능하게 해야 하기 때문이다. 미술의 색상, 원근법 등과 음악의 리듬과 성조, 화성 등은 저작권의 보호대상이 아니다. 그 밖에 퀴즈쇼의 진행 방식, 작동원리, 장부의 기재양식 등도 마찬가지다.
- 관공문서 : 헌법, 법률, 고시, 공고, 법원판결, 명령 등에 해당하는 것으로,

사회 공공성이 강한 것으로서 정책적으로 저작권법의 보호 테두리 밖에 두고 누구나 자유롭게 이용할 수 있도록 하고 있다.

- 시사보도 : 단순한 사실의 전달에 불과한 시사보도는 보호대상이 될 수 없다. 단 단순시사보도가 아닌 통상의 신문기사는 저작권이 있음을 주의해야 한다.

다) 저작권의 발생

저작권은 저작물이 창작된 때부터 발생하며, 어떠한 절차나 형식적 요건을 필요로 하지 않는다. 저작물이 되기 위해서는 우선 창작성(Originality)이 있어야 하는데, 여기서 창작성이란 특허에서 요건으로 하는 신규성이나 진보성과 같은 고도의 창작성을 요구하지는 않으며, 자신의 감정이나 사상을 표현한 것으로서 타인의 창작물을 베끼지 않고 독자적으로 창작한 것이면 된다.

라) 저작권의 보호기간

저작권의 존속기간은 저작자의 생존동안과 사후 50년간 보호된다. 사후 50년에 대한보호는 저작자뿐만 아니라, 그 가족이 저작재산권으로부터 이익을 받게 하기 위한 정책적 고려다. 컴퓨터프로그램의 경우는 공표된 다음 연도부터 50년간으로 정하고 있다.

마) 저작권의 국제적 보호

우리 저작권법은 외국인 저작물에 대하여 상호주의를 규정하고 있다. 저작권 보호에 관한 기본조약인 베른조약에서는 이러한 상호주의를 천명하고 있는데 현재 150개국 이상이 이 조약에 가입하고 있다.

(2) 저작자

가) 저작자

저작자란 저작물을 실제로 창작한 사람을 말한다. 따라서 소설을 창작함에 있어서 아이디어나 동기, 힌트 등을 제공한 자는 저작자가 아니다. 또한 창작을 의뢰한 자도 원칙적으로 저작자가 될 수 없다. 다른 사람이 대작(代作)한 경우에는 직접 저작물을 제작한 자가 아닌 저작명의자를 저작자로 인정한다.

나) 공동저작자와 결합저작물의 저작자

- 공동저작자 : 2인 이상의 소설가가 함께 창작한 소설에 대한 저작권은 참여한 소설가 모두에게 귀속된다. 이를 공동저작권이라 하며 그것을 분리하여 개별적으로 사용할 수 없으며 저작권 이용 허락이나 양도의 경우에는 반드시 다른 저작자의 동의가 필요하다.
- 결합저작물 : 공동으로 저작하였더라도 각자의 기여분이 분리되어 이용될 수 있는 저작물을 말하며, 이 경우 다른 저작자의 동의 없이도 자신이 창작한 부분을 자유롭게 이용할 수 있다.

다) 업무상 저작물의 저작자

회사에 소속된 종업원이 직무상 발명을 하거나 창작을 하고 그 권리를 회사가 승계한 경우에는 회사 내부의 직무발명에 대한 보상규정에 따라 합리적인 보상을 해주도록 하고 있다.

(3) 저작권의 종류

가) 저작인격권

- 창작자의 정신적 재화인 저작물에 대하여 저작자가 갖는 인격적인 권리로서 경제적 이익을 추구하는 저작재산권과 구별되는 개념이다. 타인에게 양도할 수 없으며 저작자 사망과 동시에 소멸된다.
- 공표권 : 저작자가 저작물을 공표할 것인지, 아니면 공표하지 아니할 것인지를 결정 할 수 있는 권리를 말한다. 공표하지 않겠다는 의사를 어기고 저작물을 무단으로 공표하게 되면 공표권을 침해하게 된다.
- 성명표시권 : 저작물을 공표함에 있어서 저작자의 성명을 원작품이나 복제물에 표시 할 권리를 말한다. 따라서 저작권자의 허락 없이 실명으로 기재된 것을 이명으로 바꾸거나 삭제하게 되면 성명표시권을 침해하는 것이 된다.
- 동일성 유지권 : 저작물의 제호, 내용, 형식을 동일성을 원형 그대로 유지한 권리를 말한다.

나) 저작재산권

- 복제권 : 저작자가 자신의 저작물을 복제할 수 있는 권리를 말하며, 타인이 허락 없이 복제하는 것을 금지할 수 있는 권리를 말한다.
- 배포권 : 음악과 같은 저작물의 원본 또는 그 복제물을 공중에게 대가를 받거나 받지 아니하고 양도 또는 대여하는 것을 말한다. 그런데 저작물이 한 번 판매되고 난 후에는 저작자는 그 구매된 저작물의 배포에 대하여 더 이상 권리를 행사할 수 없다.
- 2차적 저작물의 작성권 : 저작자는 자신의 저작물을 번역, 편곡, 변형, 각색, 영상제작 등의 방법으로 2차적 저작물을 작성할 권리를 가진다. 예를 들면 소설 "해리포터"의 영화제작자는 원작자로부터 권한을 얻어야 한다.
- 공연권 : 저작자는 자신의 저작물을 공연할 권리를 가지는데, 공연이란 저작물을 상연, 연주, 가창, 상영 등 일반 공중에게 공개하거나 이의 복제물을 재생하여 공개하는 것을 말한다.
- 공중 송신권 : 저작물을 공중이 수신하거나 접근하게 할 목적으로 무선 또는 유선통신의 방법에 의하여 전송하거나 방송함을 말한다.
- 전시권 : 저작자는 미술저작물 등의 원작품이나 그 복제물을 전시할 권리를 가지는데, 전시권의 적용대상에는 미술저작물, 사진저작물, 건축저작물이 포함된다.

다) 저작인접권

- 저작인접권이란 실연자, 음반 제작자 및 방송사업자에게 부여되는 저작권에 유사한 권리를 말한다.
- 배우, 가수, 연주자, 연출자 등 실연자와 음반제작자 및 방송사업자는 저작물의 직접적인 창작자는 아니지만, 저작물의 해석자 내지는 전달자로서 창작에 준하는 활동을 통해 저작물의 가치를 증진시킨다.
- 이러한 저작인접권자는 복제권, 보상청구권, 배포권, 전송권, 방송권 등을 갖는다.

(4) 저작권의 제한

가) 저작권의 자유이용

- 저작권법은 저작물과 관련된 권리의 보호뿐만 아니라 그 공정하고 원활한

이용도 함께 도모함을 목적으로 한다. 따라서 저작권을 무제한으로 보호하기만 할 수는 없는 것이다. 다음은 저작권을 자유로이 이용할 수 있는 경우이다.

- 교육을 위한 목적 : 교육기관에서 교육목적으로 필요하다고 인정되는 경우에는 공표된 저작물의 전부 또는 일부분을 복제, 공연, 방송 또는 전송할 수 있다.
- 개인적 목적으로 이용 : 개인적으로 가정 또는 한정된 범위 안에서 이용하는 경우 그 이용자는 이를 복제할 수 있다. 이를 "사적 복제"라 하며 저작권자의 허락 없이 복제할 수 있다.
- 공표된 저작물의 인용 : 공표된 저작물은 보도, 비평, 교육, 연구 등을 위하여 정당한 범위 안에서 공정한 관행에 합치되게 이를 인용할 수 있다.
- 입학시험 또는 기타형식의 검정목적 : 영리목적이 아닌 입학시험 그 밖의 학식 및 기능에 관한 시험 또는 검정을 위하여 필요한 경우에 저작물을 복제, 배포할 수 있다.
- 프로그램기능의 조사, 연구, 시험 목적의 복제 : 프로그램의 기초를 이루는 아이디어 및 원리를 분석하고 습득하기 위하여 프로그램의 기능을 조사, 연구, 시험목적으로 복제할 수 있다.
- 백업목적

나) 법정허락

다른 사람의 저작물을 이용하기 위해서는 통상 저작권자의 허락을 얻어야 하지만 상당한 노력을 기울였음에도 권리자를 알 수 없거나 권리자의 소재를 파악할 수 없는 경우 등 일정한 경우에는 법으로써 그 이용을 허락하는 제도가 있는데, 이를 법정허락제도 라고 한다.

다) 카피레프트운동과 오픈소스운동

- 저작권에 의한 정보 독점이 심화되자 카피라이트(copyright)에 반대하여 이용자의 권익을 옹호하는 움직임이 있는데 이를 카피레프트(copyleft)운동이라고 한다.
- 카피레프트운동이 구체적으로 나타난 형태가 바로 오픈소스 S/W운동이며, 리눅스의 개발이 그 대표적인 예이다.

(5) 저작권의 침해와 구제

가) 저작권 침해 판단의 조건

- 원고가 유효한 저작권을 가지고 있을 것
- 저작권 침해를 의심받는 자의 저작물이 원 저작물에 의거하여 제작되었을 것
- 침해를 의심받는 저작물과 원 저작물이 동일하거나 실질적으로 유사한 것 (substantial similarity)를 입증할 수 있을 것

나) 침해로 간주되는 행위

- 침해물건의 수입행위 : 외국에서 작성된 불법복제물이 국내로 수입되어 저작권 침해행위가 마치 국내에서 일어난 것과 동일한 효력이 발생한다면 이러한 수입행위를 저작권 침해행위로 간주하고 수입업자를 처벌한다.
- 기술적 보호조치 : 복제에 매우 취약한 디지털 저작물을 보호하기 위한 암호화기법, 디지털워터마킹, DRM등의 접근제한 시스템에 의한 기술적 보호조치에 대한 법적보호의 필요성이 주장되고 있다. 다만 전통적으로 인정되어 온 저작물에 대한 일반인의 접근마저 차단된다는 점에서 입법취지에 맞지 않는다는 비판도 있다.
- 권리관리정보의 제거행위 : 저작물의 이용방법 등을 식별하고 이미 행하여진 불법복제를 추적하기 위해 "권리관리정보"체계를 개발하여 이를 저작물에 부착하는데, 대표적인 것으로 워터마킹 기술이 있다. 저작권법은 이러한 권리관리정보를 고의로 제거, 변경 또는 허위로 부가하는 행위도 저작권 침해행위로 간주하고 있다.
- 저작인격권의 침해로 간주되는 행위 : 저작자의 명예를 훼손하는 방법으로 그 저작물을 이용하는 행위를 말한다. 예를 들면 예술적 가치가 높은 누드화를 복제하여 스트립쇼 극장의 간판으로 사용하는 행위 등이다.

다) 저작권 침해에 대한 구제

- 침해정지 및 예방청구 : 침해행위의 정지 및 예상되는 침해의 예방을 법원을 통해 청구할 수 있다.
- 가처분신청 : 현존하는 침해의 정지나 곧 예견되는 침해를 예방하기 위해서는 신속한 조치가 필요한데 이를 위해서 손해배상청구나 침해정지청구 등

본안소송의 제기에 앞서 법원에 가처분신청을 해 두는 것이 좋다. 가처분 결정은 2주 정도로 신속하게 처리되며 형사 처벌 등이 두려워 먼저 합의를 제안해 오는 경우가 많다.

- 복제물의 폐기조치 등 청구
- 손해배상 청구 손해액에 대한 물질적 청구, 부당이득의 환수와 함께 저작인격권 침해에 대한 위자료도 함께 청구할 수 있다.
- 명예회복 등 청구 저작인격권을 침해한 자에 대하여 손해배상과 함께 명예회복을 위한 조치(신문지상의 사과문 게재)를 청구할 수 있다.
- 형사 처벌 지적재산권을 침해한 자는 5년 이하의 징역 또는 5000만 원 이하의 벌금에 처한다. 단, 저작권 침해에 대한 형벌은 친고죄에 해당하므로 저작권자 등의 고소가 있어야 기소가 될 수 있다. 따라서 저작권 분쟁의 대부분은 합의를 통해 해결하는 경우가 많다.

(6) 저작권의 특수문제

가) 소리바다 사건

소리바다 사건은 음악파일을 무단복제, 전송한 개인이용자에게 직접 책임을 묻지 않고, 대신에 P2P 사업자인 소리바다에게 일정한 책임을 물은 사건이다. 이 사건을 맡은 민사법원은 서버운영중단 가처분을, 형사법원은 복제를 한 이용자의 책임으로, 서로 다른 판결을 내려 저작권법 문제가 혼란에 빠지게 되었다. 최근 대법원의 항소심에서 소리바다의 복제행위 방조에 대한 일부책임이 있음을 판시하였다.

나) UCC 와 저작권 문제

- 최근 인터넷에 봇물처럼 쏟아져 나오는 UCC(User Created Contents)의 약 80% 이상은 타인의 저작물의 전부 또는 일부를 그대로 인용한 경우가 많기 때문에 저작권 침해에 해당될 가능성이 매우 높다.
- 타인의 저작물을 패러디하여 제작한 콘텐츠에 대한 저작권 침해여부가 문제된다. 새로운 장르의 창작물로 보는 시각도 있지만 원작에 대한 심한 침해행위에 대해서 적절한 법적 근거가 필요하기도 하다.
- 기존의 방송물, 음악 등을 편집, 편곡, 변형, 각색 등을 하여 어느 정도 창

작성을 가미한 UCC, 소위 2차적 저작물을 법적으로 어떻게 취급할 것인가가 문제 되며, 저작물 활용에 대한 새로운 패러다임의 전환이 절실히 요구되고 있다.

- 이러한 문제의 해결책으로 최근 "CCL(Creative Common License, 저작물 이용허락표시)"가 제시되고 있다. CCL은 저작자가 자신의 저작물에 대한 이용방법 및 조건을 표시하여 이용자들이 그 방법과 조건 내에서 자유롭게 저작물을 이용할 수 있도록 하는 방법을 말한다.

다) 데이터베이스 문제

어느 누구도 독점할 수 없고 공중에 공개되어 있는 정보들을 수집, 가공, 저장하여 편리하게 정보를 추출할 수 있게 만든 데이터베이스는 그 자체로 상당한 경제적 가치를 갖는다. 그런데 DB를 제작하기까지는 상당히 많은 비용과 노력 및 시간의 투자를 필요로 하는 반면, 디지털 기술은 그것을 저렴한 비용으로 복제, 배포하거나 활용할 수 있으므로 DB제작자에게 막대한 피해를 입히거나 개발의욕을 상실케 할 수 있다. 우리나라 저작권법은 창작성이 없는 데이터베이스에 대해서도 별도의 제한적 보호체계를 제공하고 있다.

라) 초상권과 퍼블리시티권

- 퍼블리시티권(right of publicity) : 성명이나 초상 등을 상업적으로 이용할 수 있는 권리를 말한다. 퍼블리시티권의 요건으로서는 “유명인일 것”, "성명과 초상 등" 에 관한 것일 것, “재산적 가치가 있을 것” 등이 된다.
- 초상권 : 사람은 누구나 자신의 얼굴 기타 사회통념상 특정인임을 식별할 수 있는 신체적 특징에 관하여 함부로 촬영 또는 그림 묘사되거나 공표되지 아니하며 영리적으로 이용당하지 않을 권리를 가지는데, 이를 초상권이라고 하며 헌법적으로 보장되는 권리이다. 초상권은 인격적 권리이고 자신의 신체적 특징에 관하여 촬영 등을 거절하거나 초상의 이용을 거절할 수 있는 권리이다. 배타적 재산권으로서 양도성이 인정되는 퍼블리시티권과는 달리, 초상권과 프라이버시권은 권리자의 인신전속적 권리로서 양도가 되지 않는다.
- 음성권 : 타인 목소리의 모든 모방에 대해서 법적 책임을 부여할 수는 없지만 유명개그맨이나 가수의 특색 있는 목소리를 흉내 내어 이를 상업적으로 이용할 경우에는 저작권 침해 또는 퍼블리시티권 침해를 구성할 수 있다.

마) 링크와 저작권

- 단순링크 : 단순한 링크행위는 자신의 웹페이지에서 다른 웹페이지로 이동하게 해 줄 뿐이므로 저작권법상의 복제권, 전송권 등의 침해를 수반하지 않는다.
- 직접링크 : 직접링크는 다른 웹사이트의 초기화면이나 메인화면으로 연결하지 않고 홈페이지의 구성상 하위에 있는 세부적인 페이지를 직접 연결하는 것을 말한다. 직접 링크가 문제가 되었던 사례를 살펴보면 대개 초기 홈페이지에 게재된 광고 배너를 통해 얻을 수 있는 타인의 수익을 직접 링크를 통해 무임승차를 하는 경우가 있으며, 이는 민법상 불법행위책임의 문제가 발생할 수 있다.
- 프레이밍 : 자신의 메뉴화면을 그대로 둔 채로 브라우징 프레임에 타인의 웹페이지를 불러오고 마치 그 내용이 자신의 홈페이지의 일부인 것처럼 오인시켜 타인의 경제적 이익을 가로채는 경우이다. 이는 불법행위책임이나 부정경쟁방지법상 책임을 질 수 있다.

6.2.6 신지식재산권

(1) 개요

전통적으로 인간의 지적 창작물은 문화 발달을 목적으로 하는 저작권과 산업 발달을 목적으로 하는 산업재산권으로 대별되었으나, 과학기술의 발전으로 새로운 형태의 지적창작물이 등장하게 되었다. 신지식권이란 이러한 전통적인 저작권과 산업재산권을 제외하고, 경제적 가치를 지니는 인간의 지적 창작물을 총칭하여 다음과 같은 것들이 범주에 들어간다.

- 반도체 집적회로 배치설계
- 컴퓨터프로그램
- 데이터베이스
- 온라인디지털콘텐츠
- 영업비밀
- 인터넷 도메인네임
- 전통지식 및 기능
- 식물 신품종

(2) 컴퓨터프로그램

가) 보호대상

- 보호대상으로서의 프로그램의 요건 중에서 중요한 것은 프로그램이 "아이디어(idea)"가 아니라 "표현(expression)"이라는 것이다. 창작행위의 소재가 되는 사상이나 감정, 즉 "아이디어"는 만민의 공유에 속하므로 이에 대하여는 독점권을 인정하지 않는다.
- 저작자가 프로그램으로 달성하려고 하는 목적 및 기능은 프로그램보호법의 보호대상이 아닌 아이디어에 해당하는 것으로 보고, 그 목적 및 기능을 달성하기위한 프로그램 중에서 저작자의 개성이 나타난 부분만을 프로그램보호법의 보호대상인 표현으로 보고 있다.

나) 프로그램저작권의 발생

- 무방식주의 : 컴퓨터프로그램 저작권은 컴퓨터프로그램을 창작한 때 자동 발생한다. 프로그램저작권 발생을 위한 어떠한 절차나 형식을 필요로 하지 않는다. 이를 "무방식주의"라고 한다. 특허의 경우 특히 요건을 충족하여 특허청에 등록되어야 비로소 권리가 발생하는 것과 다르다.
- 프로그램저작권의 귀속 : 프로그램저작권은 프로그램저작자에게 원시적으로 귀속된다. 국가, 법인, 단체의 기획 하에 법인 등의 업무에 종사하는 자가 업무상 창작한 프로그램은 계약이나 근무규칙 등에 달리 정함이 없는 한 그 법인 등을 당해 프로그램의 저작자로 한다.
- 저작권적 보호와 특허권적 보호의 비교

	저작권적 보호방식	특허권적 보호방식
관련법	컴퓨터프로그램 보호법	특허법
발생권리	프로그램저작권	특허권
보호대상	표현(창작시 권리발생)	아이디어(발명)
권리발생요건	무방식주의	방식주의(특허등록시 권리발생)
보호기간	창작한 다음 년도부터 50년	특허출원일로부터 20년
지역적 범위	국내법 및 조약에 의해 외국에도 효력이 있음	국내에서만 효력이 있음

다) 프로그램저작권의 내용

- 저작재산권 : 프로그램저작권자는 저작재산권으로서 자신의 소유한 프로그램을 복제, 개작, 번역, 배포, 발행 및 전송할 권리를 가진다.
- 저작인격권 : 프로그램저작권자는 저작인격권으로서 자신의 소유한 프로그램에 대해 공표권, 성명표시권, 동일성유지권을 독점한다.

라) 프로그램저작권 보호의 제한

- 시간적 제한 : 프로그램저작권은 공표된 다음 연도부터 50년까지 보호를 받는다.
- 프로그램사용자에 의한 백업용 복제 : 프로그램의 복제물을 정당한 권원(權原)에 의하여 소지, 사용하는 자는 그 복제물의 멸실, 훼손 또는 변질 등에 대비하기 위하여 필요한 범위 안에서 당해 복제물을 복제할 수 있다.
- 공익상의 제한

  재판 또는 수사 목적의 복제

  교육기관의 수업과정 제공 목적의 복제 또는 배포

  교과용 도서의 게재 목적의 복제

  비영리 개인 목적의 복제

  교육기관의 입학시험, 학식 및 기능에 관한 시험

  프로그램의 아이디어 및 원리확인을 위한 조사, 연구, 시험목적의 복제
- 프로그램코드 역분석

  정당한 권원에 의하여 프로그램을 사용하는 자가 호환에 필요한 정보를 쉽게 얻을 수 없고 그 획득이 불가피한 경우 당해 프로그램의 호환에 필요한 부분에 한하여 프로그램저작권자의 허락을 받지 아니하고 프로그램코드 역분석을 할 수 있다.

마) 침해의 유형 및 구제방법

- 침해의 유형

  직접침해 : 정당한 권원 없이 타인의 프로그램을 복제, 개작, 번역, 배포, 발행, 전송하는 행위, 허위로 프로그램 등록, 복제물 제출, 이전 등록 등이다.

  간접침해 : 국내 배포 목적으로 불법복제물을 수입하는 경우

기술적 보호조치의 침해 : 암호화 등의 기술적 보호조치를 무력화하는 등의 행위

- 침해에 대한 구제방법

  침해의 정지 또는 예방의 청구

  손해배상청구권

  피해자의 고소에 따른 형사적 구제

(3) 영업비밀

가) 보호대상

영업 비밀은 영업상의 이익 또는 사실상의 자산으로 이해되고 있으며, 영업비밀의 재산적 가치는 인정하지만 공개의 대가로 배타적 권리를 부여하는 제도가 아니며, 물권 또는 산업재산권과 같은 권리성은 인정하지 않는다.

나) 침해행위의 유형

- 영업 비밀을 부정취득, 사용, 공개하는 행위
- 부정 취득된 영업 비밀을 악의/중과실로 취득/사용/공개하는 행위
- 선의취득 후 악의, 중과실에 의한 사용/공개행위
- 영업비밀의 부정공개/사용하는 행위

(4) 반도체배치설계

가) 보호대상

반도체집적회로의 배치설계에 관한 법률이 제정되어 있고, 배치 설계권은 특허권과 저작권의 중간성격을 가지고 있다.

나) 배치설계권의 발생

- 배치설계권은 창작성이 있는 배치설계를 설정등록 함으로써 발생한다.
- 배치설계 제작자의 지적 노력의 결과로서 통상적이 아닌 특성이 나타나 있어서 기존의 제작물과 구별될 수 있는 배치설계를 제작한 것이어야 한다.

다) 배치설계권의 효력

- 배치설계권자 또는 그로부터 권리를 승계한 자는 설정 등록된 배치설계에 대하여 영리목적으로 이용하는 권리를 독점한다.
- 배치설계권도 다른 지식재산권과 동일하게 공유, 양도설정, 질권설정, 전용 또는 통상 이용권의 설정이 가능하다.
- 배치설계권의 존속기간은 설정등록일로부터 10년이 원칙이다.

연습문제

1. 다음의 사례에 대하여 공학윤리 측면에서 토론해보자.
   - 좋은 스펙을 위한 부정행위(리포트 베끼기, 시험에서 커닝하기)
   - 납품업자의 골프 초대
   - 소프트웨어의 불법복제 문제
   - 규정과 혈연/지연의 문제
   - 자동차 생산비용의 삭감과 안전문제

2. 다음의 사례에 대하여 지식재산권 측면에서 토론해보자.
   - 지식재산권의 종류와 각각의 특징
   - 특허제도의 목적과 특허권 침해
   - 퍼블리시권과 초상권의 개념차이
   - UCC에서 발생될 수 있는 저작권 문제
   - 소리바다 사건에서 소리바다사의 책임을 인정한 근거
   - 신지식재산권의 종류와 의의

참고문헌

1. 배원병, 김종식, 윤순현, 임오강, 공학윤리, (주)북스힐, 서울, 2006.

2. 특허청 정보기획팀, 지식재산권 입문, 성민, 서울, 2007.

7
CHAPTER

창의공학설계 활동

7.1 공학 공통 주제 1 : 교량 만들기
7.2 공학 공통 주제 2 : 골판지 의자 만들기
7.3 공학 공통 주제 3 : 호버크라프트(Hovercraft) 만들기
7.4 공학 자유 주제

7.1 공학 공통 주제 1 : 교량 만들기

7.1.1 교량 만들기 개요

트러스로 교량을 만드는 주된 이유는 바로 경제성 입니다. 트러스로 만들게 되면 부재에 휨모멘트가 걸리지 않고 오로지 축력만으로 저항하는 시스템이기 때문에 부재의 크기도 줄어들고 물량도 줄어들어 공사비 감소 및 구조적 측면에서도 안전하다.

하지만 그냥 일반 기둥과 슬라브로만 다리를 만들게 되면 휨모멘트 전단응력이 걸리게 되어 하부의 기둥의 크기가 엄청나게 커지고 RC의 구조로 하는 경우 그 단면의 크기가 너무 크기 때문에 수화열이 많이 발생하게 되어 문제점이 많아진다. 트러스와 같이 경제적으로 만들 수 있는 다리는 케이블을 이용한 현수교 및 텐서그리티를 이용한 다리 등이 있다. 일반적으로 교량은 크게 사장교와 현수교로 나뉜다. 각각의 특징은 다음과 같다.

(1) 사장교

가) 사장교란?

교각이나 기초 위에 세운 주탑으로부터 뻗친 케이블(Cable)로 주형 또는 트러스(Truss)를 지지하는 형식의 교량을 말한다.

나) 사장교의 기원

1784년 C. J. Loscher에 의하여 처음으로 교량으로서의 모습을 선보인 후, 1818년과 1824년에 두 개의 교량이 연속해서 붕괴되면서 관심이 줄었다가 1955년 스웨덴에 Stromsund교가 건설되면서 다시 교량 기술자들에게서 각광을 받고 있다.

우리나라의 경우 서해대교(서해안 고속도로), 올림픽대교, 진도대교, 돌산대교를 그 예로 들 수 있습니다.

다) 사장교의 특징

① 현수교에 비해 케이블(Cable) 강도가 크다.

② 케이블(Cable)에 대한 응력 조정이 가능하므로, 설계시 많은 변화를 줄 수 있다.

③ 강재 중량이 가벼워 경제적이다.

④ 케이블(Cable)을 이용하여 지지하므로, 설치가 쉽다.

라) 사장교의 여러 가지 형태

(a)방사형

(b) 하프형

(c) 부채형

(d) 스타형

< 그림 7-1 > 사장교의 여러 가지 형태

(2) 현수교

가) 현수교란?

주탑 및 앵커리지(Anchorage)로 주 케이블(Main Cable)을 지지하고 이 주 케이블(Main Cable)에 현 수재를 매달아 보강형을 지지하는 교량형식을 말한다. 주 케이블(Main Cable)을 앵커리지(Anchorage)에 고정시키는 타정식(earth-anchored)과 보강형에 지지시키는 자정식(self-anchored)이 있다.

나) 현수교의 기원

19세기 후반 들어 Roebling에 의해 Brooklyn교(1883년)등 근대 현수교가 완성된 이후 Moisseiff, Steinman 등에 의해 20세기 초 현수교 전성기가 시작되었다. 이후 현수교는 시행착오를 반복하여 발전하게 되었으며, 오늘날 장대교량 형식의 선두주자가 되었다. 우리나라의 경우 영종대교(신공항 고속도로), 남해대교를 그 예로 들 수 있다.

다) 현수교의 특징

① 중앙 경간이 400 m 이상일 경우 트러스(Truss)나 사장교보다 경제적이다.

② 활하중이나 풍하중에 의한 변형과 진동을 방지하기 위해 상판에 보강이 필요하다.

③ 수심이 깊거나 하부구조를 설치하기 곤란한 지형에 유리하다.(바다)

라) 현수교의 여러 가지 형태

(a) 단경간 2힌지 보강형 현수교

(b) 3경간 2힌지 보강형 현수교

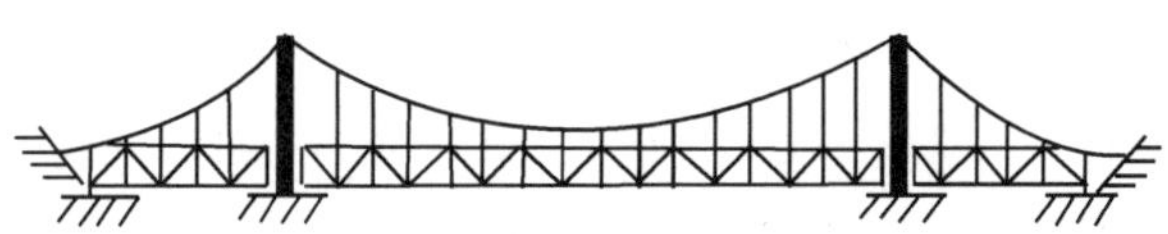

(c) 3경간 3힌지 보강형 현수교

(d) 다경간 현수교

< 그림 7-2 > 현수교의 여러 가지 형태

7.1.2 교량 만들기 과제

본 과제의 목적은 나무 이쑤시개(wooden toothpicks)와 목공용 접착제(glue)만을 사용하여 가장 강한 다리를 설계하는 것이다. 학생들이 다리를 설계 및 제작하고 붕괴되는 과정 속에서 재미와 함께 구조물의 힘을 학습하기 바란다. 규정을 준수하면서 자신의 방법으로 자신만의 다리를 제작하길 바란다.

(1) 규정(Rules)

가) 교량은 둥근 나무 이쑤시개와 목공용 접착제만을 사용하여 제작되어야 한다.

나) 교량의 총 중량은 100 g을 초과해서는 안된다.

다) 교량은 하중 측정 지지대의 폭 50 0mm에 걸릴 수 있도록 만들어야 한다.

라) 교량 구조물의 중간에 무게추가 놓여진다. 교량은 적어도 10초 동안 그 모양을 유지해야 한다.

(2) 계획(Planning)

계획 및 전략은 매우 중요하다. 아래에 중요한 몇 가지 아이디어를 소개한다.

가) 모양과 구조(Shape and structure)

같은 재료들을 사용할지라도, 구조물의 견고성은 모양과 구조에 의존한다. 총 중량이 100 그램으로 제한되어 있기 때문에 사용할 수 있는 부품들이 제한되어 있다는 것을 명심하라. 지금은 아치형 트러스(arched truss)를 사용하는 것이 대세다.

나) 제작 방법(Way of manufacturing)

개념이 좋을지라도 손재주가 좋지 못하면 튼튼한 다리를 만들 수 없다. 아래와 같은 약간의 제작 장치들이 있으면 요긴하게 쓸 수 있다.

① 적당히 힘을 줄 수 있는 것

② 초기의 비틀림을 방지할 수 있는 것

③ 건조를 위한 것

다) 역할 분담(Role sharing)

팀원 간에 적당하게 역할 분담을 하는 것은 매우 중요하다.

라) 제작공정 관리(Process management)

저녁에 작업을 했을지라도 접착력이 없을 수 있다.

물을 먹은 목재의 강도(strength)는 떨어진다. 강도(strength)를 확보하기 위해서 공정 관리가 중요하다.

7.1.3 소요 재료 및 공구

구분	내용 및 규격
재료	둥근 나무 이쑤시개 3 packs(1 pack당 약 300개), 목재용 흰색 접착제 1병
공구	2 mm 직경의 커터 칼, 커팅 매트

< 그림 7-3 > 재료 및 공구

7.1.4 아이디어 탐색 1 : 교량의 원리

사장교와 현수교의 원리에 대하여 조사한 뒤 비교 정리하라.

7.1.5 아이디어 탐색 2 : 교량 설계시 고려사항

교량 설계시 고려해야할 사항에 대하여 서술하고 연필스케치를 통하여 구상하라.

7.1.6 작품 설계

제작하고자 하는 교량의 설계도를 구체적으로 그려라.

제작하고자 하는 교량의 최적 설계도를 그려라.(치수 및 재료 등 기입)

7.1.7 작품 제작 및 보완

※ 주어진 재료와 공구를 사용하여 설계도를 따라 교량을 제작한다.

제작된 교량은 하중 테스트 지지대에서 구조물의 튼튼함을 평가할 예정이다. 규정에 맞는 교량 중량이 나오는지 수시로 측량하고, 문제점이 발견되면 수정 및 보완하여 제품을 완성한다.

교량을 제작하면서 발생한 문제점, 개선점, 수정 사항 및 주의 사항 등을 정리하라.

7.1.8 작품 제작 활동 소감

교량 만들기 활동을 통하여 느낀 점 등을 기록하라.

7.1.9 작품 활동 평가 기준

(1) 평가 반영 비율

평가지표	경진대회	설계 작품	발표	보고서	합 계
배 점	30	50	10	10	100
점 수					

(2) 영역별 평가 지표

가) 경진대회 평가 (30점)

구 분	상위 10%	상위 30%	상위 50%	상위 70%	하위 30%
배 점	30	25	20	15	10
점 수					

나) 설계 작품 평가 (50점)

영역	평 가 항 목	평 가 기 준	배점
창의성 (20)	▪ 문제해결 접근 방법과 기술성	▪ 문제해결 접근방법이 매우 창의적이며 우수 기술을 활용하고 가시적인 성과를 보인다.	20
		▪ 문제해결 접근방법이 창의적이고 우수 기술을 사용하였다.	17
		▪ 다른 것을 모방하였으나 기술을 개선시켰다.	14
		▪ 모방하는 수준이고, 우수 기술을 활용하지 않았다.	11
		▪ 모방하는 수준이고 기술성도 결여되었다.	8
신뢰성 (10)	▪ 교량의 견고함과 구조적 안정	▪ 견고하게 제작되었고, 구조적으로 매우 안정적이다.	10
		▪ 견고하지만 구조적으로 약간 불안하다.	8
		▪ 견고하지만 구조적으로 많이 불안하다.	6
		▪ 견고하지 못하지만, 모양은 유지하고 있다.	4
		▪ 완전한 구조를 갖추지 못했다.	2
심미성 (10)	▪ 작품의 완성도 및 외관성	▪ 작품의 완성도가 매우 높고, 누구나 갖고 싶도록 아름답게 제작하였다.	10
		▪ 작품의 완성도는 높으나 외관성이 조금 부족하다.	8
		▪ 작품의 완성도가 좋지만, 외관성이 부족하다.	6
		▪ 완성도와 외관성이 부족하다.	4
		▪ 아름다운 모양을 시도했으나 미완성이다.	2
경제성 (10)	▪ 작품재료의 경제적 활용성	▪ 주어진 재료를 아끼고 최소로 사용하였다.	10
		▪ 재료는 적게 사용하였으나 구조에 부족함이 있다.	8
		▪ 주어진 재료를 모두 사용하였다.	6
		▪ 재료가 부족하여 더 지급 받아 사용하였다.	4
평 가 점 수			

다) 발표 평가 (10점)

평가 영역	평 가 기 준	배점
참여도 (3)	▪ 팀원 간에 역할 분담이 잘 되어 있고, 매우 협조적이다.	3
	▪ 팀원 간에 역할 분담이 잘 되어 있으나, 협력이 부족하다.	2
	▪ 팀원 간에 역할 분담이 되어 있지 못하고, 협력하지 못하였다.	1
발표자료 준비 (4)	▪ 발표자료를 다양한 도구를 사용하여 체계적으로 잘 준비하였다.	4
	▪ 발표자료의 준비는 잘하였으나 체계성이 약간 부족하다.	3
	▪ 발표자료의 준비가 부족하고 내용이 체계적이지 못하다.	2
	▪ 발표자료의 준비가 매우 부족하다.	1
표현 정도 (3)	▪ 청중의 반응을 고려하여 내용을 설득력있게 전달한다.	3
	▪ 몇 가지를 설명할 줄 알지만 표현력이 부족하다.	2
	▪ 내용 전달하는데 어려움이 많고 부정확하다.	1
평 가 점 수		

라) 보고서 평가 (10점)

평가 영역	평 가 기 준	배점
보고서 (5)	▪ 형식에 맞게 보고서를 잘 작성하였다.	5
	▪ 형식에 맞게 보고서를 작성하였으나 내용이 약간 미흡하다.	4
	▪ 형식에 맞게 보고서를 작성하였으나 내용이 미흡하다.	3
	▪ 형식에 맞게 보고서를 작성하였으나 기한내에 제출하지 못하였다.	2
	▪ 보고서 양식에 문제가 있으며 기한내에 제출하지 못하였다.	1
설계노트 (5)	▪ 조직적이고 체계적으로 정리되어 설계 과정을 모두 파악할 수 있다.	5
	▪ 정리를 깔끔하게 되어 있으나 설계 과정의 기록이 조금은 부족하다.	4
	▪ 깔끔하기는 하지만 설계 과정의 기록이 미흡하다.	3
	▪ 설계 과정의 내용을 기록하지 않았다.	2
	▪ 설계 과정을 기록하지 않았고, 관리 상태도 미흡하다.	1
점 수		

(3) 경진 대회 평가 과정

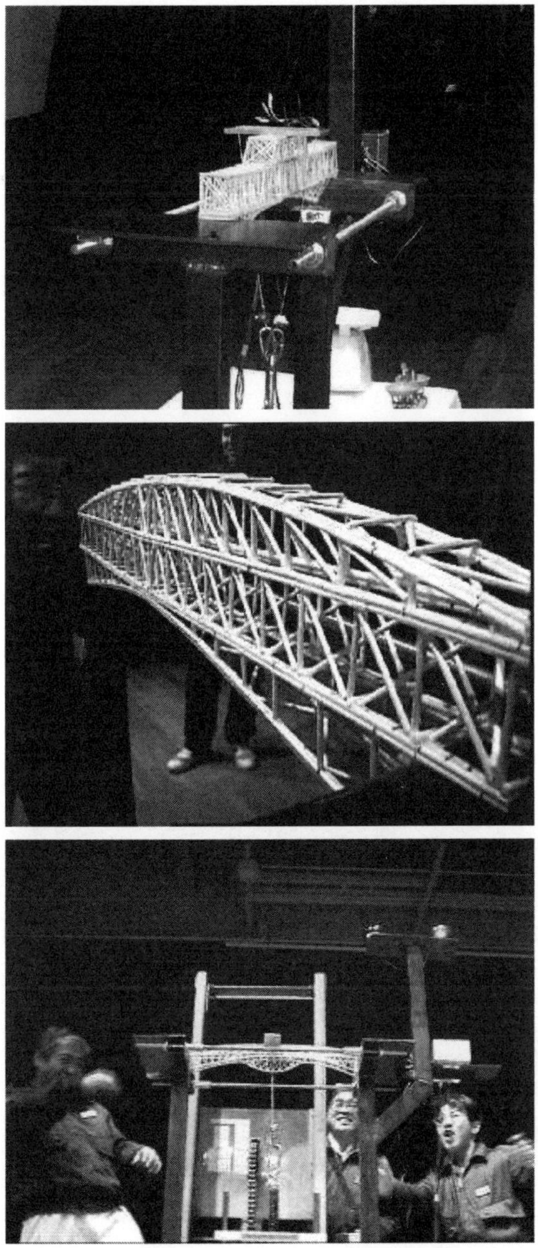

< 그림 9-4 > 경진대회 평가 과정

7.1.10 제작과정 예시

(1) 제작(Manufacturing)

일반적인 제작과정은 다음과 같다.

가) 재료 처리(Material processing)

① 절단(Cutting)

이쑤시개의 양쪽 끝단들은 사용될 수 없기 때문에 잘라낸다. 컷팅 단면이 접착 면이 되도록 한다.

② 기둥 만들기(Making sticks)

절단된 이쑤시개들을 접착하여 기둥을 만든다. 약간이라도 뒤틀어지면 강도(strength)에 크게 영향을 준다.

나) 조립(Assembling.)

이들 기둥들을 설계도에 따라 조립한다. 조립 순서는 중요하다.

<그림 7-5> 조립 과정들

다) 건조(Drying)

접착제가 물을 함유하고 있기 때문에 건조시키면 강도를 좋게 한다. 바람으로 건조시키는 것도 좋지만, 드라이기를 가지고 건조시킬 수도 있다. 그러나 드라이어를 가지고 건조시키는 경우에 건조로 인해 뒤틀림이 발생될 수 있기 때문에 주의가 필요하다.

< 그림 7-6 > 건조하는 모습

라) 측정(Measurement)

무게가 100g를 초과할 때는 평가 및 경진대회에 참가하는 권리가 박탈된다. 제작과정 중에 때때로 무게를 측정해야 한다.

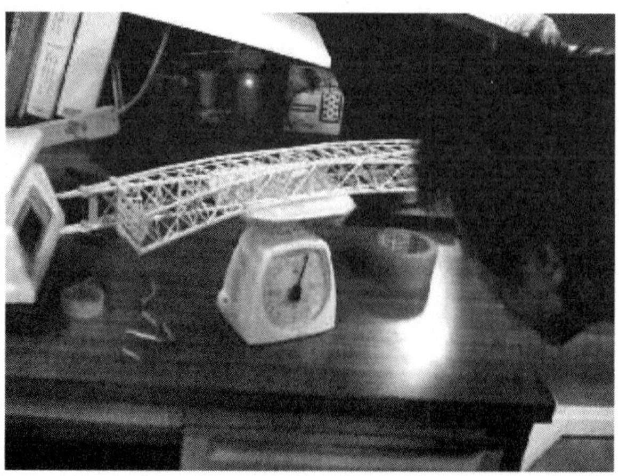

< 그림 7-7 > 중량 측정

마) 보강(Reinforcement)

대개 교량은 80-90g의 중량으로 제작된 후 보강작업을 한다. 필요한 보강재가 만들어져야 한다. 교량의 강하고 약한 점을 찾고 적절하게 보강할 수 있는 매우 예리한 측정 감각이 요구된다.

(2) 절단(Cutting)

이쑤시개의 양 끝단을 절단하는 것은 불필요한 부분을 제거하는 것뿐만 아니라 접합 부분을 매끄럽게 만든다. 접착 표면에 있어서의 간격이나 거칠음은 접착력에 영향을 미친다. 그리고, 600개의 이쑤시개를 절단할 인내가 필요하다.

<그림 7-8>
이쑤시개의
양단면의 절단

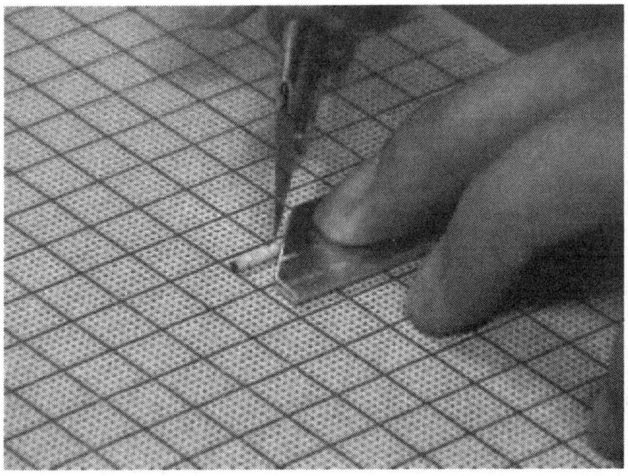

<그림 7-9>
창의적인 절단
도구를 사용하는
방법

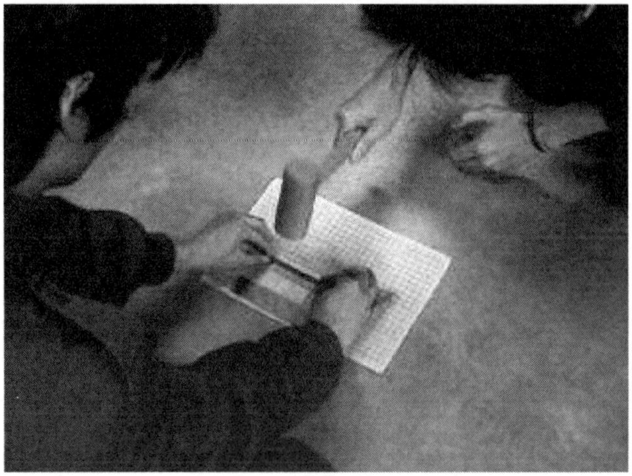

<그림 7-10> 많은 이쑤시개를 한꺼번에 자르는 방법

(3) 반듯한 기둥 만들기(Making straight sticks.)

반듯한 기둥으로 만들어진 교량은 아름답다. 아름다운 교량이 항상 튼튼하지는 않지만, 튼튼한 다리는 항상 아름답다.

가) 골함 석판을 이용하는 방법

골함 석판은 알루미늄판을 구부려서 만들어진 것으로, 이것은 함께 접착제에 들러붙지만 고정시켜 준다.

<그림 7-11> 골함석판을 이용하는 방법

나) 철판 가이드 방법

기둥들이 두 철판사이에서 가압된다.

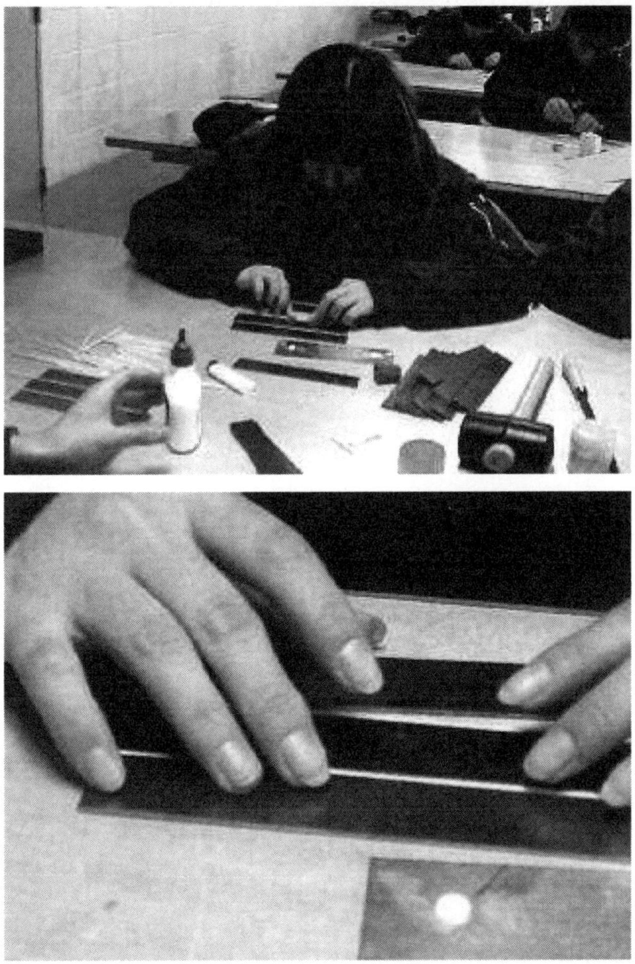

<그림 7-12> 철판 가이드를 이용하여 제작하는 방법

다) 회전법(Rolling method)

평평한 보드위에 놓고 굴린다.

<그림 7-13> 회전법으로 제작하는 모습

라) 빨래집게를 이용하는 방법

두 기둥들을 함께 붙일 때 이 방법이 편리하다. 두 기둥을 접착하여 하나의 두꺼운 기둥을 만든다는 것을 주목하라.

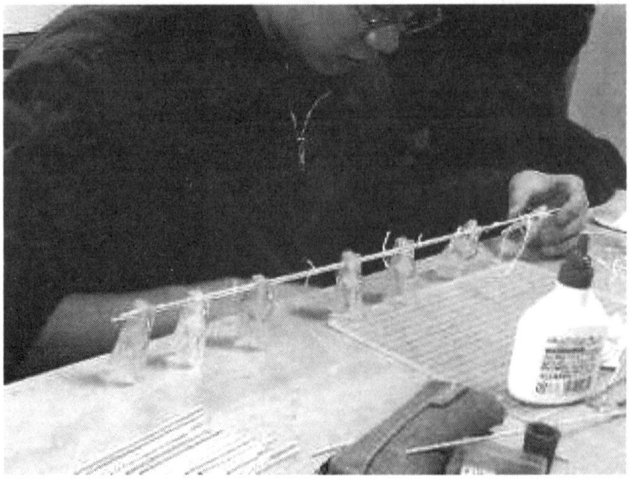

<그림 7-14> 빨래 집게를 사용하여 제작하는 모습

마) 기타 노하우

교량의 약한 부분을 방지하기 위해서는 각 이쑤시개 사이의 틈새들이 일직선상에 놓이지 않게 해야 한다. 그 다음 이쑤시개를 밀착시키는 전단 응력(파란색 화살표)이 접착된 부분을 밀착시키는 인장 응력(빨간 화살표)을 보강시킨다. 잘 제작된 기둥들은 교량의 재료들로서 사용된다.

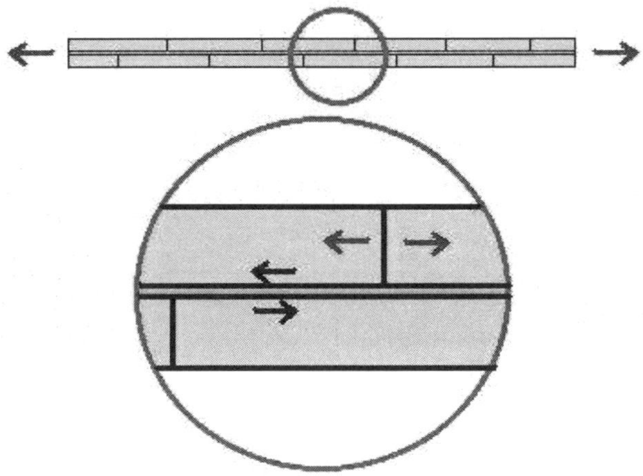

<그림 7-15> 이쑤시개 기둥사이의 힘 관계

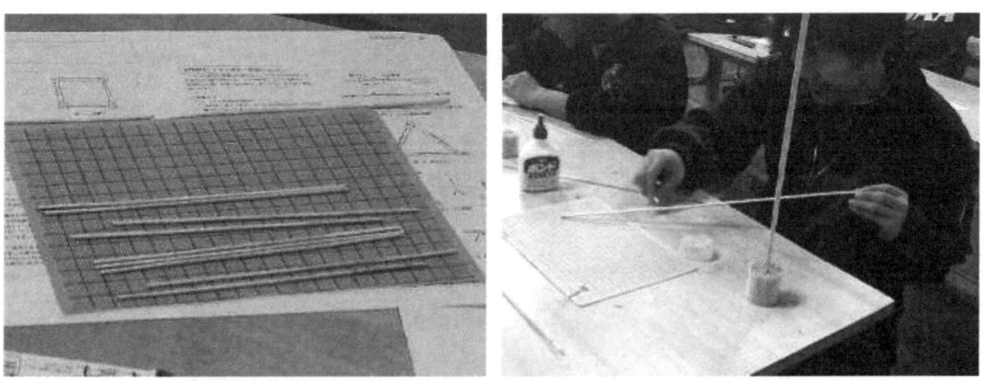

<그림 7-16> 제작된 기둥들

7.1.11 교량 관련 지식

(1) 아치(Arch)

교량을 생각할 때 가장 먼저 아치형 교량을 떠올린다. 그것은 아름답기 때문이다. 대부분의 사람들은 아치형 교량이 무지개와 같이 보여 아름답다고 느낀다.

<그림 7-17> 아치형 교량 예

가) 역 현수선(Reverse Catenary)

한 손에 있는 사슬의 양끝단을 잡고 적당한 간격을 갖도록 수평으로 펼쳐 보자. 그러면 아래 그림과 같이 자연적으로 사슬이 곡선을 이루는데, 이를 현수선이라 한다. 이러한 현수선은 전봇대 사이에 드리워진 전기줄에서도 찾을 수 있다. 이것들은 포물선(parabola)처럼 보이지만 포물선은 아니다. 사슬이 중력에 의해 아래쪽으로 당겨질 때, 각 사슬에 인장력이 작용한다. 중력에 대한 저항력이 사슬에 작용하는 것이다.

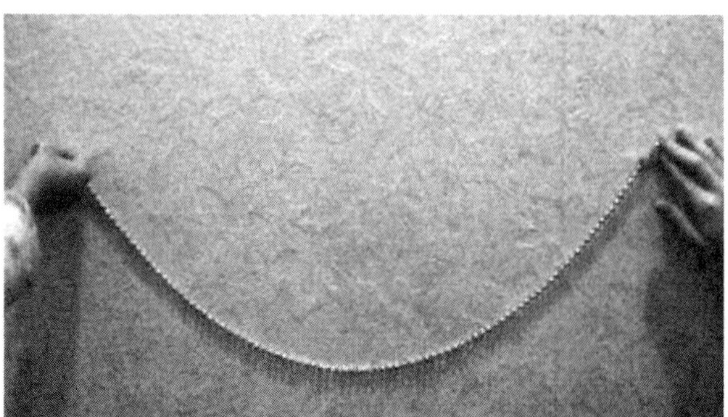

<그림 7-18> 사슬로 만든 현수선

< 그림 7-19 > 아치형 교량 예

< 그림 7-20 > 아치형으로 제작된 이쑤시개 교량들

현수선의 이미지를 위에서 아래로 뒤돌리면 아치가 된다. 그러면 모든 힘들은 아치에서는 압축력으로 변환되어 역 현수선으로서 서 있게 된다. 물론 아치는 사슬로 제작될 수 없다. 압축력에 쉽게 저항할 수 있는 재료로 그것을 만들기에 좋다. 돌은 압축에 대한 저항이 굉장히 좋기 때문에 많은 곳에서 대개 석조교량들이 대개 이런 아치형으로 만들어진다.

나) 아치의 약점, 좌굴(Buckling)

아치는 압축력을 받는다. 기둥의 양단에 압축하중이 가해졌을 경우 하중이 어느 크기에 이르면 아치가 붕괴되기 전에 때때로 기둥이 갑자기 구부러지는데, 이 현상을 좌굴(buckling)이라 한다. 좌굴은 그림 (a)에서와 같이 기둥의 길이가 그 횡단면의 치수에 비해 클 때 나타난다.

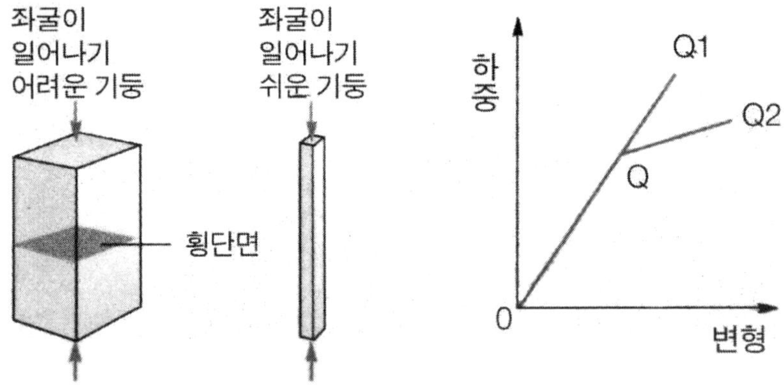

(a) 압축하중에 의한 좌굴현상 (b) 좌굴 하중

< 그림 7-21 > 좌굴(buckling) 현상

좌굴은 탄성불안정현상(彈性不安定現象)의 일종이며, 변형양식에 그림 (b)와 같이 분기점 Q가 있어서, 그 이상의 하중에 대해서는 QQ1, QQ2의 2개의 평형상태가 있으며, 보통 OQ의 연장인 QQ1의 변형양식이 아니고 QQ2와 같은 새로운 변형양식을 취하기 쉽다. 이 분기점 Q에서의 하중을 좌굴하중이라고 한다.

좌굴에 의한 파괴의 예가 많으므로 긴 기둥이나 박판구조(薄板構造)를 많이 사용하는 건축물 · 교통 ·차량 · 선박 · 항공기 등의 설계에서는 좌굴문제가 특히 중요시된다. 교량 경진대회에서 대부분의 아치형 교량들은 이쑤시개 좌굴(buckling)이 일어난 후 부서진다.

아치의 좌굴에 대한 대응책은 다음과 같다.

① 초기 비틀림이 클 때, 심지어 가벼운 하중에서도 휨이 쉽게 일어난다. 일직선의 반듯한 막대기를 만들고 또 그것으로 정밀하게 아치를 만드는 것이 좋다.

② 가능한 힘을 분산시키는 것이 좋은 방법이다.

(2) 트러스(Truss)

우리는 삼각형으로 결합된 구조물이 철교와 타워들에 사용되는 것을 볼 수 있다. 바람이 구조물을 쉽게 통과한다. 삼각형은 요소를 이용하여 힘을 붙잡아 주는 훌륭한 모양이다.

<그림 7-22 왼쪽> 철교 예(Double Warren truss)
<그림 7-23 오른쪽> 핀(pin)으로 연결된 지점

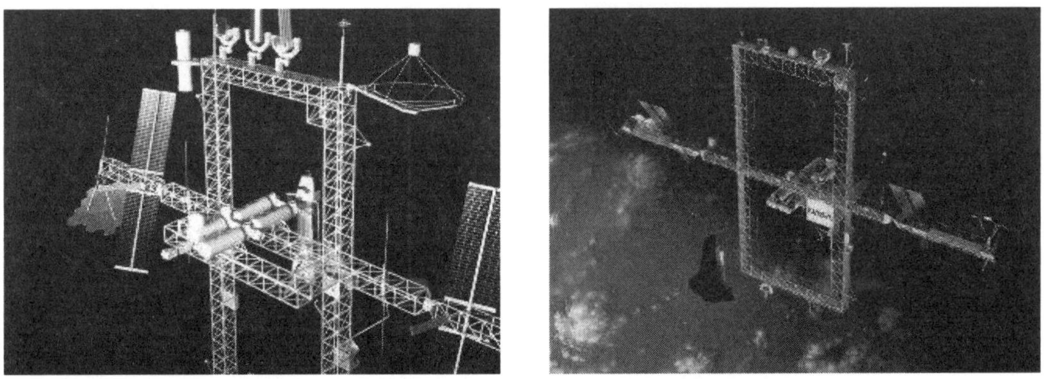

<그림 7-24> 트러스(Truss) 구조로 만들어진 우주정거장

가) 불가사이한 삼각형 구조(The Wonder of Triangle)

임의의 도구를 사용하지 않고 막대기 중간지점에서 그것을 둘로 자르려고 시도해 보자. 많은 사람들은 다음 그림과 같이 그것을 부러뜨릴 것이다. 이론적으로 막대기를 잡아당기거나 눌러서(pulling or crushing) 부러지게 하는 것은 가능하지만 아무도 그렇게 하지 않는다. 많은 사람들은 이쑤시개를 구부려서 둘로 부러뜨리는 것이 쉽다는 것을 안다.

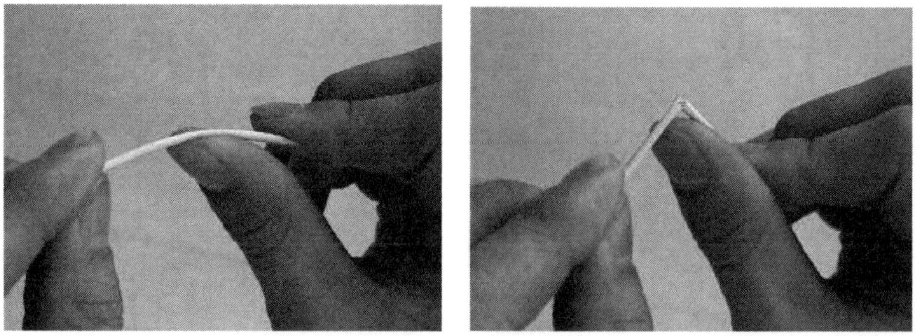

<그림 7-25> 막대기는 구부림을 통해 쉽게 부러진다.

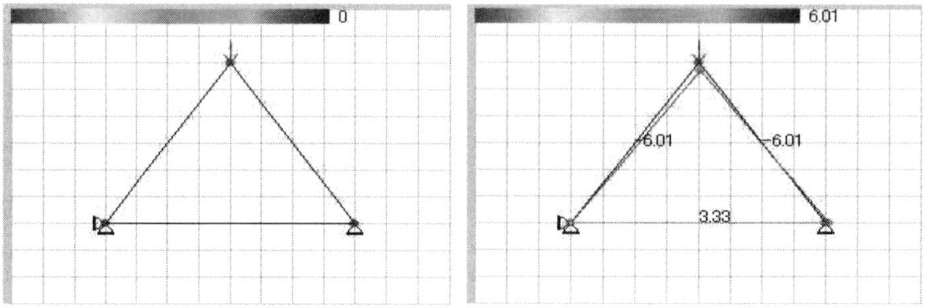

(a) 힘이 가해지기 전 (b) 힘이 가해진 후

<그림 7-26> 삼각형 구조에 힘이 가해질 때 작용하는 힘의 분포

단지 굽힘을 만들지 않고 인장력이나 압축력이 막대기에 가해지면 가볍고 강한 구조물이 만들어질 수 있다. 핀으로 결합하여 삼각형으로 만들어질 때는 막대기들에 인장력과 압축력이 가해진다. 다음 그림의 위에서 힘(10N)이 아래로 가해질 때, 압축력(-6.01N)이 대각선 부재에 작용하고 인장력(3.33N)이 아래 부재에 작용한다.

나) 트러스의 해석(Analysis of Truss)

트러스 구조물은 결합체로서 하나의 빔(beam)으로 변환되지만, 각 부품들은 인장 부품과 압축 부품들로 나뉘어질 수 있다. 아래 그림들은 전형적인 트러스 구조물들이다. (a)그림에서 10N의 힘이 각 트러스 구조물의 중심에 가해지면, 각 부품들의 축력이 (b)그림과 같이 나타난다. 그림에서처럼 양(+)의 값은 인장을, 부(-)는 압축을 나타내고, 빨강색(red)은 압축을, 파랑색(blue)은 인장을 나타낸다.

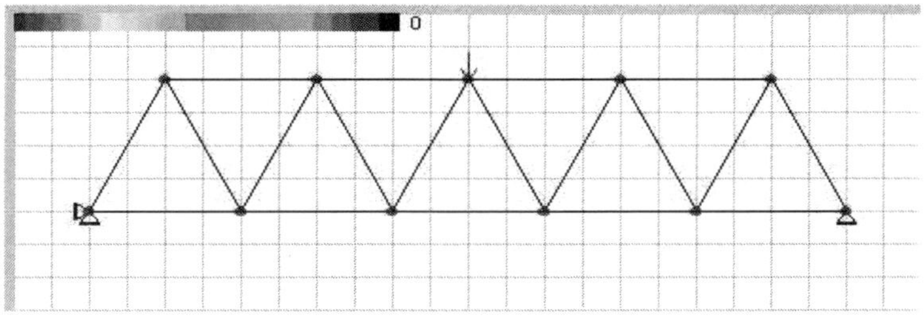

(a) 중앙에 힘이 가해지기 전

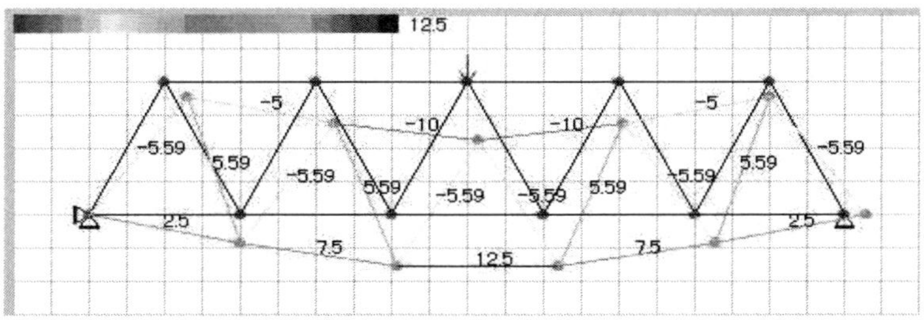

(b) 중앙에 힘이 가해진 후

<그림 7-27> Warren truss

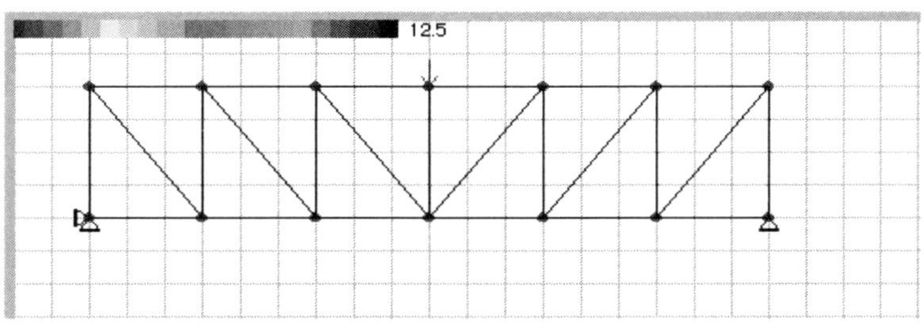

(a) 중앙에 힘이 가해지기 전

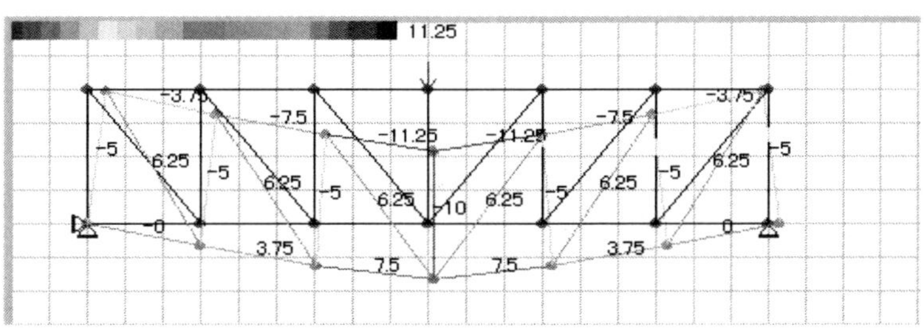

(b) 중앙에 힘이 가해진 후

<그림 7-28> Pratt truss

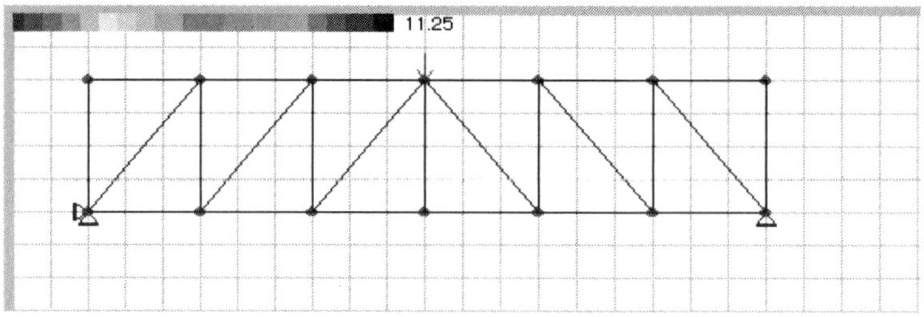

(a) 중앙에 힘이 가해지기 전

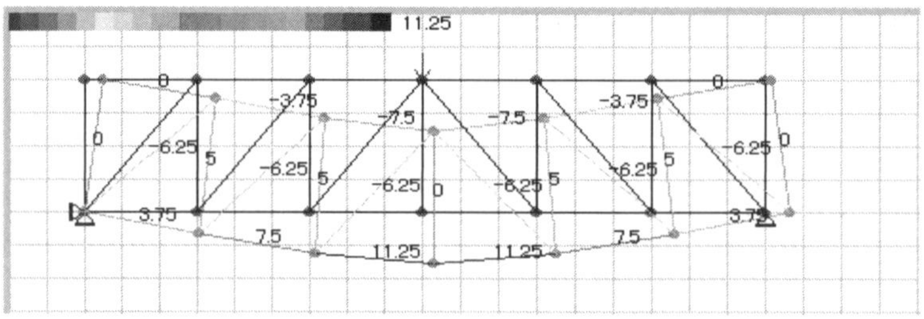

(b) 중앙에 힘이 가해진 후

< 그림 7-29 > Howe truss

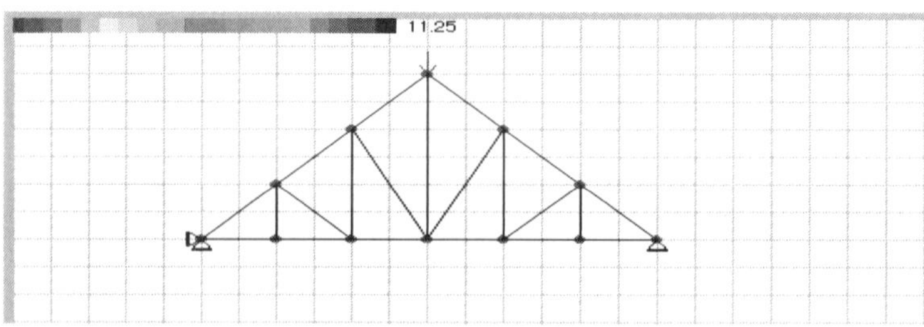

(a) 중앙에 힘이 가해지기 전

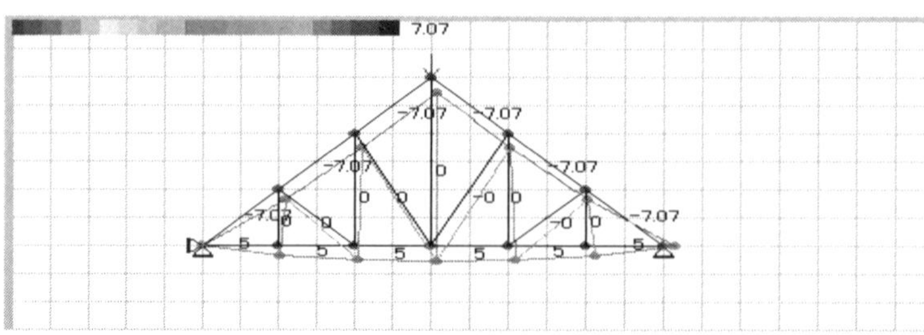

(b) 중앙에 힘이 가해진 후

< 그림 7-30 > King post truss

7.2 공학 공통 주제 2 : 골판지 의자 만들기

7.2.1 골판지 의자 만들기 개요

골판지는 종이로 만들어졌지만 잘 응용하면 튼튼한 구조를 만들 수 있어 다양한 용도로 활용되고 있다. 주로 활용되는 용도는 물건을 포장하는 상자를 만드는 용도로 사용된다. 골판지로 만든 상자를 사용하는 목적은, 같은 크기의 나무상자에 비하여 목재의 사용량이 1/10 이하이므로, 목재 자원의 이용 합리화라는 측면에서도 매우 유익할 뿐만 아니라 값이 저렴하기 때문이다. 또한 골판지 상자의 장점은 무게가 가벼워서 겹쳐쌓기가 쉽고, 운반과 저장에 편리하며, 접을 수 있고, 외부 충격에 쉽게 손상을 입지 않는다는 데 있다. 골판지 상자가 초중량 화물의 포장에는 적합하지 않지만, 식품·전기제품·기계부품·잡화·청과물·육어류 등 매우 광범위한 물건의 포장용도로 사용되고 있다.

특히, 골판지 의자를 포함한 골판지 가구는 가공하기 쉽고, 조립이 가능하며, 가벼워서 일반인들도 손쉽게 만들어 볼 수 있다는 장점이 있어 다른 재료로 만들어진 기성 제품과는 달리 사용자의 다양한 아이디어와 요구를 충족시킬 수 있다는 점에서 유용하며 흥미로운 재료이다. 유명 디자이너나 업체에서 만든 다양한 모양의 의자와 가구를 확인할 수 있어 창의적인 설계 주제로서 적합하다. 간단히 골판지에 대해 소개하면 다음과 같다.

(1) 골판지란?

물결 모양으로 골을 만든 골심지(중심지라고도 한다)에 라이너지(紙)라고 하는, 면이 반듯하고 빳빳한 판지를 한 면 또는 양 면에 접착제로 붙여서 완충도를 높인 것이다. 골판지원지라고도 한다. 완충도를 더욱 높이기 위하여 이중으로 만든 것도 있으며, 주로 골판지 상자를 만드는 데 쓰인다.

골판지는 1856년 영국의 E.C.할리(Harley)와 E.I.앨런(Allen)이 판지를 물결 모양으로 만들어 모자의 땀흡수용으로 사용하기 시작한 것에서 비롯되었다고 하며, 1875년경부터 공업적인 생산이 시작되었다. 한국에서는 1939년 영등포에 조선판지회사가 설립된 것이 처음이다.

제조방법은 판지초지기(板紙抄紙機)에 의하여 생산된 평량(坪量) 180~400 g/㎡의 라이너지와 평량 120~150 g/㎡의 골심지 두루마리를 코루게이터(corrugating machine)에 걸어 기계를 작동시키면, 골심지에 물결 모양의 일정한 골이 만들어짐과 동시에

라이너지와 접착되어 골판지가 만들어진다. 골판지는 용도에 따라서 외부포장용 및 내부포장용 골판지로 나눈다.

골판지로 골판지상자를 만드는 과정은, 포장될 내용물에 따라서 먼저 일정한 상자 양식을 결정한 다음, 골판지 표면에 필요한 것들을 인쇄하고, 그것을 슬로터에서 전개도(展開圖)대로 재단하거나 꺾을 곳에 선을 넣고 평철사나 풀 또는 접착 테이프로 접합하게 된다. 이때 반드시 주의해야 할 것은 골판지에 굽힘(warp)이 생겨서는 안 되며, 조립시에는 꺾이는 부위가 직각이 되도록 해야 한다.

(2) 골판지 가구 및 의자 사례

가) 골판지 의자

① 기성회사 제품의 예

- 접으면 높이 30 ㎝, 폭 16 ㎝, 두께(가로) 2.7 ㎝
- 펴면 높이 30 ㎝, 폭 16㎝, 가로 25 ㎝
- 200 ㎏의 중량도 가능
- 같은 모델 중 330 ㎏도 가능
- 그 이상의 하중을 견디는 의자도 얼마든지 제작 가능

<그림 7-31> 골판지 의자(기성품)

② 간단한 아이들용 의자
아이들이 혼자서 조립 가능한 의자의 예

<그림 7-32> 아이들용 의자 사례

③ 미국 건축가 프랭크 게리가 디자인한 골판지 의자

<그림 7-33> 골판지 의자 사례

④ 다양한 골판지 의자 사례

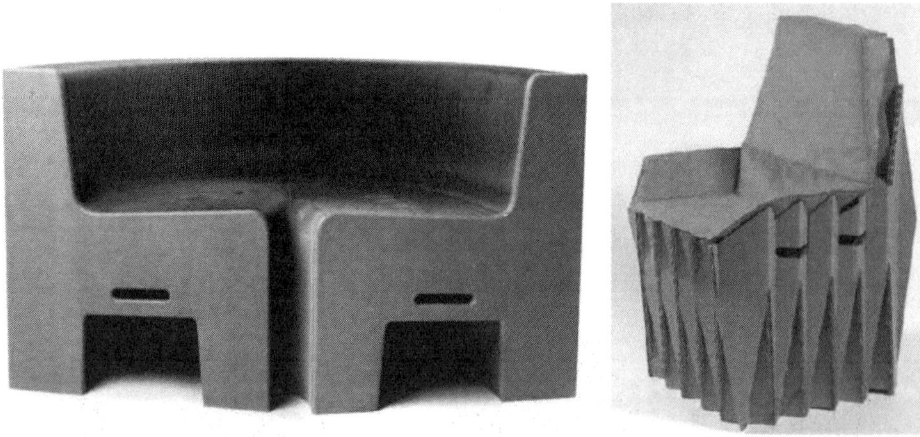

<그림 7-34> 골판지 의자 사례

나) 골판지 가구

<그림 7-35> 골판지 가구 사례

◆ 조립식 골판지 가구 사례

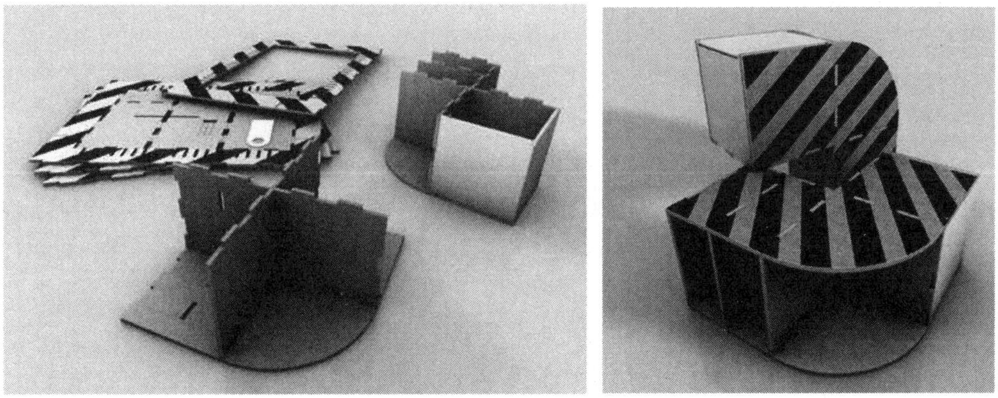

<그림 7-36> 조립식 골판지 가구 사례

7.2.2 골판지 의자 만들기 과제

본 과제의 목적은 골판지와 접착제만을 사용하여 실생활에서 사용할 수 있는 의자를 설계하고 제작하는 것이다. 학생들이 의자를 설계 및 제작하는 과정 속에서 재미와 함께 구조물의 힘을 학습하기 바란다. 규정을 준수하면서 자신의 방법으로 자신만의 의자를 제작하길 바란다.

(1) 규정(Rules)

가) 의자는 골판지와 접착제만을 사용하여 제작되어야 한다.

나) 의자는 골판지(2 ㎜두께, A1크기) 20장을 초과해서는 안된다.

다) 의자는 최소 50 ㎏이상의 사람이 앉을 수 있도록 제작되어야 한다.

(2) 계획(Planning)

계획 및 전략은 매우 중요하다. 아래에 중요한 몇 가지 아이디어를 소개한다.

가) 모양과 구조(Shape and structure)

같은 재료들을 사용할지라도, 구조물의 견고성은 모양과 구조에 의존한다. 전체 골판지의 장수가 50장으로 제한되어 있기 때문에 사용할 수 있는 골판지가 제한되어 있다는 점을 명심하라.

나) 제작 방법(Way of manufacturing)

개념이 좋을지라도 손재주가 좋지 못하면 튼튼한 의자를 만들 수 없다. 아래와 같은 약간의 제작 장치들이 있으면 요긴하게 쓸 수 있다.

① 골판지에 정확한 전개도를 그리고 재단할 수 있는 도구
② 접착제의 건조를 위한 장치나 도구
③ 건조 과정에서 원하는 형상을 유지하도록 고정할 수 있는 도구

다) 역할 분담(Role sharing)

팀원 간에 적당하게 역할 분담을 하는 것은 매우 중요하다.

라) 제작공정 관리(Process management)

골판지를 접착하는 과정에서 접착제가 충분히 건조되지 않으면 강도가 떨어져 다음 작업을 진행하기 어렵다. 전체적인 작업의 순서를 합리적으로 계획하여 요구되는 강도를 확보하면서 다음 작업을 진행할 수 있는 공정 관리가 필요하다.

7.2.3 소요 재료 및 공구

구분	내용 및 규격
재료	골판지 20장(A1크기, 2 ㎜ 두께), 접착제 1병
공구	2 mm 직경의 커터칼, 커팅 매트

7.2.4 아이디어 탐색 1 : 골판지와 의자의 원리

골판지와 의자의 원리에 대하여 조사한 뒤 비교 정리하라.

7.2.5 아이디어 탐색 2 : 의자 설계시 고려사항

의자 설계시 고려해야할 사항에 대하여 서술하고 연필스케치를 통하여 구상하라.

7.2.6 작품 설계

제작하고자 하는 의자의 설계도를 상세하게 구체적으로 그려라.

제작하고자 하는 의자의 최적 설계도를 그려라.(치수 및 재료 등 기입)

7.2.7 작품 제작 및 보완

※ 주어진 재료와 공구를 사용하여 설계도를 따라 의자를 제작한다.

제작된 의자는 사람이 직접 사용하여 튼튼함과 안락함을 평가할 예정이다. 규정에 맞는 의자가 제작되었는지 수시로 점검하고, 문제점이 발견되면 수정 및 보완하여 제품을 완성한다.

의자를 제작하면서 발생한 문제점, 개선점, 수정 사항 및 주의 사항 등을 정리하라.

7.2.8 작품 제작 활동 소감

의자 만들기 활동을 통하여 느낀 점 등을 기록하라.

7.2.9 작품 활동 평가 기준

(1) 평가 반영 비율

평가지표	경진대회	설계 작품	발표	보고서	합 계
배 점	30	50	10	10	100
점 수					

(2) 영역별 평가 지표

가) 경진대회 평가 (30점)

구 분	상위 10%	상위 30%	상위 50%	상위 70%	하위 30%
배 점	30	25	20	15	10
점 수					

나) 설계 작품 평가 (50점)

영역	평 가 항 목	평 가 기 준	배점
창의성 (20)	▪ 문제해결 접근방법과 기술성	▪ 문제해결 접근방법이 매우 창의적이며 우수 기술을 활용하고 가시적인 성과를 보인다.	20
		▪ 문제해결 접근방법이 창의적이고 우수 기술을 사용하였다.	17
		▪ 다른 것을 모방하였으나 기술을 개선시켰다.	14
		▪ 모방하는 수준이고, 우수 기술을 활용하지 않았다.	11
		▪ 모방하는 수준이고 기술성도 결여되었다.	8
신뢰성 (10)	▪ 의자의 구조적 안정성과 편안함	▪ 구조적으로 안정되고, 사용하기에 안락하다.	10
		▪ 구조적으로 안정적이지만 사용하기 약간 불편하다.	8
		▪ 구조적으로 안정적이지만 사용하기 많이 불편하다.	6
		▪ 구조적으로 약간 불안하고, 사용하기 많이 불편하다.	4
		▪ 구조적으로 불안정하다.	2
심미성 (10)	▪ 작품의 완성도 및 외관성	▪ 작품의 완성도가 매우 높고, 누구나 갖고 싶도록 아름답게 제작하였다.	10
		▪ 작품의 완성도는 높으나 외관성이 조금 부족하다.	8
		▪ 작품의 완성도가 좋지만, 외관성이 부족하다.	6
		▪ 완성도와 외관성이 부족하다.	4
		▪ 아름다운 모양을 시도했으나 미완성이다.	2
경제성 (10)	▪ 작품재료의 경제적 활용성	▪ 주어진 재료를 아끼고 최소로 사용하였다.	10
		▪ 재료는 적게 사용하였으나 구조에 부족함이 있다.	8
		▪ 주어진 재료를 모두 사용하였다.	6
		▪ 재료가 부족하여 더 지급 받아 사용하였다.	4
평 가 점 수			

다) 발표 평가 (10점)

평가 영역	평 가 기 준	배점
참여도 (3)	▪ 팀원 간에 역할 분담이 잘 되어 있고, 매우 협조적이다.	3
	▪ 팀원 간에 역할 분담이 잘 되어 있으나, 협력이 부족하다.	2
	▪ 팀원 간에 역할 분담이 되어 있지 못하고, 협력하지 못하였다.	1
발표자료 준비 (4)	▪ 발표자료를 다양한 도구를 사용하여 체계적으로 잘 준비하였다.	4
	▪ 발표자료의 준비는 잘하였으나 체계성이 약간 부족하다.	3
	▪ 발표자료의 준비가 부족하고 내용이 체계적이지 못하다.	2
	▪ 발표자료의 준비가 매우 부족하다.	1
표현 정도 (3)	▪ 청중의 반응을 고려하여 내용을 설득력있게 전달한다.	3
	▪ 몇 가지를 설명할 줄 알지만 표현력이 부족하다.	2
	▪ 내용 전달하는데 어려움이 많고 부정확하다.	1
평 가 점 수		

라) 보고서 평가 (10점)

평가 영역	평 가 기 준	배점
보고서 (5)	▪ 형식에 맞게 보고서를 잘 작성하였다.	5
	▪ 형식에 맞게 보고서를 작성하였으나 내용이 약간 미흡하다.	4
	▪ 형식에 맞게 보고서를 작성하였으나 내용이 미흡하다.	3
	▪ 형식에 맞게 보고서를 작성하였으나 기한내에 제출하지 못하였다.	2
	▪ 보고서 양식에 문제가 있으며 기한내에 제출하지 못하였다.	1
설계노트 (5)	▪ 조직적이고 체계적으로 정리되어 설계 과정을 모두 파악할 수 있다.	5
	▪ 정리를 깔끔하게 되어 있으나 설계 과정의 기록이 조금은 부족하다.	4
	▪ 깔끔하기는 하지만 설계 과정의 기록이 미흡하다.	3
	▪ 설계 과정의 내용을 기록하지 않았다.	2
	▪ 설계 과정을 기록하지 않았고, 관리 상태도 미흡하다.	1
점 수		

7.2.10 제작과정 예시

(1) 구상 및 디자인, 역할 설정

재료의 특성을 파악하고 전체적인 구상과 디자인을 수행한다. 또한 팀원 사이에서 필요한 각자의 역할을 설정한다.

<그림 7-37> 아이디어 회의

(2) 제작

일반적인 제작과정은 다음과 같다.

가) 재료 처리(Material processing)

① 절단(Cutting)

전개도에 맞추어 골판지를 절단한다.

② 부재 만들기(Making members)

절단된 골판지를 가공하여 부재를 만든다. 부재를 만드는 과정에서 골판지를 접착하거나 접고, 끼워넣는 등의 다양한 가공 방법을 사용할 수 있다.

<그림 7-38> 골판지 절단 및 접착 과정

나) 조립(Assembling.)

이들 부재들을 설계도에 따라 조립한다. 조립 순서는 중요하다.

<그림 7-39> 골판지 조립 과정

7.2.11 골판지 관련 지식

(1) 골수에 따른 분류

종류	골의 수 (30㎠당)	골의 높이	특 징	형 태
A	34 ± 2	4.6 ~ 4.8	완충성우수, BF의 안쪽에 위치	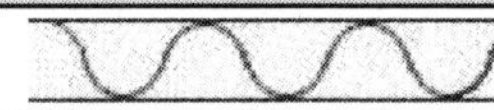
B	50 ± 2	2.5 ~ 2.8	평면압강이 강하고, DW에서는 바깥 쪽 위치	
C	42 ± 2	3.6 ~ 3.7	AF와 BF의 중간형태로 국내는 별로 사용않고 있음	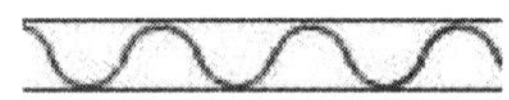
E	94 ± 5	1.5 ~ 1.8	마닐라 및 합판지상자 대용	
F	123 ± 2	1.1 ~ 1.2	햄버거 낱개포장용 등으로 제품화 되고 있음.	

(2) 겹에 따른 분류

종류	설명	용도	형태
편면골판지 (Single Face)	골심지의 한쪽에 라이너지 1매를 맞붙인 골판지	주로 완충재	
양면골판지 (Single wall)	단면골판지의 접착이 되어 있지 않는 다른 한면에 라이너 원지를 붙인 것	경량의 포장상자	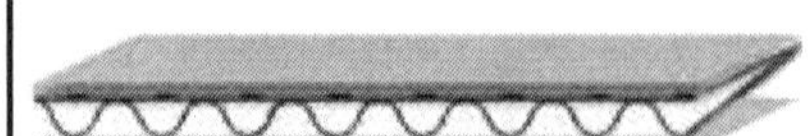
이중 양면 골판지 (복면 골판지) (Double wall)	양면골판지에 단면 골판지를 붙인 것 A골+B골 조합 B골+B골 조합 E골+B골 조합	중량 또는 손상이 쉬운 내용물 포장 상자	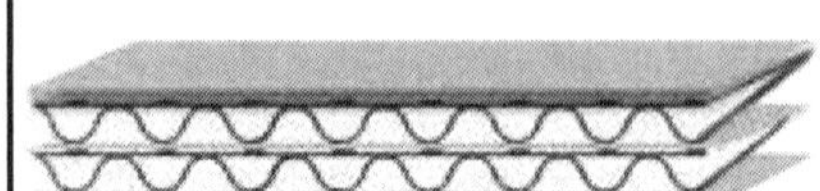
삼중 양면 골판지 (Triple wall)	이중 양면 골판지에 단면 골판지를 붙인 골판지 A골+A골+B골 조합	중량물 포장상자	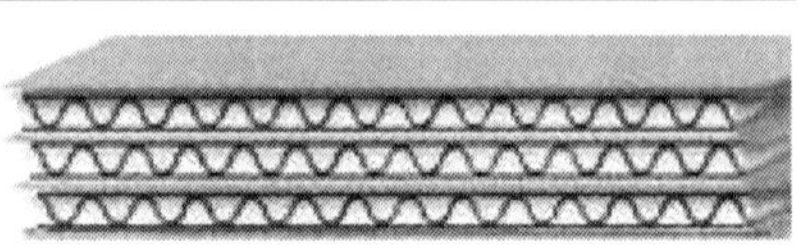

(3) 골의 형태별 분류

골형태	설명
U 자형	골의 형상에 평면 압력을 주었을때 강성한계 내의 복귀성이 강하다. 접착제가 많이 든다. 골롤의 손모가 적다. 골심지의 소요량이 많다.
V 자형	u 자형의 반대 개념
UV자형	u 자형과 v 자형의 중간

(4) 골판지의 구조별 분류

구조별 분류	설명
파상골판지	종이에 파상의 골을 성형한것(완충제)
편면골판지	파상의 골을 성형한 골심지의 한쪽에 Liner를 접합한 것(주로 완충제)
양면골판지	편면골판지의 맞은 편에 Liner를 접합 (일반적으로 많이 쓰이는 포장상자 용재)
이중양면 골판지(복면 골판지)	양면골판지의 한쪽에 면을 밖으로 한 편면 골판지를 접합한 것
삼중 골판지	이중양면 골판지에 면을 밖으로 한 편면 골판지를 접합한 것

(5) 골판지의 용도상 분류

용도상 분류	설명
외장용 골판지	주로 외부포장용 수송포장
내장용 골판지	주로 내부 포장용 또는 개장용

7.3 공학 공통 주제 3:호버크라프트(Hovercraft) 만들기

7.3.1 호버크라프트 만들기 개요

(1) 호버크라프트(Hovercraft)란 ?

호버크라프트는 땅·강 위·바다 위에 압축공기를 뿜어내어 기체를 띄워서 나는 에어 쿠션선이다. 이름은 상품명에서 왔다. 1955년 영국의 크리스토퍼 코커렐에 의해 발명되었으며, 1959년 5월 영국의 카우스에서 첫 비행을 하였다.

선체의 상부에 마련된 팬으로 공기를 빨아들여, 이것을 하부의 주위에 있는 제트 노즐로부터 안쪽을 향해서 불어대면 에어 커튼이 생긴다. 에어 커튼·선체 및 수면(또는 지면)에 가두어진 공기는 밖으로 나가지 못하며, 자연히 압력이 높아져 에어 쿠션을 만든다. 그래서 마침내 선체의 중량과 맞먹는 점에 이르게 되면 선체를 띄우게 된다. 이것을 지면효과라고 하여 호버크라프트는 이 원리를 응용한 것이다. 에어 쿠션에 탄 배는 별도로 설치된 프로펠러로서 추진한다. 물의 저항이 전혀 없기 때문에 종래의 배보다 3~5배의 고속을 얻을 수 있으며, 더욱이 대형화할수록 성능이 좋게 되는 경향을 지니고 있다.

호버크라프트의 대형화는 급속히 추진되고 있으며, 영국에서는 160 t, 여객 250명, 자동차 35대를 적재할 수 있는 큰 배를 완성한 바 있다.

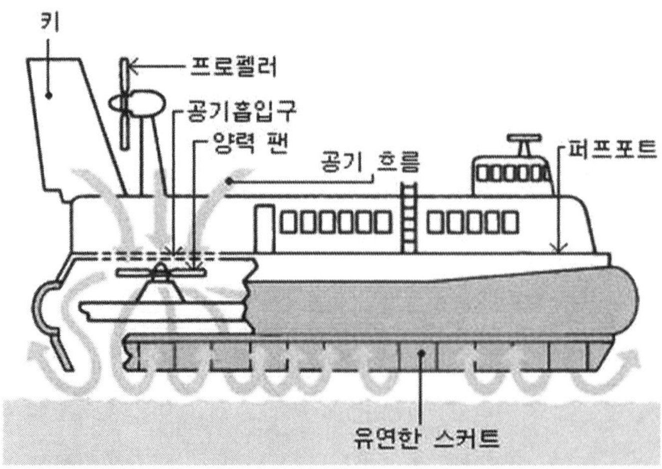

<그림 7-40> 호버크라프트

(2) 부양 방식

공기부양선은 부양하는 방식에 따라 크게 2가지로 나뉜다. 저면에서 뿜어져 나온 공기를 스커트 등으로 막아서 새지 않도록 하는 plenum chamber형과 바닥의 바깥쪽에서 안쪽으로 뿜어서 공기가 새지 않도록 하는 annular jet형이 있다.

(3) 공기부양선의 장단점

〈장점〉

① 공기부양선은 물과의 접촉에 의한 마찰저항과 조파저항을 받지 않거나 적기 때문에 일반선박에 비하여 4~5배, 수중익선에 비하여 2~3배 정도의 고속이 가능하다. 크기와 형태에 따라 다르지만 비교적 평온한 수면에서는 대략 30~50 knots(시속 약 56~93 km) 속력을 낼 수 있다.

② 건조 및 정비에 관하여 장소에 제약이 없다.

③ 항만설비에 대해 특별히 설비를 필요로 하지 않고, 보통의 해변에서도 발착할 수 있다.

④ 갑판면적이 넓어 육지와 도서간 항로에 이용되는 외에 관광용과 고속화물수송용으로 이용할 수 있고 군용으로도 장래성이 크다.

〈단점〉

① 취약한 내항성을 갖고 있다. 즉, 파도가 심한 경우에는 자유수면이 고르지 않기 때문에 공기가 빠져나가면서 공기에 의한 선체지지가 유지되기 어렵다.

② 육상교통에 쓰는 경우에 기성도로의 노폭을 조절하는 문제와 소음과 먼지 등의 문제가 남아 있다.

③ 선가가 비싸다.

7.3.2 설계 과제 및 내용

본 과제의 목적은 주어진 제약조건하에서 주어진 경로를 따라 가장 빨리 목표지점에 도달하는 모형 호버크라프트(Hovercraft)(공기부양선) 설계 및 제작하는 것이다. 엔지니어는 주어진 공학적 문제를 명확히 규정하고 가능한 모든 방법을 동원하여 가장 경제적인(효율적인) 형태로 문제를 해결해야 하며 이 과정에서 엔지니어가 갖추어야 할 가장 중요한 덕목 중의 하나가 창의성이다. 즉, 보다 명확히 문제를 규정하고 주어진 방법론을 보다 체계적으로 구성하거나 존재하지 않았던 방법론을 개발하는 과정에서 절실히 요구되는 것이 창의적 능력임.

(1) 설계 구성요소 및 제한 조건

구성요소			제한조건		
목표 설정 및 기준	호버크라프트 속력, 부양성 및 안정성	O	경제성	제공된 물품 사용 (모터, 배터리, 충전기, 프로펠러)	O
합성			안전성	제작 및 시험시 보안경 필착, 배터리 과충전 방지	O
분석	호버크라프트의 속력, 부양성 및 안정성 분석	O	신뢰성		
제작	호버크라프트 제작	O	외관성	호버크라프트의 폭 〈 20 cm	O
시험	성능 시험	O	윤리성		
평가	속력, 부양성 및 안정성 평가	O	사회적 영향		

(2) 제한 규정(Rules)

가) 기본 재료 및 물품들(모터, 배터리, 충전기, 프로펠러, 스위치, 보안경, 화물(weight), 스치로폼, 발사나무)은 학과에서 제공하며 이중에서 모터, 배터리, 충전기, 프로펠러, 화물은 반드시 제공된 부품을 사용 해야한다.

나) 호버크라프트의 폭은 20 cm 이하로 하며, 무게 제한은 없다.

다) 스치로폼과 발사나무를 제외한 지급품목은 대회종료 후 반납 하여야 하며 파손시 변상조치한다.

라) 주행로 벽면과의 마찰을 줄이기 위해 롤러를 장착할 수 있다. 롤러는 지면으로부터 3 cm이하에 부착하여야 한다.

(3) 설계 내용

가) 주어진 설계 조건하에서 호버크라프트의 공학적 개념설계, 상세설계, 최적설계가 진행사항을 작업일지로 작성한다.

나) 설계도를 토대로 최대한 가볍고도 구조적으로 견고한 모형 호버크라프트를 제작한다.

다) 시험 주행을 수행하면서 호버크라프트의 속력, 안정성, 부양성 등의 최적조건을 맞춘다.

(4) 계획(Planning) :

계획, 전략 및 팀웍은 매우 중요하다. 아래에 중요한 몇 가지 아이디어를 소개한다.

가) 구조 및 모양(Structure and Design)

같은 재료를 사용할지라도 구조물의 견고성은 구조와 모양에 의존한다. 동일한 조건에서 속력 성능에 대한 경진대회를 통하여 평가하므로 구조물을 가능한 가볍고 견고하게 제작되어야 한다.

나) 역할 분담

팀원 간에 적정한 역할 분담과 팀웍은 매우 중요하다.

다) 제작공정 관리

호버크라프트 제작 및 경진대회 등 프로펠러 구동 시에는 반드시 지급된 보안경을 착용한 조원만이 구동하여야 하며 안전에 유의하여야 한다.

라) 배터리는 과충전으로 인한 파손 및 화제 발생 위험이 있으므로 충전이 완료되면 즉시 전원을 차단하여야 한다.

(5) 과제 평가

가) 작품 제작 후 경진대회를 통해 작품의 성능을 평가받아야 한다.

나) 과제 진행의 전 과정에 대한 작업일지를 작성하여야 한다.

다) 과제 진행에 따라서 정해진 시점까지 보고서를 제출하여야 한다.

라) 설계 작품에 대한 팀 발표를 수행하여야 한다. (팀당 5분)

7.3.3 소요 재료 및 공구

구분	내용 및 규격
재료	모터, 배터리, 충전기, 프로펠러, 스위치, 보안경, 화물(weight), 스치로폼, 발사나무, 순간접착제, 색종이, 칼라펜
공구	칼, 송곳, 톱, 커팅 매트

7.3.4 작업일지

일시	년 월 일 ~ 년 월 일
팀명	
팀원	
금주 작업 내용	
차주 계획	
특기 사항	

7.3.5 아이디어 탐색 1 : 호버크라프트의 원리

다양한 형태의 호버크라프트에 대하여 조사한 뒤 비교 정리하라

7.3.6. 아이디어 탐색 2 : 호버크라프트 설계 시 고려사항

호버크라프트 설계시 고려해야할 사항에 대하여 서술하고 연필스케치를 통하여 구상하라.

7.3.7 작품 설계

제작하고자 하는 호버크라프트의 설계도를 구체적으로 그려라.

제작하고자 하는 호버크라프트의 최적 설계도를 그려라.
(치수 및 재료 등 기입)

7.3.8 작품 제작 및 보완

- 주어진 재료를 사용하여 설계도를 따라 호버크라프트를 제작한다.
- 속도 성능, 안정성 및 부양성 등을 지속적으로 고려하고, 문제점이 발견되면 수정 및 보완하여 제품을 완성한다.

호버크라프트를 제작하면서 발생한 문제점, 개선점, 수정 사항 및 주의 사항 등을 정리하라.

7.3.9 작품 제작 활동 소감

호버크라프트 만들기 활동을 통하여 느낀 점 등을 기록하라.

7.3.10 작품 활동 평가 기준

(1) 평가 반영 비율

평가지표	경진대회	설계 작품	발표	보고서	합 계
배 점	30	50	10	10	100
점 수					

(2) 영역별 평가 지표

가) 경진대회 평가 (30점)

구 분	상위 10%	상위 30%	상위 50%	상위 70%	하위 30%
배 점	30	25	20	15	10
점 수					

나) 설계 작품 평가 (50점)

영역	평 가 항 목	평 가 기 준	배점
창의성 (20)	▪ 문제해결 접근방법과 기술성	▪ 문제해결 접근방법이 매우 창의적이며 우수 기술을 활용하고 가시적인 성과를 보인다.	20
		▪ 문제해결 접근방법이 창의적이고 우수 기술을 사용하였다.	17
		▪ 다른 것을 모방하였으나 기술을 개선시켰다.	14
		▪ 모방하는 수준이고, 우수 기술을 활용하지 않았다.	11
		▪ 모방하는 수준이고 기술성도 결여되었다.	8
신뢰성 (10)	▪ 교량의 견고함과 구조적 안정	▪ 견고하게 제작되었고, 구조적으로 매우 안정적이다.	10
		▪ 견고하지만 구조적으로 약간 불안하다.	8
		▪ 견고하지만 구조적으로 많이 불안하다.	6
		▪ 견고하지 못하지만, 모양은 유지하고 있다.	4
		▪ 완전한 구조를 갖추지 못했다.	2
심미성 (10)	▪ 작품의 완성도 및 외관성	▪ 작품의 완성도가 매우 높고, 누구나 갖고 싶도록 아름답게 제작하였다.	10
		▪ 작품의 완성도는 높으나 외관성이 조금 부족하다.	8
		▪ 작품의 완성도가 좋지만, 외관성이 부족하다.	6
		▪ 완성도와 외관성이 부족하다.	4
		▪ 아름다운 모양을 시도했으나 미완성이다.	2
경제성 (10)	▪ 작품재료의 경제적 활용성	▪ 주어진 재료를 아끼고 최소로 사용하였다.	10
		▪ 재료는 적게 사용하였으나 구조에 부족함이 있다.	8
		▪ 주어진 재료를 모두 사용하였다.	6
		▪ 재료가 부족하여 더 지급 받아 사용하였다.	4
평 가 점 수			

다) 발표 평가 (10점)

평가 영역	평 가 기 준	배점
참여도 (3)	▪ 팀원 간에 역할 분담이 잘 되어 있고, 매우 협조적이다.	3
	▪ 팀원 간에 역할 분담이 잘 되어 있으나, 협력이 부족하다.	2
	▪ 팀원 간에 역할 분담이 되어 있지 못하고, 협력하지 못하였다.	1
발표자료 준비 (4)	▪ 발표자료를 다양한 도구를 사용하여 체계적으로 잘 준비하였다.	4
	▪ 발표자료의 준비는 잘하였으나 체계성이 약간 부족하다.	3
	▪ 발표자료의 준비가 부족하고 내용이 체계적이지 못하다.	2
	▪ 발표자료의 준비가 매우 부족하다.	1
표현 정도 (3)	▪ 청중의 반응을 고려하여 내용을 설득력있게 전달한다.	3
	▪ 몇 가지를 설명할 줄 알지만 표현력이 부족하다.	2
	▪ 내용 전달하는데 어려움이 많고 부정확하다.	1
평 가 점 수		

라) 보고서 평가 (10점)

평가 영역	평 가 기 준	배점
보고서 (5)	▪ 형식에 맞게 보고서를 잘 작성하였다.	5
	▪ 형식에 맞게 보고서를 작성하였으나 내용이 약간 미흡하다.	4
	▪ 형식에 맞게 보고서를 작성하였으나 내용이 미흡하다.	3
	▪ 형식에 맞게 보고서를 작성하였으나 기한내에 제출하지 못하였다.	2
	▪ 보고서 양식에 문제가 있으며 기한내에 제출하지 못하였다.	1
설계노트 (5)	▪ 조직적이고 체계적으로 정리되어 설계 과정을 모두 파악할 수 있다.	5
	▪ 정리를 깔끔하게 되어 있으나 설계 과정의 기록이 조금은 부족하다.	4
	▪ 깔끔하기는 하지만 설계 과정의 기록이 미흡하다.	3
	▪ 설계 과정의 내용을 기록하지 않았다.	2
	▪ 설계 과정을 기록하지 않았고, 관리 상태도 미흡하다.	1
점 수		

7.3.11 제작과정 예시

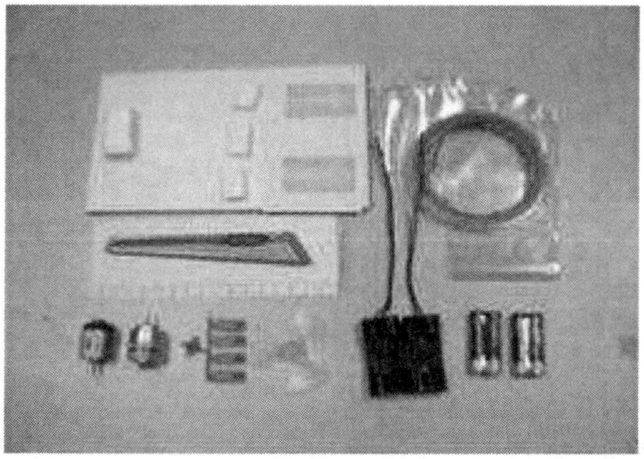

준비물
본체, 우드락, 양면테이프, 칼, 건전지 4개, 틀 2개 모터 2개 (추진용, 부양용) 스커트비닐 모터, 고정 우드락(소형3, 중형1), 부양용 프로펠러, 추진용 프로펠러, 순간접착제 스티커(건전지 위치), 종이기둥

우드락 본체 밑판에 모터가 위치할 부분을 도려낸 후 네 모서리에 양면 테이프를 붙인다.

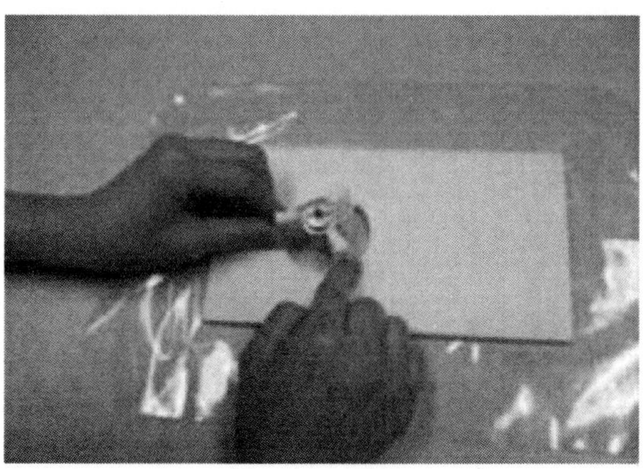

비닐 스커트를 그 위에 씌운 후 부양용 모터를 그 위에 고정시킨다.

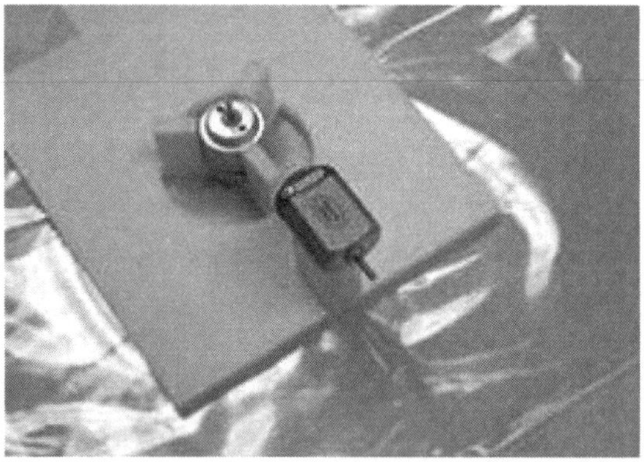

추진용 모터 고정틀을 부착시킨 후 그 위에 추진용 모터를 부착한다.

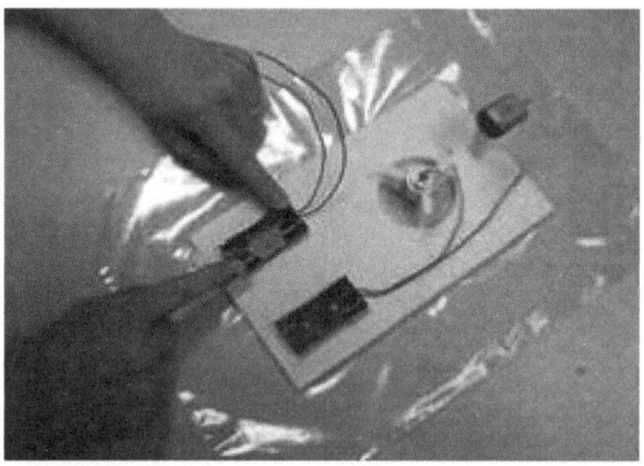

건전지 틀을 양면테이프를 이용하여 그림과 같이 고정시킨다.

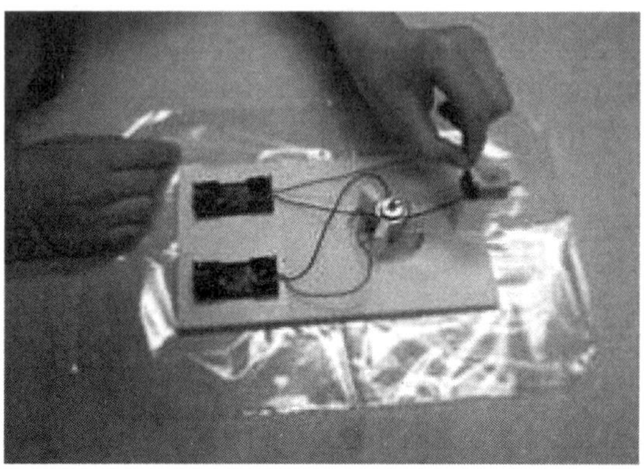

부양용 모터와 추진용 모터에 각각의 건전지 전선을 연결시킨다.

아크릴판을 이용하여 그림과 같은 프로펠러를 만든다.

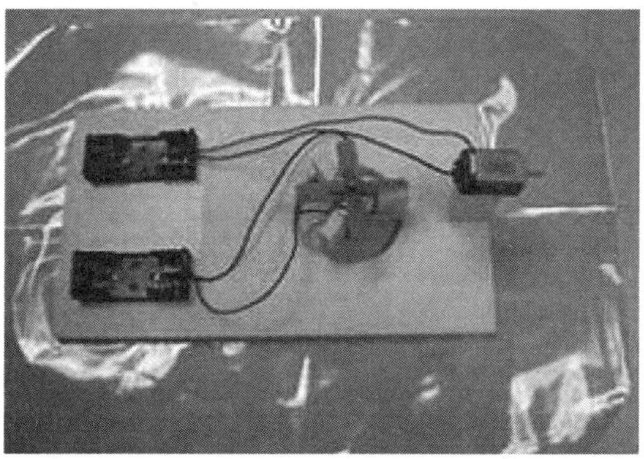

프로펠러를 모터에 끼운다.

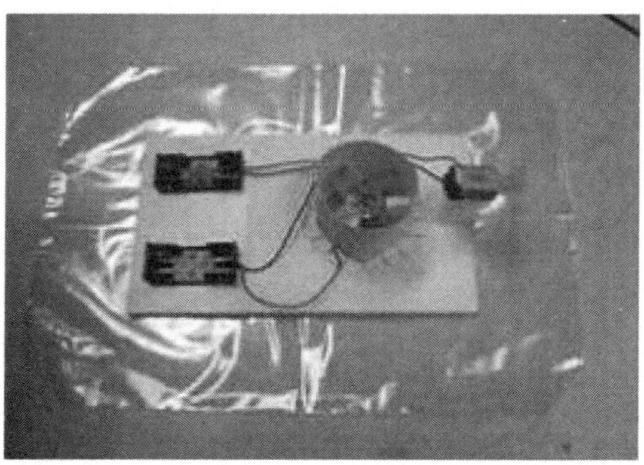

종이를 둥글게 말아서 프로펠러보다 약간 크게 만들어 씌운 다음 부착시킨다.

7.3.12 호버크라프트 관련 지식

(1) 호버크라프트의 역사

공기 쿠션의 원리는 19세기 중반에 알려졌지만, 그 당시 기술로는 실용적인 호버크라프트를 만들 수 없었다. 1916년에 오스트리아 해군이 호버크라프트를 처음 선보였고, 1950년대 중반에 영국 과학자 크리스토퍼 코케렐이 호버크라프트를 개선했다. 1968년에는 영국에서 호버크라프트로 영불해협 건너로 승객과 자동차 수송을 시작했다. 그 뒤 미국에서 본격적으로 연구, 발전되어 처음엔 해안 경비대, 군사용, 화재구조, 자연 보호 감시 활동, 수상 인명구조, 수송 등에 이용되었다. 그러나 1980년대 중반 이후에 스피드와 스릴, 모험을 즐기는 사람들에 의해 대중 스포츠로 변모하게 되었다.

우리나라는 1988년 서울 올림픽으로 다양한 스포츠를 접할 계기를 갖게 되었으며 호버크라프트도 그때 소개된 레포츠의 하나이다. 장비의 가격은 보통 1천만원대로 비싸고, 특별한 강습기관이 없어 그동안 활발히 보급되지 못하였지만 이제는 레저업체들이 강습과 대여를 시작하였고 호버크라프트의 국산화가 성공하였으므로 앞으로의 전망은 매우 밝다.

(2) 호버크라프트의 특징

호버크라프트는 수륙 양용으로 물과 육지를 넘나들며 스피드와 스릴을 맛볼 수 있는 신세대 레포츠이다. 선체가 마치 고무보트처럼 보이기도 하는데 배 위에 설치된 엔진의 커다란 프로펠러에서 나오는 막강한 바람의 힘으로 물위를 달리게 되어 있는 공기부양선이다. 즉, 공기의 압력으로 공중에 떠서 물 위나 땅 위로 달린다.

강력한 팬이 호버크라프트 아래에 있는 고무 덮개인 스커트에 공기를 뿜어 공기 쿠션을 만든다. 호버크라프트는 프로펠러로 추진하며, 비행기의 방향타와 비슷한 키로 방향을 바꾼다. 또한 보통 수면과 맞닿아 떠가는 배와는 달리 물이나 육지 위를 한 뼘정도 떠서 날아가는 형태로 다른 수상 레포츠로는 맛볼 수 없는 고속비행과 묘기비행의 묘미가 있다.

정식명칭은 air cushion 정 이지만 프로펠러의 추진력으로 인해 물위를 날아가므로 비행정이라고도 한다. 호버크라프트는 이동간 선체가 물이나 지면에 닿지 않고 뜨기 때문에 마찰밀도에 의한 저항이 없어 고속주행이 가능하며 스쿠류가 없어서 일반 배로는 운행할 수 없는 지형과 수초나 해초가 있는 늪이나 해안, 눈과 진흙, 모래 같은

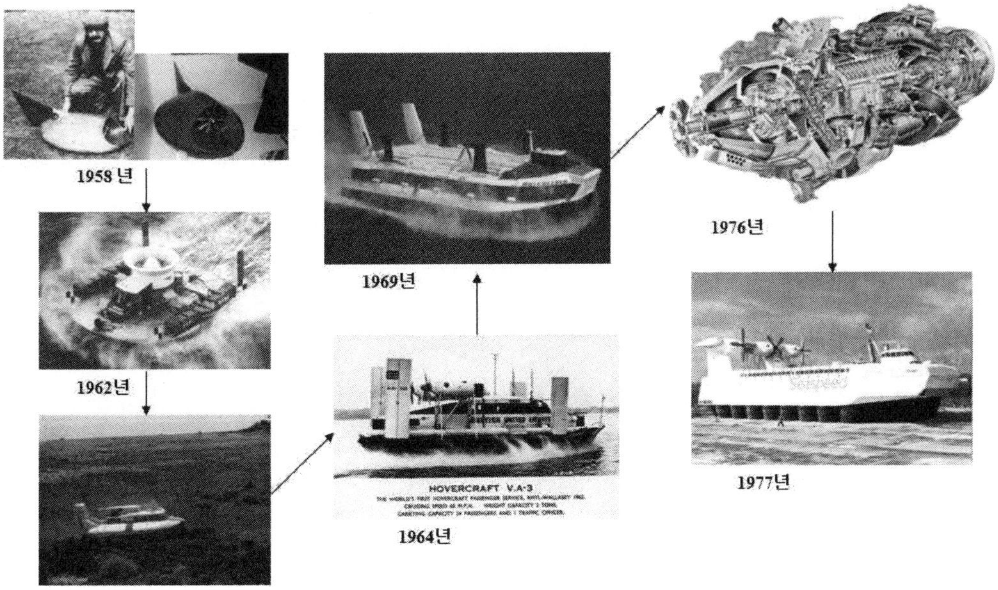

곳에서도 운행할수 있다. 불가사의해 보이지만 HOVERCRAFT의 동작 특성은 매우 단순하다. HOVERCRAFT의 특성과 어떻게 운영되는가를 이해하려면 보트나 자동차 보다는 비행기의 공기역학을 이해해야 한다. 일정기압의 air cushion을 이용하는 것들은 호버크라프트를 포함한 air chshion 정 계열(ACVs)과 WING-IN GROUND EFFECT나 RAM WING, 표면 효과선, 고속부상 활주선(SIDEWALL HOVERCRAFT) 표면 스키머 등의 그라운드 이펙트 계열이 있다.

HOVERCRAFT는 엔진에 접속된 프로펠러가 만들어내는 에어압력에 의해 추진된다. 즉 에어압력이 선체바닥에 부착된 에어 주머니(세그먼트)로 공급되어 선체를 15cm ~ 25 cm 부양시키고 이 상태에서 에어추진력을 가해 앞으로 나아가게 하는 원리다. 쿠션에어를 제어하는 것은 스커트이다. 스커트는 방수재질의 천으로 만들며 세그먼트 공간의 에어를 분배하여 고밀도 air cushion의 발생과 장애물의 회피 기동을 가능하게 한다. HOVERCRAFT의 부양과 운용능역은 바닥 면적에 가해지는 air cushion의 압력에 의해 결정 되므로 HOVERCRAFT의 올바른 기능을 위해서는 쿠션 에어를 제어하는 기술이 필요하다.

제조방법에 따르면 스커트의 방식은 일체형과 독립 셀 방식이 있으며 엔진은 1개 또는 2개를 사용한다. 엔진 1개형은 앞의 그림처럼 선체부양 및 추진을 동시에 하는 것이며, 2개형은 선체부양과 추진을 별도로 하는 것으로 HOVERCRAFT의 특성에 따라 채택한다. HOVERCRAFT의 조종은 FAN뒤에 부착되어 있는 RUDDER 시스템에 의해 이루어지며 조종자의 체중이동에 의해서도 조종이 된다. 조종하는 동안에는 에어부양 air chshion을 제어하며 선체의 무게중심을 맞추는 등 다른 수상선에 비해 다소 낯설고 이동특성 또한 매우 다르므로 일정시간 이상의 조종교육 및 숙달이 필요하다.

호버크라프트는 공기를 아래로 보내면서 그 반작용으로 뜨게 된다. 이와 마찬가지로 움직이는 방향도 공기가 움직이는 방향에 대해 반대방향으로 향하게 된다. 따라서 호버크라프트가 앞으로 움직이게 하려면 공기가 뒤로 빠지도록 해야 한다. 주의해야 할 것은 전체적으로 떠야하기 때문에 모든 방향으로 빠지는 공기의 양이 최대한 균일해야 한다. 어느 한쪽이 일방적으로 많으면 반대쪽은 바닥에 닿아서 마찰이 생기게 되므로 빠르게 움직이기 어렵게 된다. 즉, 공기가 뒤로 빠지는 양이 앞쪽으로 빠지는 양에 비해 약간 더 많이 하면 된다. 그리고 좌우로 빠지는 공기의 양은 같아야 한다. 옆으로 움직이는 것은 좌우로 빠지는 공기의 양이 같지 않기 때문이다.공기의 양을 조절하는 방법은 호버크라프트가 기울어지는 방향에 의해 결정된다. 즉, 공기가 빠질때 호버크라프트가 약간 앞쪽으로 기울어지도록 하면 됩니다. 단, 좌우로는 기울어지면 안된다.

(3) 작동 원리

호버크라프트에는 배 안으로 공기를 빨아들이는 팬이 한 개 이상 있다. 팬은 공기를 호버크라프트 아래로 뿜어서 표면과 선체 사이에 공기 쿠션을 만든다. 이렇게 호버크라프트는 선체와 표면을 이용하여 공기를 가두어두기 때문에 지면효과기(ground effect machine)라고도 한다.

호버크라프트 아래쪽 둘레는 유연한 고무 덮개인 스커트로 감싸져 있다. 스커트에는 팬으로 빨아들인 공기가 채워져 호버크라프트가 바위나 파도와 같은 거친 장애물 위를 쉽게 달릴 수 있게 한다. 호버크라프트 중에는 앞뒤에만 스커트가 있고, 양쪽 옆에는 단단한 판을 댄 것도 있는데, 이것을 표면효과선박(surface effect ship, SES)이라고 한다. 표면효과선박은 물에서만 사용된다.

호버크라프트는 가스터빈과 가벼운 디젤기관으로 동력을 얻어 팬과 프로펠러에 공급한다. 또한 호버크라프트에는 퍼프포트(puff port)라는 배기구와 방향조종용 키나 프로펠러가 있는데, 이 장치들은 전진, 후진, 공중에 뜨기, 방향 전환 따위에 이용된다.

7.4 공학 자유 주제

7.4.1 의자 만들기

과제명	의자 만들기
설계목적	금속(철사)을 이용하여 아동이 앉을 수 있는 의자를 설계하고 제작한다.
설계 조건 및 방법	1. 재료와 설계 조건 1) 사용재료: 금속(철사)만 사용 2) 최소 몸무게가 30 kg인 아동이 앉을 수 있어야 한다. 3) 금속의 종류에는 제한이 없다. 2. 시험평가 1) 학생들은 실험보고서를 제출한다 - 문제정의, 브레인스토밍 등을 포함한다. - 설계도를 제출한다. 2) 30 kg의 몸무게를 가진 사람에 해당하는 물건을 의자에 올려놓고 그 안전성을 실험한다. 3) 의자의 무게를 측정하여 서로 비교한다.
설계평가 기준	제한 요소 반영 및 설계목표 만족도: 60% 창의성 및 기술 활용도: 30%, 발표력: 10%

설계 구성요소 및 제한조건					
구성요소			제한조건		
목표 설정 및 기준	모델 성능	○	경제성	제한된 재료 및 재료비	○
합성			안전성	작품의 안전성	○
분석	기존 모델과 비교 분석, 설계된 모델의 우수성 분석	○	신뢰성	실험의 재현성	○
제작	의자 제작	○	외관성	장식 및 실생활에 사용가능	○
시험	작품 성능 시현	○	윤리성		
평가	성능 및 우수성 평가, 평가를 통한 모델 개선	○	사회적 영향		
기타			기타		

7.4.2 종이다리 만들기

과제명	종이다리 만들기
설계목적	15 kg의 중량을 견딜 수 있는 종이 다리를 설계하고 제작한다.
설계 조건 및 방법	1. 재료와 설계조건 1) 사용재료: 두께 1 mm 이하의 종이(종류에 상관없음) 접착제(종류에 상관없음, 단 테이프나 스테이플, 순간접착제는 안 됨) 2) 조건 - 다리는 25 mm x 25 mm x 300 mm의 크기를 가져야 한다. - 다리는 종이로 만들어야 한다. - 접착제는 사용해도 괜찮다(단, 테이트나 스테이플은 안 됨). - 다리의 길이 방향으로 빛이 들어갈 수 있어야 한다. 2. 시험평가 1) 학생들은 실험보고서를 제출 및 발표한다. - 문제정의, 브레인스토밍, 평가, 판단의 과정 등을 포함한다. - 내부 구조를 보여주는 스케치를 포함한다. - 재료 리스트와 비용명세서와 다리 제작 과정 2) 다리 중간에 15 kg의 중량을 가했을 때, 부러지지 않고 견뎌야 한다. 3) 다리의 무게를 측정하여 서로 비교한다. 다리의 무게가 가벼울수록 많은 점수가 할당된다.
설계평가 기준	제한 요소 반영 및 설계목표 만족도: 60% 창의성 및 기술 활용도: 30%, 발표력: 10%

설계 구성요소 및 제한조건					
구성요소			제한조건		
목표 설정 및 기준	모델 성능	○	경제성	제한된 재료 및 재료비	○
합성			안전성	15 kg의 무게에 대한 안전성	
분석	설계된 모델의 우수성 분석	○	신뢰성	실험의 재현성	○
제작	종이 다리 제작	○	외관성	장식품 사용가능성	○
시험	작품 성능 시현	○	윤리성		
평가	성능 및 우수성 평가	○	사회적 영향		

7.4.3 투척기 만들기

과제명	투척기 만들기
설계 목적	5미터 떨어진 가로, 세로, 높이 30 cm인 표적을 맞힐 수 있는 투척기를 설계하고 제작한다.
설계 조건 및 방법	1. 재료와 설계조건 1) 사용재료: 무제한 2) 5미터 떨어진 가로, 세로, 높이 30 cm인 표적을 맞힐 수 있어야 한다. 3) 투척기는 10 kg의 위치 에너지만을 이용하도록 제작하여야 한다. 2. 시험평가 1) 학생들은 실험보고서를 제출한다 - 문제정의, 브레인 스토밍 등을 포함한다. - 설계도를 제출한다. 2) 10 kg의 위치 에너지를 이용하여 5미터 떨어진 가로, 세로, 높이 30 cm인 표적을 맞히는 실험을 실행한다. 3) 투척물로는 무게 차이가 많이 나는 탁구공과 골프골 두 종류를 이용한다. 4) 표적에서 벗어나는 경우를 생각하여 3번의 기회를 제공한다.
설계평가기준	제한 요소 반영 및 설계목표 만족도: 60% 창의성 및 기술 활용도: 30% 발표력: 10%

설계 구성요소 및 제한조건					
구성요소			제한조건		
목표 설정 및 기준	작품 성능	○	경제성	제한된 재료 및 재료비	○
합성			안전성		
분석	설계된 작품의 우수성 분석	○	신뢰성	실험의 재현성	○
제작	투척기 제작	○	외관성		
시험	작품 성능 시현	○	윤리성		
평가	성능 및 우수성 평가, 평가를 통한 작품 개선	○	사회적 영향		
기타			기타		

7.4.4 기계적 동력원을 이용한 경사면 오르기

과제명	기계적 동력원을 이용한 경사면 오르기
설계목적	제한된 재료를 사용하여 미니카를 제작하고, 경사면을 등판할 수 있는 기계적 동력원을 설계 및 제작한다.
설계조건 및 방법	1. 재료와 설계조건 1) 사용재료: 바퀴 4개 (주어짐), 마분지, 철사, 고무줄 (30 cm), 나무젓가락, 스트로우, 접착제, 칼, 가위, 등. 2) 10, 20, 30도 각도의 경사면 1 m 를 주행한다. 3) 자동차의 무게 제한은 없다. 2. 시험평가 1) 학생들은 실험보고서를 제출한다 - 문제정의, 브레인스토밍, 동역원의 작동원리 등을 포함한다. - 설계도를 제출한다. 2) 경사 각도 별로 경사면을 오르는 거리를 측정한다. 3) 1 m 를 모두 통과하는 경우 주행 시간을 측정하여 비교한다. 4) 경사면에서 이탈하여 추락하는 것을 대비하여 각 경사면에 대하여 3번의 기회를 제공한다. 3. 실험 순서 1) 주어진 바퀴 4개와 재료들을 이용하여 미니카를 제작한다. 2) 동력원을 연결한다. 3) 경사면 하단부에서 자동차를 출발시킨다. 4) 주행거리과 주행시간을 측정한다.
설계평가 기준	제한 요소 반영 및 설계목표 만족도: 60% 창의성 및 기술 활용도: 20%, 발표력: 10%, 팀기여도: 10%

설계 구성요소 및 제한조건					
구성요소			제한조건		
목표 설정 및 기준	모델 성능	○	경제성	제한된 재료 및 재료비	○
합성	미니카 제작 및 동력원 제작	○	안전성		
분석	기존 모델과 비교 분석, 설계된 모델의 우수성 분석	○	신뢰성	실험의 재현성	○
제작	미니카 제작 및 동력원 제작	○	외관성		
시험	등판 거리 측정	○	윤리성		
평가	성능 및 우수성 평가, 평가를 통한 모델 개선	○	사회적 영향		

7.4.5 낙하산 제작

과제명	낙하산 제작
설계 목적	제한된 재료를 사용하여 5층 건물에서 정확하고, 안전하게 낙하할 수 있는 소형 낙하산을 설계 및 제작 하라.
설계 조건 및 방법	1. 재료와 설계조건 1) 사용재료: 비닐 1 m^2, 각종 실, 마분지, 철사, 고무 밴드, 나무젓가락, 스트로우, 접착제, 칼, 가위, 등. 2) 반경 1m 의 목표 내 착지되도록 3-5층 건물에서 추락 한다. 3) 낙하산 전체 무게는 200 g 이내. 4) 같은 무게의 달걀을 하부에 연결한다. 2. 시험평가 1) 학생들은 실험보고서를 제출한다. - 문제정의, 브레인스토밍, 아이디어 평가의 과정들을 포함한다. - 낙하산 구조, 무게, 공기저항 등 고려한 낙하산 설계 개념을 제출한다. 2) 목표 반경 내 안착 정도를 평가한다. 3) 달걀의 파괴 여부를 평가한다. 3. 실험 순서 1) 주어진 재료를 이용하여 낙하산을 제작한다. 2) 달걀을 고정 시킬 수 있는 장치를 제작한다. 3) 주어진 높이에서 낙하산을 추락 시킨다. 4) 제작된 낙하산에 대하여 3차례 반복실험을 한다.
설계평가 기준	제한 요소 반영 및 설계목표 만족도: 60% 창의성 및 기술 활용도: 20%, 발표력: 10%, 팀기여도: 10%

설계 구성요소 및 제한조건					
구성요소			제한조건		
목표 설정 및 기준	모델 성능	○	경제성	제한된 재료 및 재료비	○
합성	낙하산 제작	○	안전성		
분석	기존 모델과 비교 분석, 설계된 모델의 우수성 분석	○	신뢰성	실험의 재현성	○
제작	낙하산 제작	○	외관성		
시험	낙하위치 및 시간 측정 달걀 파괴 정도 측정	○	윤리성		
평가	성능 및 우수성 평가, 평가를 통한 모델 개선	○	사회적 영향		

7.4.6 공 선별장치

과제명	공 선별장치
설계목적	본 설계과제에서는 크기와, 질량, 재질 등이 서로 다른 4가지 종류의 공(탁구공, 골프공, 야구공, 테니스공)을 성질차이를 이용하여 자동으로 분류, 선별이 가능한 공 선별 장치를 제작한다.
설계조건 및 방법	1. 재료와 설계조건 1) 재료는 종이, 폼 보드(foam board), 종이컵, 나무 젓가락, 고무줄, 재활용 캔이나, PET병 등을 사용할 수 있으며, 사용공구로는 칼, 자, 공(탁구공, 골프공, 야구공, 테니스 공), 접착제(또는 glue gun), 가위, 접착 테이프 등을 이용한다. 2) 채택한 선별 원리(크기, 무게, 부력, 탄성 등)에 부합하는 선별장치를 제작해야 하며, 세 차례 반복실험을 통해 원리에 따른 선별 재현성이 유지되어야 한다. 3) 공은 주입구로 들어가며, 경사로와 공을 구분할 수 있는 판별 장치를 거쳐 최종적으로 공이 나오는 출입구에서 임시 보관이 가능한 장소를 제공해야 한다. 2. 시험평가 1) 제시된 재료(혹은 이에 상응하는 재료) 사용 여부 2) 구조물의 견고성 3) 채택한 선별 원리와 부합해 선별되는지를 평가 4) 세 차례 재현성 평가
설계평가 기준	제한조건 반영 및 설계목표 만족도: 40% 창의성 및 기술 활용도: 20% 발표력: 10%, 팀 기여도: 10%, 경진대회: 20%

설계 구성요소 및 제한조건					
구성요소			제한조건		
목표 설정 및 기준	크기, 무게, 부력, 탄성 등에 따른 선별 성능	○	경제성	제한된 재료 및 공구 사용	○
합성	장치 고안 및 설계	○	안전성	장치의 견고성	○
분석	공의 종류 별 선별 성능차이 분석	○	신뢰성	장치의 재현성	○
제작	장치 제작	○	외관성	미려한 외양	○
시험	선별장치 성능 시험	○	윤리성		
평가	선별원리에 따른 성능평가 및 장치 개선	○	사회적 영향		

7.4.7 양초로 가는 자동차

과제명	양초로 가는 자동차
설계 목적	양초의 열 에너지를 활용하여, 가장 멀리까지 이동할 수 있는 장난감 자동차를 제작한다.
설계조건과 방법	1. 재료와 설계조건 1) 양초는 케이크용 양초 (지름: 5 mm, 길이: 50 mm) 10개를 사용한다. 2) 양초는 자르거나, 변형시켜도 되나 화학적 처리를 해서 사용해서는 안된다. 3) 제작된 차는 처음부터 스스로 출발할 수 있어야 한다. 4) 제작에 소요되는 재료비용은 경우에 따라서 제한할 수 있다. 5) 트랙 및 안내선 설치는 금지하며, 평지에서 작동하도록 한다. 6) 자동차의 크기, 모양, 작동 방식에는 어떠한 제한도 없다. 7) 제한 조건 내에서 가장 멀리 가는 자동차가 우수한 것으로 판정한다. 8) 양초의 연소열을 기계적 에너지로 전환하는 것으로 내연기관의 원리나 증기기관의 원리 등을 활용한다. 9) 양초를 태우면 빛, 연소 생성물(기체), 열을 발생한다. 이러한 부산물을 기계적인 동력으로 전환하여야 한다. 2. 시험평가 1) 제시된 재료 사용여부 2) 설계 시의 제한조건 준수 여부 3) 자동차의 견고성 4) 세 차례에 걸친 이동거리의 평균치를 개발한 자동차의 성능지표로 채택 5) 평균 이동거리뿐만 아니라 이동거리 간의 분산정도도 재현성 확보 차원에서 평가지표로 채택
설계평가 기준	제한조건 반영 및 설계목표 만족도: 40% 창의성 및 기술 활용도: 20%, 발표력: 10%, 팀 기여도: 10%, 경진대회: 20%

설계 구성요소 및 제한조건					
구성요소			제한조건		
목표 설정 및 기준	장치제작 및 이동거리로 우수성 평가	○	경제성	제한된 재료와 재료비 사용, 제한된 공구 사용	○
합성	장치고안 및 설계	○	안전성	화재나 폭발의 위험성, 자동차의 견고성	○
분석	기존장치와의 차별성 비교분석	○	신뢰성	실험의 재현성	○
제작	도면에 따른 장치제작	○	외관성		
시험	원리에 따른 장치의 시험	○	윤리성		
평가	이동거리 평가 및 제고를 위한 장치 개선	○	사회적 영향		

7.4.8 종이로 만든 헬리콥터

과제명	종이로 만든 헬리콥터
설계목적	A4 용지의 반을 활용하여, 가능한 체공시간이 긴 헬리콥터를 설계하라.
설계조건 및 방법	1. 재료와 설계조건 1) 재료로는 종이(A4용지 절반), 칼, 가위, 자, 연필만 사용할 수 있다. 2) 사용된 종이로 제작된 헬리콥터의 크기에 대한 제한은 없다. 3) 체공 시간은 헬리콥터의 공기에 대한 저항과 밀접한 관계가 있으며, 체공 시 일정한 공기의 저항을 받도록 설계되어야 한다. 4) 헬리콥터의 모양에 대한 예시는 옆의 그림과 같다.  2. 시험평가 1) 공기의 흐름이 적은 실내에서 평가한다. 2) 헬리콥터의 체공을 위한 별도의 동력원은 사용하지 않는다. 3) 3회 반복시험하고 체공시간의 평균치를 그 성능지표로 삼는다. 4) 체공사건의 분산정도도 재현성 확인을 위한 성능지표로 삼을 수도 있다.
설계평가 기준	제한조건 반영 및 설계목표 만족도: 40% 창의성 및 기술 활용도: 20%, 발표력: 10%, 팀 기여도: 10%, 경진대회: 20%

설계 구성요소 및 제한조건					
구성요소			제한조건		
목표 설정 및 기준	체공시간이 긴 종이 헬리콥터 제작	○	경제성	제한된 재료 사용	○
합성	종이 헬리콥터 고안	○	안전성		
분석	공기의 성질과 저항을 고려한 체공시간 분석	○	신뢰성	실험의 재현성	○
제작	종이 헬리콥터 제작	○	외관성		
시험	일정 높이에서의 낙하 시 체공 시간 시험	○	윤리성		
평가	체공시간 시험을 통한 개선	○	사회적 영향		
기타			기타		

7.4.9 자유낙하운동 모델 설계 및 모델 검증용 시스템 설계 및 제작

과제명	자유낙하운동 모델 설계 및 모델 검증용 시스템 설계 및 제작
설계목적	1. 주어진 시간에 대해 자유낙하운동의 정확성이 95%이상 되도록 모델을 설계 및 제작한다. 2. 자유낙하운동 모델 검증을 위해 설계 및 제작된 시스템이 90%이상의 재현성을 갖도록 보장되어야 한다.
설계조건 및 방법	1. 재료와 설계조건 재료비 5만원 이내 사용, 실험의 재현성 90%이상. 2. 시험평가 및 실험순서 다음의 설계문제에 기반한 problem-based learning 수업방법 이용. 대문제) 기체나 액체 중에서의 물체자유낙하운동에 대한 모델을 세우고자 한다. 보다 정확한 모델을 만들기 위해서는 실험을 통한 모델의 성능 검증과 모델의 수정 및 보안이 있어야 할 것이다. 아래와 같은 팀 활동을 통하여 세상에서 가장 정확한 자유낙하운동식을 구하는데 도전해 보자. 낙하 실험을 할 때는 밀도가 큰 공과 밀도가 작은 공 두 개 모두 사용해야한다. 소문제1) 기존에 알려진 자유낙하 운동에 대한 모델을 조사하자. 조사를 시작하기 전에 어떻게 조사할 것인지 팀원의 의견을 수렴하고 팀원의 역할을 정하자. 조사된 결과를 바탕으로 기존의 모델이 고려하지 못한 점들을 brainstorming을 통하여 정리하고 내용을 발표하자 (발표는 1주후). 소문제2) 조사하고 분석된 결과를 바탕으로 팀 고유의 모델을 만들고 정리된 내용을 발표하자 (발표는 2주후). 소문제3) 설계한 모델을 검증하고 수정 및 보완하기 위해서는 실험을 수행할 필요가 있다. 실험을 설계 (절차, 구성, 재료 및 장비, 측정, 모델파라미터 등)하고 발표하자 (발표는 3주후). 소문제4) 실험을 수행하고 모델을 수정 및 보완하고 성능을 검증하자. 대문제 1에 대한 최종 결과에 대한 결과를 보고서로 작성하고 발표하자 (보고서 제출일: 5주후, 발표는 5주후).
설계평가 기준	제한 조건 반영 및 설계목표 만족도: 40% 창의성 및 기술 활용도: 20%, 발표력: 10%, 팀기여도: 10%, 경진대회: 20%

설계 구성요소 및 제한조건					
구성요소			제한조건		
목표 설정 및 기준	모델 성능 (정확도 95%)	○	경제성	제한된 재료 및 재료비 (5만원 이내)	○
합성	자유낙하모델	○	안전성		
분석	기존 모델과 비교 분석, 설계된 모델의 우수성 분석	○	신뢰성	실험의 재현성 (90%이상)	○
제작	자유낙하 모델 검증 장비 제작	○	외관성		
시험	작품 성능 시현	○	윤리성		
평가	작품 성능 및 우수성 평가, 평가를 통한 모델 개선	○	사회적 영향		
기타			기타		

7.4.10 포탄 착지 지점 모델 설계 및 모델 검증용 대포 설계 및 제작

과제명	포탄 착지 지점 모델 설계 및 모델 검증용 대포 설계 및 제작
설계목적	1. 주어진 질량과 밀도의 포탄에 대해 착지 지점 예측이 95%이상 되도록 모델을 설계 및 제작한다. 2. 설계 및 제작된 대포가 90%이상의 재현성을 갖도록 보장되어야 한다.
설계조건 및 방법	1. 재료와 설계조건 재료비 5만원 이내 사용, 실험의 재현성 90%이상 2. 시험평가 및 실험 순서 다음의 설계문제에 기반한 problem-based learning수업방법을 이용한다. 대문제) 대포를 설계 및 제작하고 대포 포탄의 착지 위치를 예측하는 모델을 세우자. 보다 정확한 모델을 만들기 위해서는 실험을 통한 모델의 성능 검증과 모델의 수정 및 보안이 있어야 할 것이다. 제작된 대포와 최종 예측모델을 가지고 대포설계경진대회를 연다. 경진대회는 다음과 같이 진행된다. 무게와 부피가 서로 다른 구형 포탄 2개와 각각의 무게와 부피가가 얼마인지 경진대회 당일에 주어진다. 각 팀은 주어진 포탄에 대해 제작한 대포가 포탄을 어디까지 날려보낼지 모델을 이용하여 계산한다. 그리고 실제 주어진 포탄을 제작된 대포를 이용하여 날려본다. 이때 실제 착지 지점과 계산된 지점 사이의 상대에러가 가장 작은 팀이 우승을 하게 된다. 소문제1) 포탄의 궤도를 계산하는데 필요한 수식과 정보를 조사하고 수집하자. 조사를 시작하기 전에 어떻게 조사할 것인지 팀원의 의견을 수렴하고 팀원의 역할을 정하자. 조사된 결과를 바탕으로, 포탄이 주어졌을 때, 어떻게 하면 포탄의 착지지점을 정확하게 계산할 수 있는지, 어떤 요소를 반영해야 하는지 brainstorming을 통하여 정리하고 분석해보자. 정리 및 분석된 결과를 바탕으로 포탄착지지점 예측모델을 완성하고 발표하자. (발표는 2주후). 소문제2) 경진대회에 우승을 위해 대포를 어떻게 설계하고 제작할 것인지 정리된 내용(구성, 재료 및 장비, 측정, 모델파라미터, 보정방식 등)을 발표하자 (발표는 3주후). 소문제3) 예측모델을 검증하고 수정 및 보완하기 위해서는 실험을 수행할 필요가 있다. 대포를 제작하고 실제 실험하여 모델을 수정 및 보정한다. 최종 대포와 최종 모델을 가지고 와서 경진대회에 참여한다. (경진대회: 6주후). 대문제 2에 대한 결과를 보고서로 작성하고 제출하자 (보고서 제출일: 6주후).
설계평가 기준	제한 조건 반영 및 설계목표 만족도: 40% 창의성 및 기술 활용도: 20%, 발표력: 10%, 팀기여도: 10%, 경진대회: 20%

설계 구성요소 및 제한조건					
구성요소			제한조건		
목표 설정 및 기준	모델 성능 (정확도 95%)	○	경제성	제한된 재료 및 재료비 (5만원 이내)	○
합성	포탄 착지 모델	○	안전성		
분석	기존 모델과 비교 분석, 설계된 모델의 우수성 분석	○	신뢰성	실험의 재현성 (90% 이상)	○
제작	대포 제작	○	외관성		
시험	작품 성능 시현	○	윤리성		
평가	작품 성능 및 우수성 평가, 평가를 통한 모델 개선	○	사회적 영향		
기타			기타		

7.4.11 달걀 낙하장치

과제명	달걀 낙하장치
설계목적	일정한 높이에서 주어진 재료를 활용하여 만든 날계란을 자유낙하 시킬 때 그것이 깨어지지 않도록 보호할 수 있는 보호용기를 설계하고 제작한다.
설계조건 및 방법	1. 재료와 설계조건 1) 5개 고무밴드 2) 폭이 제한이 없는 1 m의 마스킹 테이프 3) A4 종이 한 장 4) 15개의 음료수 빨대 5) 1m 길이의 실 2. 시험평가 1) 학생들은 실험보고서를 제출한다. - 문제정의, 브레인스토밍, 동역원의 작동원리 등을 포함한다. - 설계도를 제출한다. 2) 일정한 높이에서 날계란을 감산 보호용기를 낙하시켜 날계란이 깨어지지 않은 상태로 유지한 장치로 결정한다. 3. 실험 순서 1) 주어진 재료를 활용하여 날계란을 감산 보호용기를 제작한다. 2) 일정한 높이에서 날계란을 감산 보호용기를 낙하시켜 계란이 깨어지지 않은 상태를 유지한 장치로 측정한다. 계란이 낙하된 후에 육안으로 확실하게 보이는 금이 가 있거나 보통 종이수건으로 닦았을 때 표면에 액체가 흘러나오면 깨진 것으로 간주한다. 동점자의 경우 낙하장치 설계의 아이디어 수준과 작품의 완성도 등을 추가로 고려하여 판정한다.
설계평가 기준	제한 요소 반영 및 설계목표 만족도: 60% 창의성 및 기술 활용도: 20%, 발표력: 10%, 팀기여도: 10%

설계 구성요소 및 제한조건					
구성요소			제한조건		
목표 설정 및 기준	모델 성능	○	경제성	제한된 재료 및 재료비	○
합성	장치 고안 및 설계	○	안전성		
분석	기존 모델과 비교 분석, 설계된 모델의 우수성 분석	○	신뢰성	실험의 재현성	○
제작	장치 제작	○	외관성		
시험	낙하 후 계란의 상태 측정	○	윤리성		
평가	성능 및 우수성 평가, 평가를 통한 모델 개선	○	사회적 영향		

7.4.12 전기화학적 동력원을 이용한 미니카 레이스

과제명	전기화학적 동력원을 이용한 미니카 레이스
설계목적	모터가 포함된 미니카를 이용하여 경사면과 평면을 달릴 수 있는 전기화학적 동력원을 설계 및 제작한다.
설계조건 및 방법	1. 재료와 설계조건 1) 사용재료: 모터가 들어 있는 미니카, 코인셀 (리튬이온 전지) 제작용 재료들, 마분지, 철사, 고무밴드, 나무젓가락, 스트로우, 접착제, 칼, 가위, 등. 2) 10, 20, 30도 각도의 경사면을 포함한 10m 를 주행한다. 3) 코인셀 6개 사용 가능. 2. 시험평가 1) 학생들은 실험보고서를 제출한다. - 문제정의, 브레인스토밍, 리튬이온 전지의 작동원리 등을 포함. - 에너지 밀도, 파워밀도를 고려한 활물질 선택사유와 동력원 설계개념을 제출 2) 주행 시작점에서 주행 시간을 측정하여 비교한다. 3) 경사면에서 이탈하여 추락하는 것을 대비하여 3번의 기회를 제공한다. 3. 실험 순서 1) 동일한 미니카를 제공 받는다. 동력원을 탑재할 디바이스를 제작하여 미니카에 설치한다. 2) 화학조성 및 입도가 다른 양극 및 음극 분말들 중에서 하나씩 선택한다. 3) 슬러리를 제작하고, 코팅 한다. 4) 코인셀을 제조하고, 충전 한다. 5) 미니카의 모터에 코인셀들을 연결 한다. 6) 경사면 하단부에서 자동차를 출발시킨다. 7) 주행거리와 주행시간을 측정한다.
설계평가기준	제한 요소 반영 및 설계목표 만족도: 60% 창의성 및 기술 활용도: 20%, 발표력: 10%, 팀기여도: 10%

설계 구성요소 및 제한조건					
구성요소			제한조건		
목표 설정 및 기준	모델 성능	○	경제성	제한된 재료 및 재료비	○
합성	전지내 활물질 선택 후 극판 설계	○	안전성		
분석	기존 모델과 비교 분석, 설계된 모델의 우수성 분석	○	신뢰성	실험의 재현성	○
제작	극판 제작 및 전지 제작	○	외관성		
시험	팀별 레이스 시간 측정	○	윤리성		
평가	성능 및 우수성 평가, 평가를 통한 모델 개선	○	사회적 영향		

7.4.13 모형 배 만들기

과제명	모형 배 만들기
설계목적	지도못을 건너갈 수 있는 모형 배를 설계하고 제작한다.
설계 조건 및 방법	1. 재료와 설계조건 1) 사용재료: 무제한 2) 모형배는 지도못을 건너갈 수 있어야 한다. 3) 건전지 사용시 1.5 V 건전지 4개까지 사용할 수 있다. 2. 시험평가 1) 학생들은 실험보고서를 제출한다. - 문제정의, 브레인스토밍 등을 포함한다. - 설계도를 제출한다. 2) 지도못을 건너가는지 테스트한다. 3) 지도못을 건너가는데 걸리는 시간을 측정한다. 4) 직선거리에서 벗어나는 경우를 생각하여 3번의 기회를 제공한다.
설계평가 기준	제한 요소 반영 및 설계목표 만족도: 60% 창의성 및 기술 활용도: 30% 발표력: 10%

설계 구성요소 및 제한조건					
구성요소			제한조건		
목표 설정 및 기준	작품 성능	○	경제성	제한된 재료 및 재료비	○
합성			안전성		
분석	설계된 작품의 우수성 분석	○	신뢰성	실험의 재현성	○
제작	모형 배 제작	○	외관성		
시험	작품 성능 시현	○	윤리성		
평가	성능 및 우수성 평가, 평가를 통한 작품 개선	○	사회적 영향		
기타			기타		

7.4.14 소형 글라이더 만들기

과제명	소형 글라이더 만들기
설계목적	비압축성 유동의 공기역학 원리를 학습하기 위하여 비행기 원리에 대한 문헌조사를 한 후 공학소형 글라이더를 설계하고 제작한다.
설계 조건 및 방법	1. 재료와 설계조건 1) 사용재료 : 발사나무 사각봉 2) 글라이더 몸체 및 날개 길이 : 몸체 길이 60 cm 이내, 날개길이 100 cm 이내 3) 설계 조건 : 글라이더를 던져서 직선으로 최대한 멀리 잘 날아가게 한다. 2. 시험평가 1) 각 팀당 1명의 학생이 팀의 글라이더를 6 m 높이에서 수평으로 던진다. 2) 각 팀은 3번의 비행 시도기회를 가지며 땅에 착륙할 때까지의 비행거리(직선)를 측정하고 기록한다. 3) 굽은 경로로 비행하는 글라이더 팀은 현장에서 정비 후 재 시도할 수 있다. 3. 설계 순서 1) 몸체는 발사나무 사각봉을 사용한다. 제작용이, 가벼움 2) 꼬리날개 부분은 수직안정판과 수평안정판을 본체에 접합시킨다. 3) 날개는 끝부분이 뿌리부분보다 좁은 tapered 형상이며, 상반각(dihedral angle)을 최소한 8도 정도 준다. 4) 몸체에 무게 중심을 조정하기 위하여 무게 중심추(balance weight)를 장착한다. 5) 최적의 날개 꼴은 평판 보다는 camber를 준 (커브) 형상이다. 따라서 얇은 발사 평판에 날개 꼴의 리브(rib)를 붙여서 airfoil 형상을 만들어 주는 것이 바람직하다. 6) 날개의 앞전(leading edge)형상은 유동의 분리현상에 매우 중요한 역할을 수행하고 있다. 날개의 앞전을 고운 메쉬 샌드페퍼를 활용하여 적당히 둥굴게 만들어 주어야 한다.
설계평가 기준	제한 요소 반영 및 설계목표 만족도: 60% 창의성 및 기술 활용도: 30%, 발표력: 10%

설계 구성요소 및 제한조건					
구성요소			제한조건		
목표 설정 및 기준	작품 성능	○	경제성	제한된 재료 및 재료비	○
합성			안전성		
분석	설계된 작품의 우수성 분석	○	신뢰성	실험의 재현성	○
제작	글라이더 제작	○	외관성		
시험	작품 성능 시현	○	윤리성		
평가	성능 및 우수성 평가, 평가를 통한 작품 개선	○	사회적 영향		
기타			기타		

8
CHAPTER

설계과제 평가 방법 및 기준

8.1 창의설계입문 교과목의 학습성과

공학교육인증에서의 기초 설계 교과목은 학생의 창의력을 함양하고, 개방적 사고를 통한 문제해결 능력 개발, 현대적 설계 이론과 방법의 개발, 설계문제의 공식화, 설계서 작성방법, 다양한 방식의 문제해결 고찰, 가능성의 고찰, 구현과정, 협업적 설계, 상세 시스템 명세작성 등의 다양한 설계요소와 공학윤리 요소를 갖추도록 요구하고 있다. 따라서, 공학교육인증을 위한 공학입문설계 교과목의 프로그램 학습성과는 표 8-1과 설정하여 운영하는 것이 바람직하다고 판단된다.

[표 8-1] 창의설계설계 교과목의 프로그램 학습성과

프로그램 학습성과		공학입문설계
PO1	기초 지식의 이용	
PO2	자료 분석 및 실험 수행	
PO3	설계 능력	○
PO4	공학 문제 해결	○
PO5	공학 실무	
PO6	팀워크	○
PO7	의사 소통	○
PO8	평생 교육	
PO9	사회적 영향, 폭넓은 지식	
PO10	시사적 논점	
PO11	윤리	○
PO12	국제화	

8.2 설계과제 평가 방법 및 기준

8.2.1 평가 방법

평가는 팀별평가와 개별평가로 나누어진다. 설계 팀별평가는 보고서, 발표, 크로스 팀 평가, 경진대회 결과, 설계작품을 근거로 평가하고 개별평가는 시험, 팀별 기여자, 팀원으로서 활동 수기 등에 근거하여 평가한다.

(1) 보고서

설계보고서 및 설계 노트를 평가한다. 설계보고서에 목표 및 기준의 달성 여부, 구성요소 및 제한요소가 잘 반영되어 있는지, 전개가 논리적인지, 우수한 이론과 기술을 반영하였는지 평가한다. 설계 노트는 아이디어 구상에 관한 팀별 회의록, 개념 설계, 상세 설계, 최적 설계 등의 자료가 작성되었는지 평가한다.

(2) 발표

발표 내용 등의 자료가 다양한 공학 도구들을 이용하여 잘 만들어 졌는지, 설명이 명확하고 논리적인지, 발표시간을 잘 지키는지, 팀원 간의 역할 분담은 잘 되어 있는지 등을 근거로 평가한다.

(3) 동료 평가

각 학생들에게 다른 팀을 평가하게 하여 이를 반영한다.

(4) 경진대회

설계 과제에 따라서는 경진대회를 열어서 각 팀의 작품 성능을 비교할 수 있다. 예를 들면, 용수철을 이용하여 대포를 설계하고 또한 포탄의 착지점을 예측하는 모델을 설계하여 경진대회를 열 수 있다. 이때, 경진대회 당일 날 포탄을 제공하고 포탄의 질량과 지름을 알려주고 설계된 모델을 이용하여 착지점을 예측하게 한다. 다음에 포탄의 실제 착지점사이의 에러를 최소화하는 팀이 우승을 하는 것이다.

(5) 설계 작품

설계 작품이 창의성을 갖고 있는지, 제품의 완성도가 신뢰할 만한지, 외관으로 보기에도 좋은지, 그리고, 경제성을 고려하여 제작되었는지 등을 평가한다.

(6) 시험

시험은 두 종류로 나누어 질 수 있다. 하나는 수업 중에 배운 이론이나 지식을 테스트하기 위한 것이고 다른 하나는 자신 혹은 타인이 수행한 설계 내용에 대해 얼마나 이해를 하고 있는지 테스트하기 위한 것이다.

(7) 팀별 기여자

팀별 기여자를 찾아 가산점을 주는 것이다. 예로, 마지막 수업시간에 각 팀별로 3명 이내에서 자신을 제외하고 특히 기여도가 높은 자기 팀의 타인을 적어내도록 한다. 여러 명의 학생으로부터 추천을 받은 학생을 골라내면 상당히 정확하게 기여자를 선별할 수 있다.

(8) 팀 활동 수기

자신과 타인의 팀 활동을 적어서 내도록 한다. 예로, 마지막 수업시간에 A4용지를 나누어 주고 자신의 팀 활동을 적고, 이어서 같은 조의 타인의 활동을 적어 내도록 한다. 여기서, 타인의 활동을 같이 적어내게 하는 것은 자기 활동을 과장하는 것을 막을 수 있다는데 의의가 있다. 강사는 같은 팀 내의 수기를 면밀히 상호 비교하면 거짓을 분별할 수 있다고 미리 알려주면 효과가 좋다.

8.2.2 평가 기준(Rubric)

(1) 평가 반영 비율

항목 (배점)	팀 평가(80)				개인 평가 (20)	합 계 (100)
	설계 작품 (40)	발표 (10)	보고서 (10)	경진대회 (20)		
점 수						

(2) 팀 평가 기준

가) 설계 작품 평가 (40점)

영역	평 가 항 목	평 가 기 준	배점
창의성 (10)	▪ 문제해결 접근 방법과 기술성	▪ 문제해결 접근방법이 매우 창의적이며 우수 기술을 활용하고 가시적인 성과를 보인다.	10
		▪ 문제해결 접근방법이 창의적이고 우수 기술을 사용하였다.	8
		▪ 다른 것을 모방하였으나 기술을 개선시켰다.	6
		▪ 모방하는 수준이고, 우수 기술을 활용하지 않았다.	4
		▪ 모방하는 수준이고 기술성도 결여되었다.	2
신뢰성 (10)	▪ 견고함과 구조적 안정	▪ 견고하게 제작되었고, 구조적으로 매우 안정적이다.	10
		▪ 견고하지만 구조적으로 약간 불안하다.	8
		▪ 견고하지만 구조적으로 많이 불안하다.	6
		▪ 견고하지 못하지만, 모양은 유지하고 있다.	4
		▪ 완전한 구조를 갖추지 못했다.	2
심미성 (10)	▪ 작품의 완성도 및 외관성	▪ 작품의 완성도가 매우 높고, 누구나 갖고 싶도록 아름답게 제작하였다.	10
		▪ 작품의 완성도는 높으나 외관성이 조금 부족하다.	8
		▪ 작품의 완성도가 좋지만, 외관성이 부족하다.	6
		▪ 완성도와 외관성이 부족하다.	4
		▪ 아름다운 모양을 시도했으나 미완성이다.	2
경제성 (10)	▪ 작품재료의 경제적 활용성	▪ 주어진 재료를 아끼고 최소로 사용하였다.	10
		▪ 재료는 적게 사용하였으나 구조에 부족함이 있다.	8
		▪ 주어진 재료를 모두 사용하였다.	6
		▪ 재료가 부족하여 더 지급 받아 사용하였다.	4

나) 발표 평가 (10점)

평가 영역	평 가 기 준	배점
참여도 (3)	▪ 팀원 간에 역할 분담이 잘 되어 있고, 매우 협조적이다.	3
	▪ 팀원 간에 역할 분담이 잘 되어 있으나, 협력이 부족하다.	2
	▪ 팀원 간에 역할 분담이 되어 있지 못하고, 협력하지 못하였다.	1
발표자료 준비 (4)	▪ 발표자료를 다양한 도구를 사용하여 체계적으로 잘 준비하였다.	4
	▪ 발표자료의 준비는 잘하였으나 체계성이 약간 부족하다.	3
	▪ 발표자료의 준비가 부족하고 내용이 체계적이지 못하다.	2
	▪ 발표자료의 준비가 매우 부족하다.	1
표현 정도 (3)	▪ 청중의 반응을 고려하여 내용을 설득력있게 전달한다.	3
	▪ 몇 가지를 설명할 줄 알지만 표현력이 부족하다.	2
	▪ 내용 전달하는데 어려움이 많고 부정확하다.	1

다) 보고서 평가 (10점)

평가 영역	평 가 기 준	배점
보고서 (5)	▪ 형식에 맞게 보고서를 잘 작성하였다.	5
	▪ 형식에 맞게 보고서를 작성하였으나 내용이 약간 미흡하다.	4
	▪ 형식에 맞게 보고서를 작성하였으나 내용이 미흡하다.	3
	▪ 형식에 맞게 보고서를 작성하였으나 기한 내에 제출하지 못하였다.	2
	▪ 보고서 양식에 문제가 있으며 기한 내에 제출하지 못하였다.	1
설계노트 (5)	▪ 조직적이고 체계적으로 정리되어 설계 과정을 모두 파악할 수 있다.	5
	▪ 정리를 깔끔하게 되어 있으나 설계 과정의 기록이 조금은 부족하다.	4
	▪ 깔끔하기는 하지만 설계 과정의 기록이 미흡하다.	3
	▪ 설계 과정의 내용을 기록하지 않았다.	2
	▪ 설계 과정을 기록하지 않았고, 관리 상태도 미흡하다.	1

라) 경진대회 평가 (10점)

평가 영역	평 가 기 준	배점
교수 평가 (15)	▪ 경진대회 목표 달성 및 성적이 상위 10%이상	15
	▪ 경진대회 목표 달성 및 성적이 상위 11~30%	13
	▪ 경진대회 목표 달성 및 성적이 상위 31~50%	11
	▪ 경진대회 목표 달성 실패지만 성적이 상위 51~70%	9
	▪ 경진대회 목표 달성 실패지만 성적이 하위 30%이하	7
동료 평가 (5)	▪ 크로스 팀 성적 상위 10%이상	5
	▪ 크로스 팀 성적 상위 11~30%	4
	▪ 크로스 팀 성적 상위 31~50%	3
	▪ 크로스 팀 성적 상위 51~70%	2
	▪ 크로스 팀 성적 하위 30%이하	1

(2) 개인 평가 기준 (20점)

영역	평 가 항 목	평 가 기 준	배점
이론 성적 (10)	▪ 중간 및 기말고사	▪ 시험 성적	0~10
팀 기여도 (10)	▪ 팀 활동 수기 평가	▪ 3명 이내의 기여자를 추천받아 부여	0~10

8.2.2 설계 노트 양식

(1) 회의록

<table>
<tr><td colspan="2">" 팀명 "</td><td colspan="6">회 의 록</td></tr>
<tr><td>일시</td><td colspan="7">200 . . . (: 부터 ~ : 까지)</td></tr>
<tr><td>장소</td><td colspan="3"></td><td colspan="2">작 성 자</td><td colspan="2"></td></tr>
<tr><td>회의
안건</td><td colspan="7"></td></tr>
<tr><td>회
의
내
용</td><td colspan="7">

비고)</td></tr>
<tr><td rowspan="5">참
석
자</td><td>소 속</td><td>직책</td><td>성 명</td><td>소 속</td><td>직책</td><td colspan="2">성 명</td></tr>
<tr><td></td><td></td><td>(인)</td><td></td><td></td><td colspan="2">(인)</td></tr>
<tr><td></td><td></td><td>(인)</td><td></td><td></td><td colspan="2">(인)</td></tr>
<tr><td></td><td></td><td>(인)</td><td></td><td></td><td colspan="2">(인)</td></tr>
<tr><td></td><td></td><td>(인)</td><td></td><td></td><td colspan="2">(인)</td></tr>
</table>

(2) 개념 설계

※ 설계 대상을 간략하게 서술하고, **연필**로 스케치하라.

(3) 상세 설계

※ 제작하고자 하는 설계 대상을 **연필**을 이용하여 상세 설계하라.

(4) 최적 설계

※ 제작하고자 하는 설계 대상을 치수 등을 기입하여 **연필**을 이용하여 최적 설계하라. (부품도 등)

(5) 팀 활동 수기

※ 작품 제작 시 개인 및 팀원이 활동한 내용에 대하여 상세하게 기록하라.(팀원의 역할 및 내용을 비롯하여 느낀 점 등을 기록하라)
1. 작성자 :   2. 팀원 1 :   3. 팀원 2 :   4. 팀원 3 :   5. 팀원 4 :

찾아보기

생각키움
창의적 공학설계 입문

2012년 2월 20일 초판 인쇄

2021년 2월 25일 6쇄 발행

저　　자 노재규·문창호·박대욱·박창규·유경현·이신영

발 행 인 송기수

발 행 처 도서출판 GS인터비전

편 집 처 도서출판 GS인터비전

인　　쇄 대명프린팅

등록번호 제 25100-2016-000050 호

I S B N 978-89-97231-24-9 (92530)

주　　소 서울 은평구 증산로 15길 69, 2층

전　　화 02-976-7898

팩　　스 02-6468-7898

홈페이지 gsintervision.co.kr

E-Mail gsinter7@gmail.com

정가 24,000원